高等院校特色规划教材

程序设计范式

（富媒体）

主　编　向海昀
副主编　符　晓　汪立欣　任　诚
王世元　廖汉鑫

石油工业出版社
Petroleum Industry Press

内容提要

本书主要讲述程序设计时的思维模式,包括数据类型的内存布局、泛型及其实现、高级语言实现机制、语言翻译问题、并发程序设计、函数式程序设计范式、函数、C++的面向对象机制等内容。本书有助于打通从问题领域到程序领域到机器领域的路径,举一反三,快速学习和掌握支持同类范式的程序设计语言。本书在传统出版的基础上,以二维码为纽带,加入富媒体教学资源,为读者提供更为丰富的知识和便利的学习环境。

本书深入机器底层,注重语言传承,图文并茂,条理清晰,深入浅出,适用于计算机类专业培养高端程序员的课程教学,也可供从事软件开发的科研人员使用。

图书在版编目(CIP)数据

程序设计范式:富媒体/向海昀主编. —北京:石油工业出版社,2021.12

高等院校特色规划教材

ISBN 978-7-5183-5105-3

Ⅰ.①程… Ⅱ.①向… Ⅲ.①程序设计-高等学校-教材 Ⅳ.①TP311.1

中国版本图书馆 CIP 数据核字(2021)第 255745 号

出版发行:石油工业出版社
(北京市朝阳区安华里 2 区 1 号楼 100011)
网 址:www.petropub.com
编辑部:(010)64256990
图书营销中心:(010)64523633 (010)64523731
经 销:全国新华书店
排 版:三河市燕郊三山科普发展有限公司
印 刷:北京中石油彩色印刷有限责任公司

2021 年 12 月第 1 版 2021 年 12 月第 1 次印刷
787 毫米×1092 毫米 开本:1/16 印张:13.75
字数:375 千字

定价:38.00 元
(如发现印装质量问题,我社图书营销中心负责调换)
版权所有,翻印必究

前言

在程序设计领域,程序员一般划分为初级程序员、程序员、高级程序员等角色。其中,初级程序员是那些掌握了一些具体程序设计知识的人,处于对程序设计知其然的阶段;程序员是那些能快速、深刻地理解技术并能举一反三的人,处于对程序设计知其所以然的阶段;高级程序员是那些能将技术灵活运用到实际程序设计之中的人,处于对程序设计熟能生巧的阶段。当前,可供程序员选择的程序设计语言越来越多,汇编、VB、C/C++、Java、C#、Python、Scheme、Prolog、Go 等语言数不胜数,在描述解决方案时如何选择语言变得越来越难。显然,针对不同的任务采用不同的语言进行描述是共识,但前提条件是要对诸多程序设计语言的应用场合有较深刻的理解。程序设计的目的是解决问题,而解决问题可以有多个视角、多个思路。那些普遍适用且行之有效的思维模式被归结为范式。思维方式和着眼点不同导致相应的范式各有侧重和倾向,每种范式都会引导程序员带着某种倾向去分析问题和解决问题,程序设计范式就是程序员采用的世界观和方法论。

程序设计范式体现了程序设计的思维方式,是培养程序设计语言语感的关键。要学好一门语言,除了一般的学习和训练,语言背后的文化背景和思维方式也极其重要,它们是培养语感的关键。程序设计范式就相当于程序设计语言背后的文化背景和思维方式,对掌握程序设计语言有非常大的帮助。程序设计范式涉及方法学层次,在计算学科中处于核心地位。

斯坦福大学公开课"Programming Paradiams"重点分析比较了 C、C++、Scheme 的特点及难点,如内存管理、系统资源利用、输入、输出等,介绍了实现一种算法的过程中各语言的设计步骤和注意点,包括通过 C 语言介绍过程范式以及底层细节,通过 C++介绍面向对象范式,通过汇编语言描述语言特性,通过 C 和 C++介绍并发程序设计的概念以及相关技术,使用 Scheme 语言探索函数式范式等。本教材在此基础上进行整理,包括从内存管理角度理解 C 语言的面向过程实现机理,着重探讨如何利用指针机制实现现代化程序设计语言中诸如泛型等的高级机制;探索 C 语言程序设计中出现奇异现象的内因,特别是基于堆栈进行内存分配在程序设计语言级别的表现形式;从汇编语言的角度解析高级语言的底层实现过程,让读者充分了解各种语言在内部实现上的相似性;梳理现代化语言与低级语言之间的传承关系,为举一反三学习程序设计语言打下坚实的基础;从程序设计语言的角度上升到程序设计思想,包括代表命令式、过程式的围绕动词的 C 语言,代表面向对象思想的 C++,代表函数式的 Scheme 等。通过介绍实现一种算法的过程中各语言的设计步骤和注意点,帮助读者深刻理解程序的内部实现机理,掌握通用程序设计方法和范式,提高软件开发效率和程序运行性能,使得读者加深对各类编程语言应用场合的理解,能针对不同的任务采用不同的语言实现。

本教材具有以下特色。

(1)底层探究。从内存管理角度理解 C 语言的实现机理,重点探讨如何利用指针机制实现现代化程序设计语言中的高级机制,如泛型等。在此基础上,进一步探索 C 语言程序设计奇异现象出现的原因,特别是基于堆栈进行内存分配在程序设计语言级别的表现形式。

(2)语言传承。从机器或低级语言的角度看,用高级语言编写的程序本质上是一样的。本书从汇编语言的角度解析高级语言的底层实现过程,可以让读者充分了解各种语言在内部实现上的相似性,梳理现代化语言与低级语言之间的传承关系,为举一反三学习程序设计语言打下坚实的基础。

(3)思想提升。从程序设计语言的角度上升到程序设计思想,包括代表命令式、过程式的围绕动词的 C 语言,代表面向对象思想的 C++,代表函数式的 Scheme 等。

另外,本教材还为重要的知识点配备了中文教学微视频,可用于 MOOC 模式的教学或自学。

本书由西南石油大学组织相关教师编写,由向海昀担任主编,符晓、汪立欣、任诚、王世元、廖汉鑫任副主编,具体编写分工如下:向海昀编写第三章、第四章、第五章 5.1 节和 5.2 节、第六章及第九章;符晓编写第一章、第二章、第七章、第八章、第十章 10.2 节和 10.3 节;汪立欣编写第十章 10.4 节;任诚编写第十章 10.1 节和 10.6 节;王世元编写第十章 10.5 节;廖汉鑫编写第五章 5.1 节。廖汉鑫、李鸿鑫、苏小平参与了本书的图稿绘制和资料整理工作。全书由向海昀、王世元和廖汉鑫统稿。在教材的编写过程中,参考了很多国内外同行的有关资料;西南石油大学教务处、计算机科学学院、网络与信息化中心等部门的领导、教师和工作人员多年来对本教材始终给予了热情的关注和支持,在此一并向他们表示诚挚的谢意。

由于水平有限,疏漏之处在所难免,敬请广大读者批评指正。

编者

2021 年 9 月

目录

富媒体资源目录

续表

序号	名称	页码
32	视频 4.9 指针与引用	67
33	视频 4.10 结构与类	68
34	视频 5.1 关于宏定义的理解	77
35	视频 5.2 关于文件引用的问题	78
36	视频 5.3 无心插柳	81
37	视频 5.4 偷梁换柱	82
38	视频 5.5 顺手牵羊	84
39	视频 5.6 printf 探秘	85
40	视频 6.1 进程与线程	88
41	视频 6.2 串行式销售模式	91
42	视频 6.3 并行式销售模式	93
43	视频 6.4 竞争式销售模式	96
44	视频 6.5 生产与消费	98
45	视频 6.6 协调生产与消费进度	101
46	视频 7.1 函数式程序设计简介	106
47	视频 7.2 Scheme 体验	118
48	视频 7.3 命名和环境	122
49	视频 7.4 组合求值	123

本教材的富媒体资源由西南石油大学向海昀搜集和提供，若教学需要，可向责任编辑索取，邮箱为 upcweijie@ 163. com。

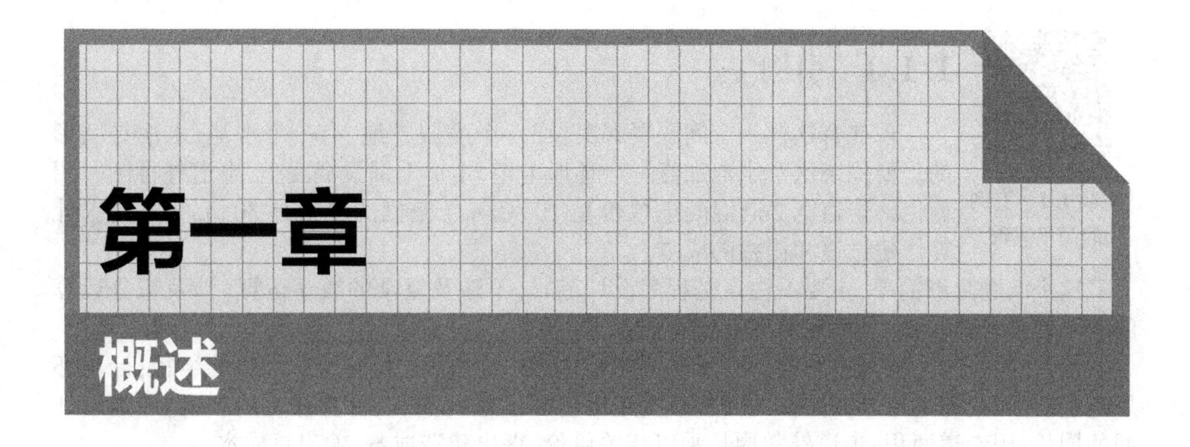

第一章 概述

1.1 程序设计方法

计算机科学研究的是如何用计算机来解决复杂问题。现在,计算机的应用已经深入各个领域,如商业、医药、运输、银行、制造等。当然,计算机只能对数据进行处理,最本质的部分是数据和计算两个方面。大千世界,数据种类繁多,如自然数、实数、符号、字符、文本、图形、图像、声音、动画、视频等;计算可能非常简单,也可能异常复杂,可能只计算单个数据,也可能是批量数据。前者涉及数据的结构,后者关乎计算的方法(简称算法)。

计算机的本质是自动化。要实现自动计算,需要为计算机设计程序(称为计算机程序,简称程序)。程序包括数据结构和算法两个部分。在进行程序设计时,还需要用某种程序设计语言将程序编写出来。由于计算机只能识别机器语言(机器语言只有 0、1 两个符号),用机器语言编写的程序可直接存储在计算机中,由计算机自动执行并完成计算任务。用汇编语言以及 C/C++等高级程序设计语言编写的程序需要翻译为计算机能识别的机器语言才能由计算机执行。

在进行程序设计时,显然会涉及各种方法。这些方法有层次之分。

首先,解决同一个问题,可能会有多种算法,也可以利用不同的数据结构来实现这些算法。不同的数据结构与算法的组合,可能有不同的复杂度和效率,如占用的存储空间大小、运行效率等。这是程序级别。

其次,解决不同的问题,用合适的程序设计语言有可能会使得程序设计工作事半功倍。例如,操控实时环境中的单片机,用汇编语言要优于 C++、Java 等高级语言;构建大型复杂应用软件,用 C#等高级语言显然更易于保证进度、预算和质量。这是语言级别。这种级别的方法显然直接影响程序实现的难易程度。

最后,超出程序及语言之外的,是进行程序设计时的思维模式,这是范式级别。每种程序设计范式都有其自身的基本风格或典范模式。一种程序设计语言可以体现多种范式,如 C++既支持过程范式,也支持面向对象范式;一种范式也可以在多种程序设计语言中体现,如 C++、Java、C#等都支持面向对象范式。也就是说,即使使用同一种程序设计语言编写程序,也可以采用不同的方法来实现。本节用一个简单的例子来看看 C++所支持的两种范式的应用。

视频 1.1 引例的简单实现

1.1.1 引例

现在有这样一个问题要解决：在一个度假胜地，有一个水池，水池是圆形的。要围绕这个水池加修一个环形走道，走道上铺设混凝土，走道外再围一圈栅栏。走道宽2m，混凝土单价是10元/m^2，栅栏的单价是30元/m。要求计算修建过道和栅栏的成本。

这个问题足够简单，主要关注点是程序设计范式，不涉及复杂的数学运算（涉及积分运算的有不规则形状水池、大型建筑建造成本估算等）。

接到这个任务，脑海里的第一个反应可能是这样一个流程：获取圆形水池的半径；计算环形走道的面积，即走道外圈围住的面积减去走道内圈围住的面积；计算栅栏的长度，即走道外圈的周长；用走道面积、走道外圈周长乘以相关单价，得出建造成本；输出总成本。

这个流程涉及数据的表示，如圆半径、面积、周长、成本，以及走道宽度、混凝土和栅栏的单价等，也涉及计算过程，如计算面积、周长、成本等。用程序设计语言（这里用C++语言）来编写这个程序，代码如下：

```
// 首先，引用他人编写的程序(节约自己的时间)
#include<iostream>
using   namespace std;
// 其次，数据的表示
#define PI   3.14                              // pi 值
#define WIDTH   2.00                           // 走道的宽度是 2m
#define FENCE   30.00                          // 栅栏的单价是 30 元/m
#define CONCRETE   10.00                       // 混凝土单价是 10 元/m2
// 最后，描述算法

main()
{
    double radius, area, perimeter, cost;      // 数据的表示：半径、面积、周长、成本
    // 输入数据
    cout<<"请输入半径：";
    cin>>radius;
    // 计算环形走道的面积
    area=PI*((radius+WIDTH)*(radius+WIDTH)-radius*radius);
    // 计算栅栏的长度
    perimeter=2*PI*(radius+WIDTH);
    // 计算成本
    cost=area*CONCRETE+perimeter*FENCE;
    // 输出数据
    cout<<"预算是"<<cost<<endl;
}
```

视频 1.2 过程范式实现

这种方式简洁易懂，适合小程序的编写。不过，随着问题规模的增大，main 中的代码会越来越多，程序会越来越“臃肿”，不便于阅读与维护。

1.1.2 过程范式

对于复杂的问题，最容易想到的解决方法是分而治之、各个击破，即把

一个大问题分解为若干小问题。如果小问题还是比较复杂,就继续分解,直到易于解决。当若干小问题得以解决后,大问题也就解决了。C、C++、Java、C#等语言都支持这样解决问题的方法,称为过程范式。

过程范式的核心是把代码组织成功能模块以便于调用,实现功能模块的重用,在一定程度上解决代码“臃肿”问题。

用过程范式解决 1.1.1 的问题,思路是:进行功能分解,把计算面积、计算周长独立出来,形成两个“过程”,在计算成本时直接调用,如图 1.1 所示。

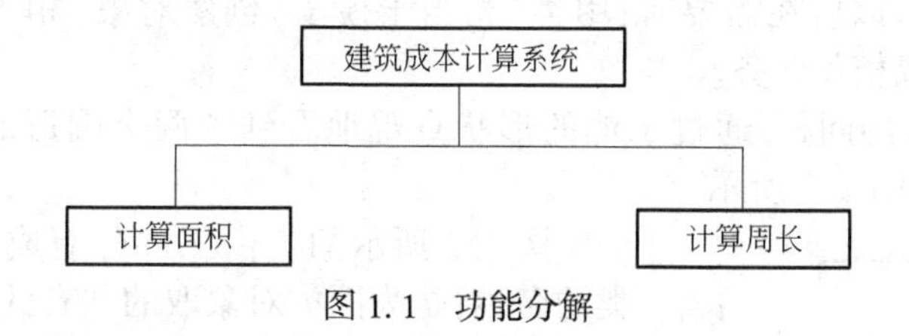

图 1.1 功能分解

计算面积和周长的两个过程用 C++语言描述如下:

```
double ComputeArea(double r)          // 计算面积功能模块
{
    double area;
    area=PI * r * r;
    return area;
}
double ComputePerimeter(double r)   // 计算周长功能模块
{
    double perimeter;
    perimeter=2 * PI * r;
    return perimeter;
}
```

这两个过程可以重用。例如,将 1.1.1 所示的 main 中的代码:

```
    area=PI * ((radius+WIDTH) * (radius+WIDTH)-radius * radius);
    perimeter=2 * PI * (radius+WIDTH);
```

替换成函数调用即可:

```
area=ComputeArea(radius+WIDTH)-ComputeArea(radius);
perimeter=ComputePerimeter(radius+WIDTH);
```

显然,使用过程范式设计程序,每个功能模块可以控制在一定的复杂度内,使得功能模块中的代码便于维护。另外,各功能模块相互独立、互不影响,也使得系统更为稳定,能提高程序的质量。

当然,过程范式也存在一定的问题。例如,问题越复杂,功能划分也越细。随着功能模块层次的增多,功能模块之间的调用也会越来越复杂,影响程序的维护。

1.1.3 面向对象范式

视频 1.3 对象式实现

在进行需求分析和程序设计时,过程范式注重的是功能模块的划分。有时,面对更为复杂或混乱的局面,人们的第一印象可能是那些“看得到”的东西,例如人员、票据、报表等。对这些“东西”进行分析和设计,显然更符合人类的思维习惯。这就是面向对象范式,对象就是那些“东西”。

在一份需求陈述中,有各种类型的词,最核心的显然是名词和动词。在进行需求分析时,如果说过程范式面向的是动词,那面向对象范式关注的显然是名词。面向名词,就是注重问题当中的实体,进而分析出这些实体都有哪些特性和特征,具备什么能力(功能),最后利用这些实体干活,完成计算任务。

面向对象范式的核心是把状态(数据结构)和修改状态的代码(算法)组织在一起。从方法论的角度来看,就是“对象导向”,即“找”对象,分析并总结同类对象共有的行为特征,归为一“类”,设计类结构。以后在需要时,用类(相当于模子)创建对象(相当于用模子产生的物体),让对象干活,完成相关业务。

例如,面对 1.1.1 的问题,通过水池的形状直观地看到了两个圆形的东西——大圆和小圆,归结为“圆”类,如图 1.2 所示。

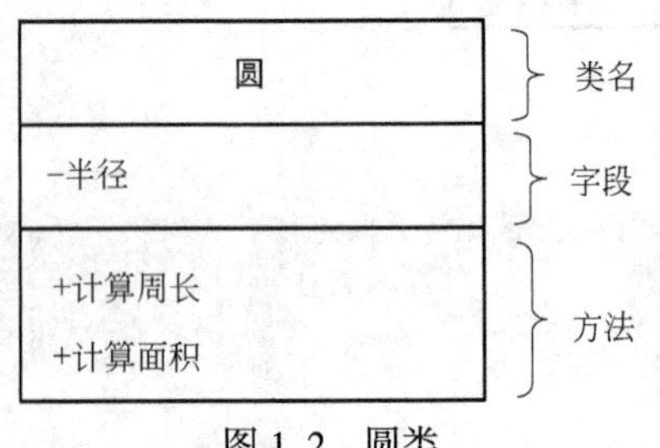

图 1.2　圆类

图 1.2 所示的类由三部分组成。其中,最上面的是类的名称,是为同类对象取的共有的名字,用它可以创建对象;中间的字段是该类对象共同拥有的特征或特性,相当于过程范式的数据或变量;最下层的方法是该类对象都具有的功能或能力,相当于过程范式的过程。可见,实现某功能的过程相当于对相关数据和处理数据的代码打“包”,粒度比单纯的变量大;而类相当于对相关的数据和过程打“包”,粒度比单纯的过程大。一旦把类设计好,这个类就可以重用,能显著提高程序设计的效率。

用 C++语言描述图 1.2 的圆类,代码如下:

```
class Circle                              // 类名
{
    double r;                             // 字段
    public Circle(double r)               // 这是构造方法,创建对象时系统会自动调用该过程
    {
        this.r=r;                         // 将参数传来的值放到字段中
    }
    public double ComputeArea()           // 计算面积的方法/过程
    {
        return Math.PI * r * r;
    }
    public double ComputePerimeter()      // 计算周长的方法/过程
    {
        return 2 * Math.PI * r;
    }
}
```

这个类可以重用。例如,将 1.1.1 所示的 main 中的代码:

```
area=PI * ((radius+WIDTH) * (radius+WIDTH)-radius * radius);
perimeter=2 * PI * (radius+WIDTH);
```

替换成创建对象并调用对象的方法即可,如图 1.3 所示。

图 1.3 中间层代码分为两个阶段:首先是对象的创建阶段,即用“**Circle** small(radius);”语句创建小圆对象,用“**Circle big(radius+WIDTH);**”语句创建大圆对象。其次是对象的使

```
cout<<"请输入半径:";
cin>>radius;
```

用户接口:输入

```
Circle small(radius);
Circle big(radius+WIDTH);
area=big.ComputeArea()-small.ComputeArea();
perimeter=big.ComputePerimeter();
cost=area*CONCRETE+perimeter*FENCE;
```

业务逻辑:计算

```
cout<<"预算是"<<cost<<endl;
```

用户接口:输出

图 1.3 对象的创建与使用

用阶段,即用“**big**. ComputeArea( )”和“**small**. ComputeArea( );”获取走道的面积,用“**big**. ComputePerimeter( );”获取栅栏的长度。

如果把 small 和 big 对象看作两个有生命的人,程序就会“生动”起来。它们都有自己的半径数据(状态),正如人有自己的身高一样。可以“询问”它们以获得其面积和周长数据。这个“询问”行为也就是“调用”其方法(即过程范式中的过程或函数)。这为解决更为复杂的问题提供了方便。

在使用类时,可以把 main 所在的类看成客户端(需要其他类提供的计算服务),把 Circle 这样的类看成服务器端(提供计算面积和周长等服务)。显然,双方的独立性越强,系统的可扩展性和稳定性越好。

另外要注意的是,从前面的代码演变过程来看,用户接口部分一般没有什么变化,只有业务逻辑计算部分在变。如果保持服务器端(Circle 类)的类名和方法名不变,即使方法的实现发生了变化,客户端的业务逻辑接口部分也不会变化。反过来说,客户端的用户接口部分从控制台输入输出(字符界面)变换到 Windows 窗体输入输出(图形界面),也并不会影响到服务器端。换句话说,面向对象机制在一定程度上保证了双方的独立性。当然,面向对象范式的作用远不止此。例如,利用继承机制可以复用现有的类,利用多态机制可以扩展现有类的功能,利用抽象类或接口可以实现类族的规范化设计等。

1.1.4 程序设计范式

视频 1.4 程序设计范式的基本概念

从哲学和科学的角度来看,范式是指应用于某个领域的一套明确的概念或思维模式,包括理论、研究方法、假设和标准。程序设计范式,就是进行程序设计时的思维模式,每种程序设计范式都有其自身的基本风格或典范模式。

对一个问题进行分解,划分为各个子模块,对问题进行简化,以便更容易地解决问题,这是人们普遍采用的解决复杂问题的思路。如何分解问题,从哪里着手分解,是程序设计范式首先要思考的问题。

前面说过,过程范式解决问题的着眼点是动词,使用面向对象范式的程序员则是从名词入手来思考问题。动词代表的是功能,是要去做的事情,强调怎么做(how);名词代表的是对象,是做事情的主体或客体，强调谁做（who）。通常来说，对象的粒度比功能更大。对象不仅可以具有功能，还可以包含自身的属性。例如，某人不仅具有读书、写字、作画的能力，还有自己的身高、体重、相貌等特性。所以，一般来说，用面向对象范式解决问题，设计效率比过程式更高。通俗地理解，如果想吃饭，可以自己到食堂去打饭（你重点关注的应该是如何去食堂、怎么排队购买饭菜等），也可以请某位同学帮你带份饭菜回来（你重点关注的是请谁去、带什么饭菜等）。前者就可以理解为过程范式，后者体现的就是面向对象范式思想。

视频 1.5 常见的程序设计范式

掌握了程序设计范式，就掌握了程序设计方法学。当前较为常见的程序设计范式有：

（1）命令式（imperative），使用语句来改变程序的状态。与自然语言中的命令语气表示命令的方式一样，命令式程序由计算机执行的命令组成。命令式程序设计侧重于描述程序如何操作。它侧重于程序应该完成什么，而不指定程序应该如何实现结果。许多命令式程序设计语言（如 FORTRAN、BASIC、C 等）都是汇编命令的抽象。

（2）函数式（functional），一种构建计算机程序结构和构件的样式。它将计算处理为对数学函数的赋值，避免改变状态。函数式程序设计主要在学术界使用，但 Common Lisp、Scheme、Clojure、Wolfram（也称为 Mathematica）、Racket、Erlang、Ocaml、Haskell、F#等也在被产业界的一些组织使用。一些特定领域的程序设计语言，如 R（statistics）、J、K、Q、XQuery/XSLT（XML）、Opal、SQL、Lex/Yacc 等也支持函数式程序设计范式。

（3）声明式（declarative），一种构建计算机程序结构和构件的样式。它表达的是不描述控制流的计算逻辑，侧重于程序达成什么结果，不指定该结果如何实现。当前常见的声明式程序设计语言包括数据库查询语言（如 SQL、Xquery 等）、正则表达式、逻辑式程序设计、函数式程序设计，以及配置管理系统等。

（4）面向对象式（object-oriented），基于“对象”这个概念，把状态和修改状态的代码组织在一起。许多广泛使用的程序设计语言，如 C、Object Pascal、Java、Python 等，都是多范式的程序设计语言。它们在一定程度上支持面向对象式、命令式、过程式等程序设计。当前的主流面向对象的语言包括 Java、C++、C #、Python、PHP、Ruby、Perl、Object Pascal、Objective-C、Dart、Swift、Scala、Common Lisp 和 Smalltalk 等。

（5）过程式（procedural），源于结构化程序设计，基于过程调用的概念，把代码组织成功能模块（functions）。过程，也称为例程（routine）、子例程（subroutine）或函数（function，类似于函数式程序设计中使用的函数，不要与数学中的函数混淆），只是包含一系列要执行的计算步骤。首批主要的过程式程序设计语言大约于 1960 年出现，包括 FORTRAN、Algol、COBOL 和 BASIC。Pascal 和 C 发布于 1970 年左右，Ada 发布于 1980 年。Go 发布于 2009 年，是一个更为现代化的过程式语言。

（6）逻辑式（logic），这是一种主要基于形式逻辑的程序设计范式，有特定语法风格的执行模型。任何用逻辑式程序设计语言编写的程序都是一组表达关于某个问题域的事实和规则的逻辑形式句子。逻辑式程序设计语言主要包括 Prolog、ASP（Answer Set Programming）、Datalog 等。

（7）符号式（symbolic），在这种程序设计范式中，程序可以把自己的公式和程序组件当作普通数据一样进行操作。把较小的逻辑单元或功能模块组合起来可以构建更为复杂的过程。这样的程序可以有效地修改自己，表现出一定的“学习”能力。因此，这种范式适合开发人工智能、专家系统、自然语言处理和计算机游戏这样的应用程序。支持符号式程序设计的语言有 Wolfram、LISP、Prolog 等。

1.2 程序设计范式研究

上一节仅列出了部分程序设计范式,还有许多没有列出来。这么多的程序设计范式,该如何学习呢?要真正理解本教程的主旨,需要了解软件开发这个行业和职业定位,以及自身的追求和当前状态。

我们知道,我国计算机技术与软件专业技术资格(水平)考试是由国家人力资源和社会保障部、工业和信息化部组织的国家级考试,包括计算机软件、计算机网络、计算机应用技术、信息系统、信息服务等五大专业类别。获得资格证,表明具备从事相应专业岗位工作的水平和能力,用人单位可根据工作需要从获得证书的人员中择优聘任相应专业技术职务(技术员、助理工程师、工程师、高级工程师)。也就是说,该考试既是职业资格考试,也是职称资格考试。同时,它还具有水平考试的性质,报考任何级别不需要学历、资历条件,只要达到相应的技术水平就可以报考相应的级别。对于想从事软件开发职业的人来说,首选的专业类别是计算机软件,包括初级的程序员、中级的软件设计师、高级的系统架构师或分析师等资格。当然,能发明算法、语言、设计模式、理论等,已经是计算机专家,不在该考试之列了。

学习包括学会、会学、会用等阶段。在从程序员向设计师递进的过程中,关键在于会学。这个阶段意味着可以快速而深刻地理解知识并能举一反三。程序设计范式高于程序设计语言,理解范式,就可以在掌握支持该范式的某语言后,举一反三地学习其他支持该范式的语言,快速而深刻地理解其技术,成为会学的人。当然,不同的程序设计范式体现在不同语言的实现上。了解这些范式在语言层级的实现机制,可以进一步理解相应范式,或为设计新的语言打下基础,争取成为高级设计师或计算机专家。

当前,很多课程的知识体系都是系统而完备的。这些知识就像装修后的大厦,沉浸在这些美轮美奂的殿堂中,在感叹其巧夺天工之余,却发现再难看到其装修前的模样,更别说那些拆掉的脚手架,以及深埋地底的地基、数易其稿的设计图纸。你是否想过去看看那些原始的东西。例如,我们掌握了 Java 或 C#的泛型技术,但是否想过泛型机制在这些语言中是如何实现的?知其然而不知其所以然,是因为那些粗陋的原始物件被有意或无意地挡在了自己的视线之外。但是,没有那些东西,将来该如何为这些宫殿添砖加瓦,又如何另起高楼呢?

问渠那得清如许?为有源头活水来。知识似水,需挖掘最先涌动的泉眼,才能天光云影共徘徊。知识如火,捕捉最初点燃的星星火花,可以形成燎原之势。程序设计语言多样,方法各异,要有效掌握这些方法和技术,就应该探其源头、梳理脉络。掌握源头,万变不离其宗;梳理脉络,便于举一反三。"碧玉妆成一树高,万条垂下绿丝绦。不知细叶谁裁出,二月春风似剪刀。"碧玉树高,究其立根之本可以知过去;绿丝万绦,握其支撑之干可以知现在;细叶绽放,察其生长之点可以知未来。不管程序设计语言如何发展,程序设计方法如何变迁,其源头不变。从机器语言的二进制位编码到 C 语言的位操作,从 C 语言的 malloc 动态内存分配到 C#语言的 new 操作,最本质的东西并未改变。在业界城头变幻大王旗的平台、语言与方法之争中,越是喧嚣,越需要自身的宁静。安抚住躁动的心,释放出深藏的灵,进入内存深处,横跨语言断层。不避丑陋,还原原始初貌;面向未来,激活殿堂知识。用实验的手段体验程序运行异象,以研究的精神深入底层探寻真相,从初级程序员走向高级程序员,这就是本书的宗旨,也为学习程序设计范式指明了方向。

本节用一个简单的实验来看看特定情况下可能出现的怪象,了解深入底层研究的重要性。

1.2.1 实验环境

俗话说,工欲善其事,必先利其器。这个实验使用的是 GCC 编译系统。GCC 是为类似 Unix 操作系统提供的标准编译器,支持多种程序设计语言。该实验在 Windows 平台的 DOS 命令行环境进行(运行 cmd 命令进入 DOS 命令行环境)。

我们知道,用某种程序设计语言编写的程序,称为源代码,把源代码以文件的形式存储在磁盘上,称为源文件。计算机不能识别源文件中的源代码。源代码需要编译为二进制代码,称为目标代码,目标代码也以文件的形式存储在磁盘上,称为目标文件。一般来说,在进行程序设计时,还需要引用其他程序(以源文件或目标文件的形式存在)。如果引用的是源代码,在编译时有时也需要指明源文件名(除非在你自己的源文件中已经用#include 这样的命令指定)。如果引用的目标代码(如 C++的 cout、cin),需要把使用到的目标代码链接到自己的目标代码中。

使用 GCC 命令的语法如下:

```
gcc[-选项](参数)
```

其中,选项可用于指定各种编译和链接要求,而参数指的一般是源文件或目标文件的名字。

该实验仅使用到 c 和 o 选项。选项 c 只编译源代码,不链接其他目标代码;选项 o 用于指定要生成的输出文件的名称。

下面以 1.1.1 中"一般解决方案"的 C++代码(假定这段源代码已存储为名为 cost1.c 的源文件)为例,来说明 GCC 命令的常见使用方法。

使用 GCC 最简单的编译链接命令为:

```
gcc cost1.c
```

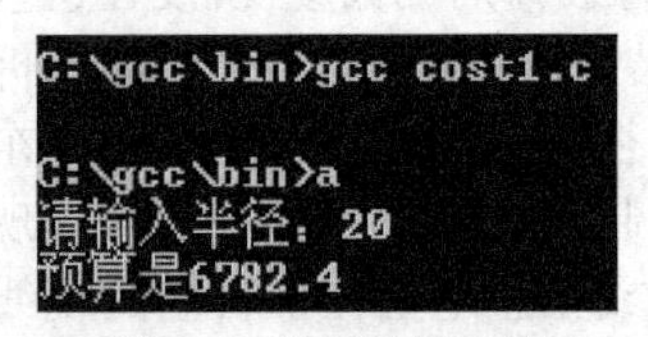

图 1.4 编译链接程序

这条命令没有用任何选项,参数 cost1.c 就是程序源文件名。该命令对 cost1.c 源文件进行编译和链接,直接生成可运行文件,默认文件名为 a,文件扩展名为 exe。编译链接后,在命令行键入 a,运行 a.exe,在提示信息下输入半径值,即可得出水池维护成本。这个过程如图 1.4 所示。

如果不喜欢默认的文件名 a,可以在命令行添加选项。例如:

```
gcc cost1.c-o MyCost
```

该命令对 cost1.c 源文件进行编译和链接,直接生成可运行文件,文件名为自己指定的 MyCost,文件扩展名为 exe。编译链接后,键入 MyCost,运行 MyCost.exe,在提示信息下输入半径值,即可得出水池维护成本。

如果把编译过程和链接过程分开,可以按如下步骤进行:

```
gcc-c cost1.c
```

这行命令把 cost1.c 源文件编译为目标文件 cost1.o(名称默认与源文件名相同,扩展名为 o)。当然也可以自己指定喜欢或更有意义的目标文件名。

```
gcc cost1.o
```

这行命令把 cost1.o 目标文件链接为可运行文件 a.exe(名称默认为 a),也可以自己指定喜欢或更有意义的可运行文件名。

如果要编译或链接的文件较多,可以串行列出。例如,要把编译后的目标文件 tv. o 和 dvd. o 链接为可运行文件 hts. exe,可以用如下命令行:

```
gcc tv. o dvd. o-o hts
```

更复杂的选项请查阅 GCC 相关资料。

1.2.2 引例

假设要设计一套家庭影院系统(home theatre system,简称 HTS)。这套 HTS 可分解为一台电视机(television,以下简称 TV)和一台数字视频机(digital video disc,以下简称 DVD)组成。HTS 可以是一体机(TV 和 DVD 集成在一个整机上),也可以是组装式用 TV 和 DVD 进行组装。后者要求品牌无关(TV 和 DVD 可以有各自的品牌)、接口一致(TV 和 DVD 可以通过接口互联)。组装机的好处显而易见:可相互独立,即一台设备故障(可现场维修)不影响另一台设备的使用,或一台设备升级(可现场替换)后依然可以和另一台设备组成 HTS。

为简化实验过程,DVD 仅简单提供数据信号(signal),TV 从 DVD 获取数据信号并显示出来。下面是用 C++语言描述的最简单的解决方案——混合式一体机:

```
main()
{
    int i;
    long val=5;
    for(i=0;i<10;i++)
    {
        cout<<i<<" -" <<val<<endl;
        val+=10;
    }
}
```

把源代码存为 hts. c,用 gcc hts. c 命令编译、链接后,运行结果如图 1.5 所示,循环输出递增的十个数字。

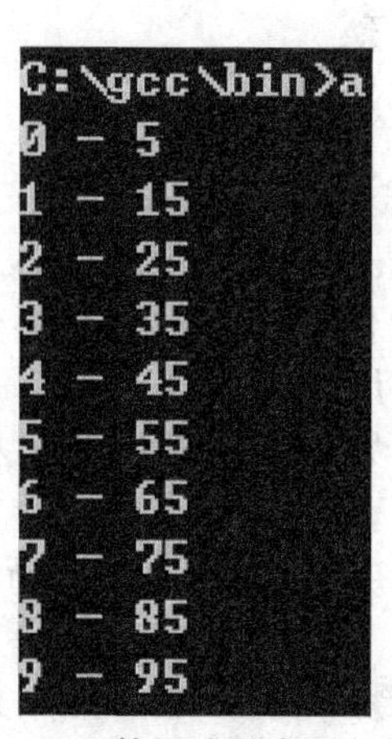

图 1.5 一体机式程序运行结果

这个程序很好理解,不区分 DVD 和 TV 功能。为扩大生产,满足需求,下面要将 DVD 和 TV 的功能分离,以便分别建设 DVD 和 TV 两大产品制造厂。

1.2.3 过程范式解决方案

将 1.2.2 中的原始设计按 DVD 和 TV 的功能进行分解,用过程式解决方案设计。

首先,把 DVD 提供信号的功能独立出来,单独存在 dvd1.c 文件里,源代码如下:

```
long signal=5;                          // 初始值为5
longGetSignal()                         // 对外提供信号的函数
{
    long tmp=signal;                    // 暂存返回值
    signal+=10;                         // 信号增量

    return tmp;                         // 返回信号值
}
```

其次,把 TV 显示信号的功能独立出来,单独存在 tv1.c 文件里。tv1.c 中须引用 dvd1.c,这样在编译 tv1.c 时,就会把 dvd1.c 的代码包含进来,形成一个完整的程序:

```
#include "dvd1.c"
 #include<iostream>
 using   namespace std;
 main()
 {
      int i;
      for(i=0;i<10;i++)
          cout<<i<<"-"<<GetSignal()<<endl;   // 获取信号并输出
 }
```

用 gcc tv1.c,编译和链接 tv1.c,运行 a,结果同样如图 1.5 所示。

这种解决方案从逻辑上将不同功能的部件独立出来,可以分别加以实现和维护。相对于原始设计这是着眼于过程的分离方案更便于人们理解和维护。

1.2.4 面向对象范式解决方案

前面说过,用面向对象范式更符合人类的思维习惯。现在把组装部件划分为 DVD 和 TV 两类分别进行设计,如图 1.6 所示。这种解决方案包括三个文件。其中,dvd2.h 头文件中定义了 Dvd 类,声明了用于存储信号值的长整型私有字段 signal 和能对外提供信号值的方法 GetSignal;dvd2.c 中为实现 Dvd 类的代码;tv2.c 中是创建 Dvd 对象和使用该对象的代码。dvd2.c 和 tv2.c 互相独立,两者都引用了 dvd2.h,所以,dvd2.h 相当于两者互订的协议或接口。一方按照此协议去生产(实现),另一方按照此协议去使用。只要协议不变,两者后就能很好地工作在一起。

相对于过程式解决方案,DVD 和 TV 端代码更加清晰和独立,便于理解。既然两者是独立的,显然可以分别编译。

用 gcc-c dvd2.c 命令将 dvd2.c 编译为 dvd2.o 目标文件;用 gcc-c tv2.c 命令将 tv2.c 编译为 tv2.o 目标文件。这就形成了两个独立的"构件":dvd2.o 和 tv2.o。用 gcc dvd2.o tv2.o 命令把两者链接为可运行文件 a,执行 a,结果依然如图 1.5 所示。

从运行结果看,混合式一体机、过程范式、面向对象范式等解决方案都可以实现同样的功能。但是从思维逻辑上看,面向对象范式更符合人类的思维习惯,更适合解决大型复杂问题。

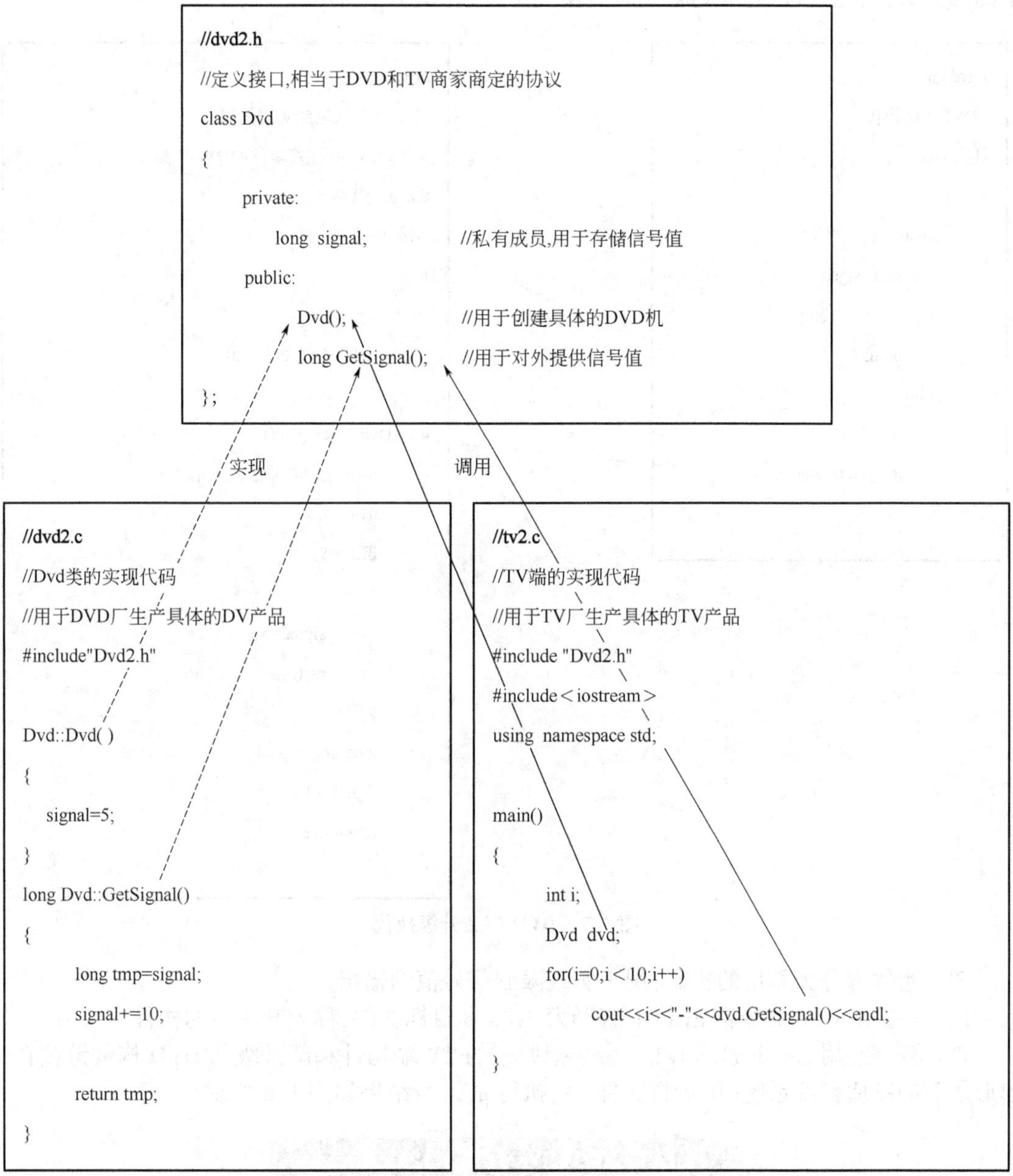

```
//dvd2.h
//定义接口,相当于DVD和TV商家商定的协议
class Dvd
{
     private:
          long  signal;             //私有成员,用于存储信号值
     public:
               Dvd();               //用于创建具体的DVD机
               long GetSignal();    //用于对外提供信号值
};
```

实现　　　　调用

```
//dvd2.c
//Dvd类的实现代码
//用于DVD厂生产具体的DV产品
#include"Dvd2.h"

Dvd::Dvd( )
{
    signal=5;
}
long Dvd::GetSignal()
{
        long tmp=signal;
        signal+=10;

        return tmp;
}
```

```
//tv2.c
//TV端的实现代码
//用于TV厂生产具体的TV产品
#include "Dvd2.h"
#include<iostream>
using  namespace std;

main()
{
        int i;
        Dvd  dvd;
        for(i=0;i<10;i++)
               cout<<i<<"-"<<dvd.GetSignal()<<endl;

}
```

图 1.6　面向对象范式解决方案

1.2.5　构件升级

不管用哪种解决方案,运行结果都是一样的(都可以创建一个可运行的家庭影院系统)。但是,利用分离思想可以将复杂的问题简单化。例如,模拟 DVD 端和 TV 端的代码可各自作为一个独立的工程分别编译和链接,形成独立的模块文件。这相当于现实生活中的 TV 厂商、DVD 厂商相互独立生产,只要接口一致,各厂家生产的设备可相互连接组成家庭影院系统。

当然,要实现真正的分离并不是那么容易,涉及更深层次的技术和机理。如果不了解这些技术和机理的由来和发展,面对出现的问题可能会一筹莫展。

例如,假定市场对 DVD 端信号源的值的输出有了新的限定:不能高于 40。DVD 厂商修订了的相关文件,把 DVD 升级到第三版后换代生产,如图 1.7 所示。

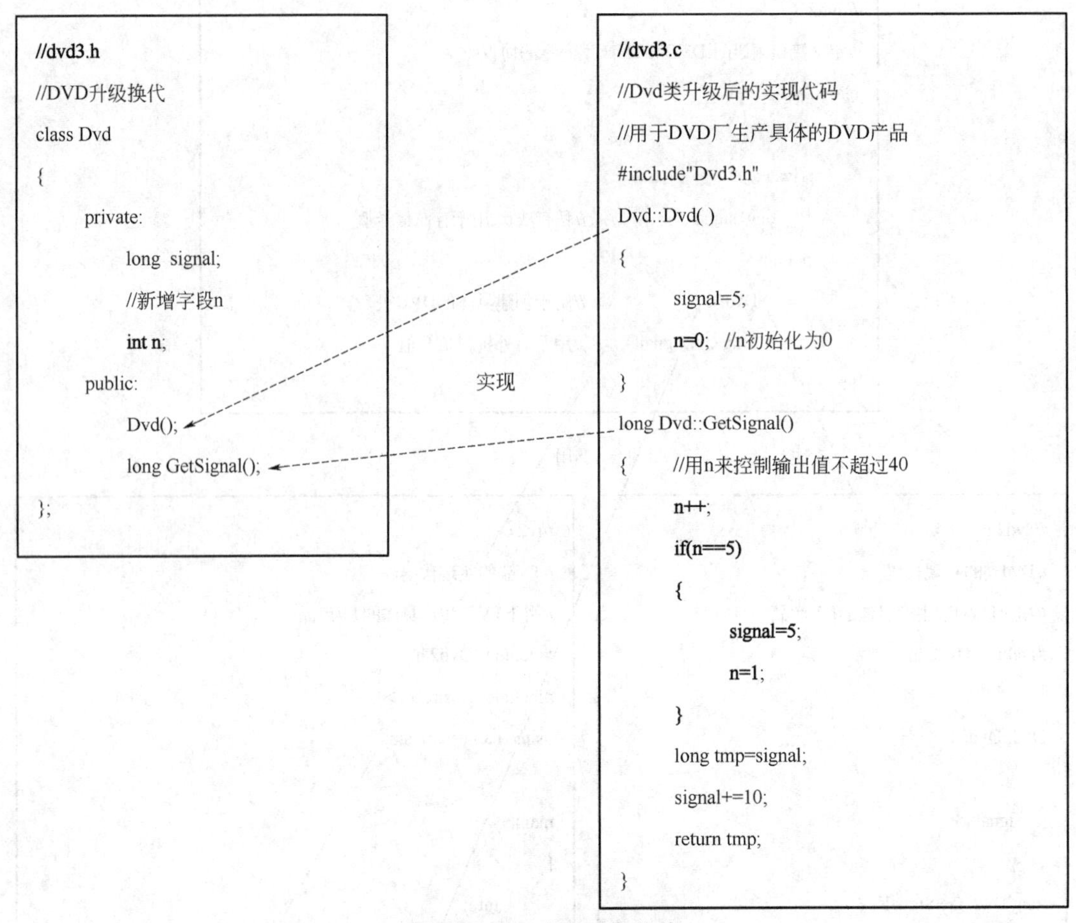

图 1.7　DVD 产品升级换代

图中粗体部分为新增的代码,用于实现限制信号值的输出。

用 gcc-c dvd3. c 命令将 dvd3. c 编译为 dvd3. o 目标文件,称为升级后的构件。

TV 端不变,用 gcc dvd3. o tv2. o 命令把原来的 TV 端构件和新升级的 DVD 构件链接在一起形成新的家庭影院系统(可运行文件 a),执行 a,运行结果如图 1.8 所示。

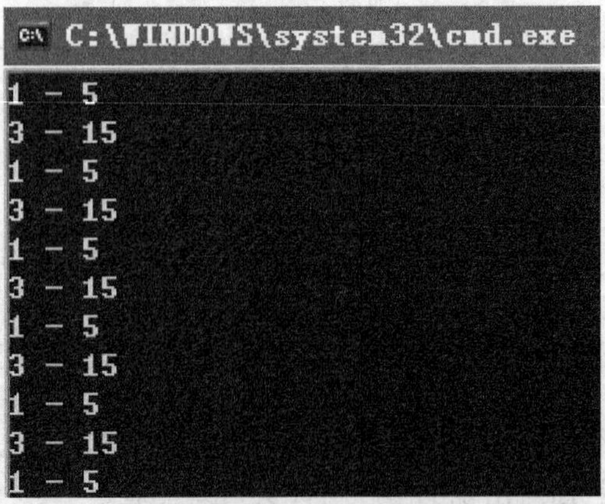

```
C:\WINDOWS\system32\cmd.exe
1 - 5
3 - 15
1 - 5
3 - 15
1 - 5
3 - 15
1 - 5
3 - 15
1 - 5
3 - 15
1 - 5
```

图 1.8　升级后的家庭影院系统运行结果

这是一个无限循环,循环输出 5 和 15。为什么会出现这种怪象呢?

家庭影院系统的设计、生产制造,以及升级换代过程如图 1.9 所示。从图中的流程可以看出,第三代的 a. exe 由 dvd3. o 和 tv2. o 链接而来。由于 dvd3. o 用的是 dvd3. h 协议,协议变了,tv2. o 用的是原来的 dvd2. h 协议,发生异常在所难免。解决办法是将 tv2. c 中引用的 dvd2. h 换成 dvd3. h,重新编译,再链接 dvd3. o 即可。

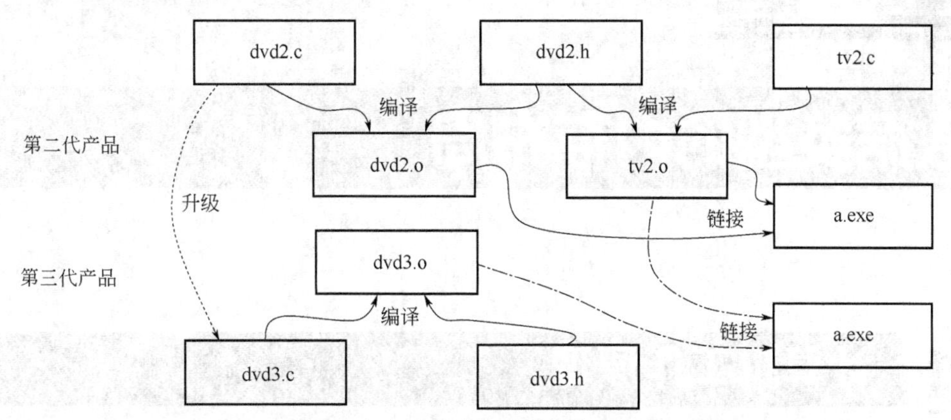

图 1.9　家庭影院系统升级换代生产过程

问题是解决了,但你能解释清楚为什么会发生无限循环、为什么输出的是 5 和 15 吗?知其然但知其所以然吗?知其所以然就达到了会学的层次!这显然需要我们深入计算机底层,了解语言实现机制,解析范式的原始风貌,以进一步理解并用好各种范式。

习题一

1. 对比 C/C++、C#、Java 等程序设计语言,指出其异同点。
2. 了解汇编、Scheme、Python 等语言及其特点。
3. 下载 GCC 软件,调试并研究 1. 2. 5 的怪异现象,写出初步结论。

第二章 数据类型的内存布局

2.1 计算机工作原理

2.1.1 冯·诺依曼体系结构

视频 2.1 冯·诺依曼体系结构

现代计算机遵循的是匈牙利数学家冯·诺依曼于 1945 提出的体系结构,如图 2.1 所示。这种体系结构由 CPU(中央处理器)、RAM(存储器)、I/O(输入、输出设备)构成。其中,CPU 又由 ALU(算术/逻辑运算器)、控制器、寄存器构成。由于存储器用于存储数据和指令,这种体系结构的计算机又称为存储程序计算机。

为形象地理解,可以把计算机想象成一个餐馆,把程序理解为食谱,计算机执行程序对数据进行计算,就类似于厨师依据食谱对食材进行加工。

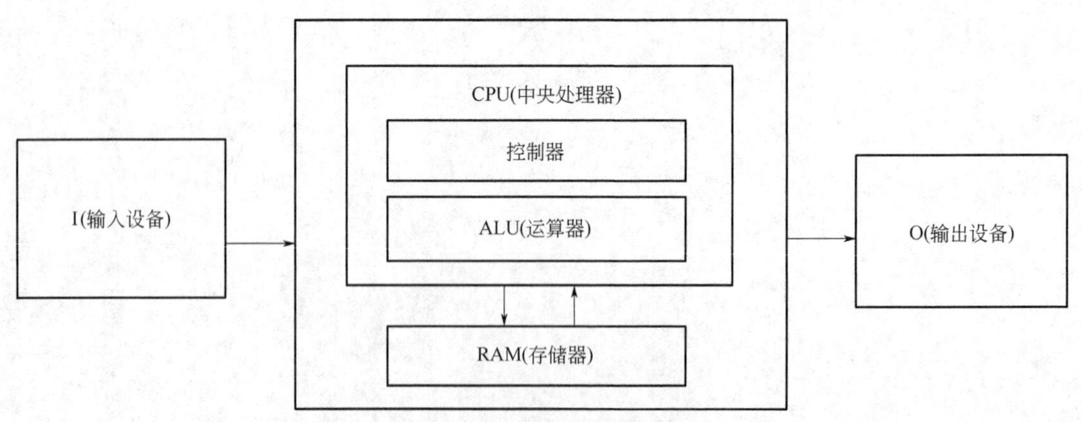

图 2.1 冯·诺依曼体系结构

要知道,世界上实现冯·诺依曼体系结构的第一台通用计算机 ENIAC 占地面积就有约 $170m^2$ (长 30.48m,宽 6m,高 2.4m),比一般的餐馆都要大,如图 2.2 所示。

餐馆由厨房、库房和前台构成。对食材进行加工的厨房相当于 CPU,其中的控制器可理解为厨师的大脑,ALU 为厨师的肢体与灶锅勺火,寄存器为临时存放食材和调料的碗碟罐篮;

图 2.2　ENIAC 计算机

库房有货架,分门别类地存放食材,相当于 RAM;前台与食客交互,相当于 I/O。两者对比如图 2.3 所示。

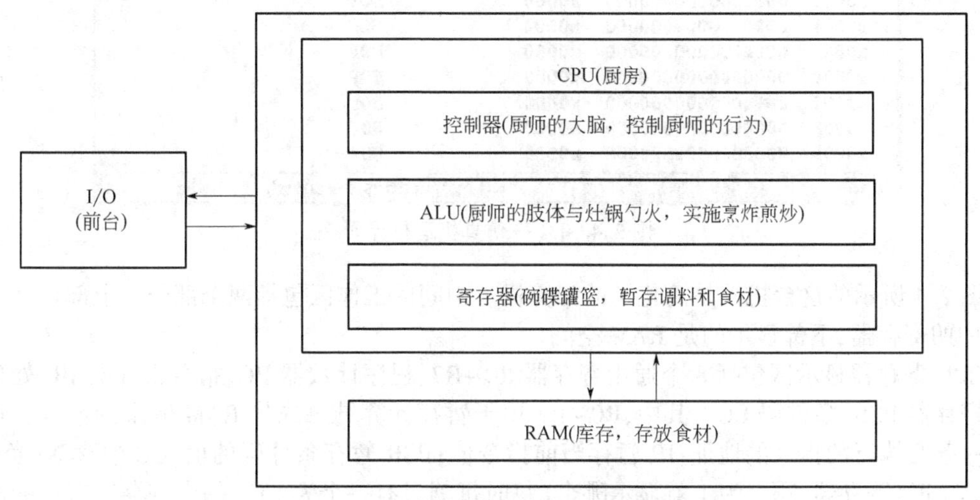

图 2.3　冯·诺依曼体系结构与"餐馆"对比

一个食谱(程序)包括食材清单(数据结构)和烹饪说明(算法)。烹饪(计算)时,厨师(CPU)按照食谱(程序)进行烹饪(计算)操作。

两者的工作原理类似。前台记录与食客交互,例如记录客人需求、递交菜肴等,相当于计算机的数据输入输出(I/O)操作。到库房存取食材,相当于到 RAM 存取数据。厨师按照食谱烹饪,对食材进行加工,相当于 CPU 依据程序对数据进行计算。

因此,计算机的工作原理这样理解:让计算机烹饪,把食谱放在 RAM 的代码区,食材放在 RAM 的数据区。烹饪时,CPU 到代码区取指令,根据指令的要求到数据区取所需食材,对数据进行加工,将加工结果暂存到寄存器或数据区,再取下一条指令执行。重复这个过程,直到烹饪完毕或出现异常为止。

可以看出,计算机之所以实现了自动化操作,得益于将食谱预先存入了计算机的 RAM。这就是著名的存储程序(stored program)原理,是计算机的本质。

视频 2.2 仿真计算机

2.1.2 仿真计算机

现代计算机都比较复杂,难以直观地进行其工作原理的实验。为方便研究计算机底层工作流程,下面引入 LC-3 仿真机。利用 LC-3 可以观察机器内部寄存器和内存状态的变化,体验其工作原理。

运行 LC-3 仿真机,会出现如图 2.4 所示的界面。

```
LC3 Simulator
File  Execute  Simulate  Help
jump to: x3000
   R0   x0000  0        R4   x0000  0        PC   x3000  12288
   R1   x0000  0        R5   x0000  0        IR   x0000  0
   R2   x0000  0        R6   x0000  0        PSR  x8002  -32766
   R3   x0000  0        R7   x0000  0        CC   Z
➜ x3000  0000000000000000  x0000        NOP
▪ x3001  0000000000000000  x0000        NOP
▪ x3002  0000000000000000  x0000        NOP
▪ x3003  0000000000000000  x0000        NOP
▪ x3004  0000000000000000  x0000        NOP
▪ x3005  0000000000000000  x0000        NOP
▪ x3006  0000000000000000  x0000        NOP
▪ x3007  0000000000000000  x0000        NOP
▪ x3008  0000000000000000  x0000        NOP
▪ x3009  0000000000000000  x0000        NOP
Ready              0 instructions executed        Idle
```

图 2.4 LC-3 仿真机运行界面

图 2.4 所示的这台机器是简化了的计算机。中间的工作区包括两个部分。上部显示的是 CPU 中的寄存器,下部显示的是 RAM 空间。

CPU 寄存器显示区包括 8 个通用寄存器 R0～R7、程序计数器 PC、指令寄存器 IR、处理器状态寄存器 PSR、条件码 CC。其中,R0～R7 用于暂存计算结果或从 RAM 取来的数据;PC 暂存下一条要执行的指令的地址;IR 暂存当前指令值;PSR 暂存条件码的值;CC 包含 N(负)、Z(零)、P(正)寄存器,哪个为 1 就显示哪个(每时每刻只有一个为 1)。每个寄存器右边的两列显示的是寄存器的当前值,带 x 的值是用十六进制表示的,另一个是十进制表示。机器刚启动后,R0～R7 中存放的都是 0;PC 存放的是 x3000,表示下一条指令在内存地址 0x3000 处;IR 为 0,表示当前无指令。

RAM 显示区共四列:第一列是内存地址;第二列和第三列显示该地址空间中存储的值,前者以二进制形式显示,后者以十六进制形式显示;如果该地址存储的是代码,第四列显示该代码对应的汇编语言语句。要注意的是,内存地址也是以十六进制的形式显示的。每个地址占两个字节,地址按由低到高从上向下增长。用工具栏的 jump to 下拉列表框可以转到相应的地址空间。用右边的滚动条可以滚动到最后,最大地址是 xFFFF。

现在输入机器指令到内存,如图 2.5 所示。双击要存入指令的内存地址,弹出图 2.5 右下角的对话框,Location 右边的下拉列表显示的是当前地址,Value 右边是文本框是机器指令的十六进制表示形式。例如,十六进制值 F025 表示停止执行,对应的二进制编码是 11110000 00100101。按图示在 x3000 处依次输入 5260、5920、192A、E4FC、6680、14A1、1243、193F、03FB、F025。第四列会显示该指令对应的汇编语言语句。

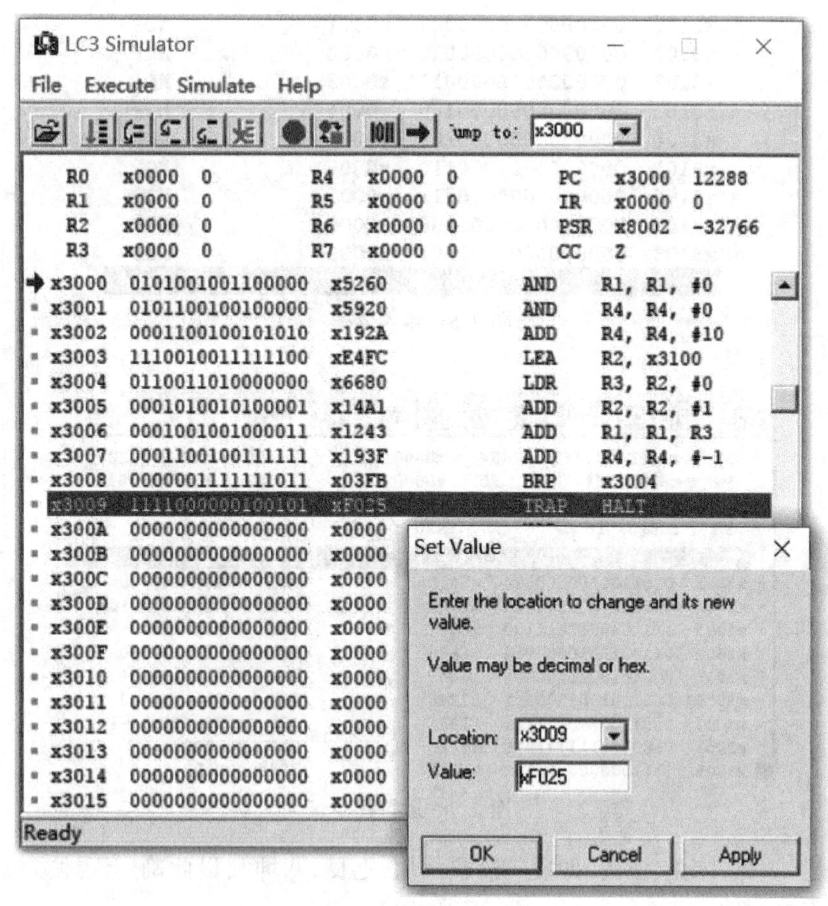

图 2.5 输入机器指令

这段指令的含义是对 x3100 处的连续 10 个数值求和。对应汇编代码如下：

```
     AND R1,R1,x0          ;R1 清 0,用于存放和数
     AND R4,R4,x0          ;R4 清 0,用作计数器
    ADD R4,R4,xA           ;给 R4 赋初值 10,表示要对 10 个数求和
    LEA R2,x0FC            ;要求和的数据区的起始地址赋给 R2
LOOP LDR R3,R2,x0          ;取该地址处的值赋给 R3
    ADD R2,R2,x1           ;地址指向下一个数
    ADD R1,R1,R3           ;累计求和
    ADD R4,R4,x-1          ;计数器减 1
    BRP LOOP               ;如果计数器不为 0,转到 LOOP 继续求和
```

下面在 x3100 处连续输入 10 个数值(注:最后的值是十进制 16),如图 2.6 所示。

双击 x3009 行的圆点设置断点,单击工具栏第二个按钮,运行结果如图 2.7 所示。

可以看到 R1 的值为和数 61。可以用其他单步按钮跟踪执行,查看寄存器的变化。

2.1.3 二进制编码

计算机能识别的机器语言,能执行的是如 2.1.2 所展示的二进制机器码。为什么两个简单的二进制符号 0 和 1 可以实现那么复杂的计算,能处理文字、图形图像,甚至声音和影像呢?

让我们先回归传统,来看看据传由伏羲观物取象而作的先天八卦图,如图 2.8 所示。伏羲

```
x3100  0000000000000001  x0001   NOP
x3101  0000000000000010  x0002   NOP
x3102  0000000000000011  x0003   NOP
x3103  0000000000000100  x0004   NOP
x3104  0000000000000101  x0005   NOP
x3105  0000000000000110  x0006   NOP
x3106  0000000000000111  x0007   NOP
x3107  0000000000001000  x0008   NOP
x3108  0000000000001001  x0009   NOP
x3109  0000000000010000  x0010   NOP
```

图 2.6　输入数据

```
ump to: x3000

R0  x7FFF  32767    R4  x0000  0       PC   x3009  12297
R1  x003D  61       R5  x0000  0       IR   x03FB  1019
R2  x310A  12554    R6  x0000  0       PSR  x8002  -32766
R3  x0010  16       R7  xFD75  -651    CC   Z

x3000  0101001001100000  x5260   AND   R1, R1, #0
x3001  0101100100100000  x5920   AND   R4, R4, #0
x3002  0001100100101010  x192A   ADD   R4, R4, #10
x3003  1110010011111100  xE4FC   LEA   R2, x3100
x3004  0110011010000000  x6680   LDR   R3, R2, #0
x3005  0001010010100001  x14A1   ADD   R2, R2, #1
x3006  0001001001000011  x1243   ADD   R1, R1, R3
x3007  0001100100111111  x193F   ADD   R4, R4, #-1
x3008  0000001111111011  x03FB   BRP   x3004
x3009  1111000000100101  xF025   TRAP  HALT
```

图 2.7　运行程序

八卦的卦序是“一乾、二兑、三离、四震、五巽、六坎、七艮、八坤”，以此确定天地方位，对大自然进行总体描述。

图 2.8　伏羲八卦

以八卦为标志的易学代表了远古中国的哲学思想。人们用其深邃的哲理解释自然、社会现象，包括中医、武术、音乐、数学等方方面面。二进制是计算机科学的基础，阴阳八卦是易学体系的基石，用八卦思想解释二进制，有助于深刻理解计算机科学和用计算机科学创建的机器世界。

八卦是一套用阴阳组成的形而上的哲学符号。这套表示事物变化的阴阳系统，用实线“—”代表阳，用虚线“——”代表阴。用这两种符号，可以生成各种组合。

《易传·系辞上传》说：“易有太极，是生两仪，两仪生四象，四象生八卦。”八卦的形成过程如图 2.9 所示。从图中看出，用一位阴阳符号可组合出两种形态，要么是阴，要么是阳，最多只能表示两种事物或现象，谓之两仪；用两位阴阳符号可组合出四种形态，即阴阴、阳阴、阴阳、阳阳，最多可表示四种事物或现象，谓之四象；用三位阴阳符号可组合出八种形态，即阴阴阴、阴阴阳、阴阳阴、阴阳阳、阳阴阴、阳阴阳、阳阳阴、阳阳阳，最多可表示把种事物或现象（例如乾表天、坤表地、巽表风、震表雷、坎表水、离表火、艮表山、兑表泽），谓之八卦。

作为推演宇宙各事物及其关系的工具，每多一卦就可多表示一种事物或现象。八卦继续两两组合（六位阴阳符号），衍生出六十四卦，可用来表示多达六十四种自然现象或人事现象，也渗透到了东亚文化的各个领域。

那么，八卦与二进制有什么关系呢？

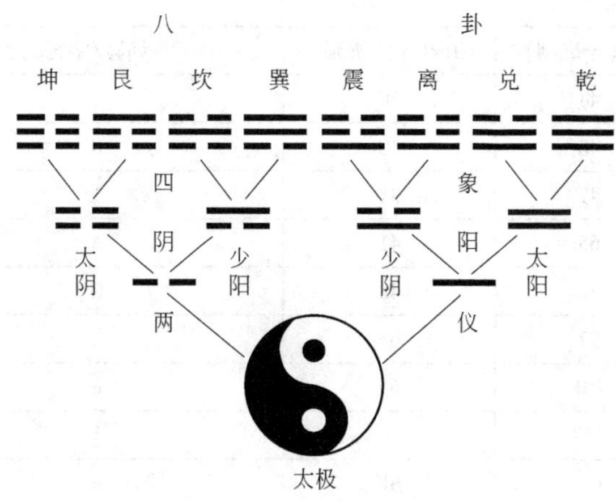

图 2.9 八卦的形成过程

阴阳符号可以用实线和虚线表示,当然也可以用 0 和 1 来代表。把图 2.9 中的实线和虚线分别用 0 和 1 替换,可以得出如下组合:

一位二进制数组合,0、1,可表示两仪;

两位二进制数组合,00、01、10、11,可表示四象;

三位二进制数组合,000、001、010、011、100、101、110、111,可表示八卦。

当然,在计算机世界,三位二进制数字的组合可表示阿拉伯数字 0(用 000 表示)、1(用 001 表示)、2(用 010 表示)、3(用 011 表示)、4(用 100)、5(用 101 表示)、6(用 110 表示)、7(用 111 表示)。8 以上的阿拉伯数字就没法表示了。

如果要表示更多的数字或符号,就需要更多的二进制位。用 2 的二进制位数次方可计算与该位数最多能组合出来的形态数,即它最多能表示的事物或现象的数量。例如,2 的 1 次方为 2(两仪)、2 的 2 次方为 4(四象)、2 的 3 次方为 8(八卦)、2 的 6 次方为 64(六十四卦)……

计算机是用两种电平状态(用高电平和低电平分别表示 1 和 0)来具体实现二进制的,由于成本关系,不可能同时有无限多个电平位。计算机一般以八位为一个组合单元,称为一个字节。八个二进制位可以组合出 256(2 的 8 次方)种不同的状态。

计算机要处理的数据包括阿拉伯数字、英文字母,以及其他一些常用的符号。这些数据都是必须以二进制形式进行存储和运算。具体用哪个二进制数字表示哪个符号,每个人都可以设置一套(称为编码)。当然,需要相互通信和交流,就必须约定使用相同的编码规则。为此,ANSI(American National Standard Institute,美国国家标准学会)制定了 ASCII(American Standard Code for Information Interchange,美国信息交换标准编码),主要用于表示现代英语和其他西欧语言(表 2.1 列出几个数字、字符和符号的 ASCII 编码),是现今最通用的单字节编码系统,已被 ISO(International Organization for Standardization,国际标准化组织)定为国际标准,即 ISO 646 标准。

表 2.1 ASCII 编码示例

Bin(二进制)	Dec(十进制)	Hex(十六进制)	缩写/字符	解释
0000 1010	10	0A	LF(NL line feed,new line)	换行键
0000 1101	13	0D	CR(carriage return)	回车键
0010 0000	32	20	(space)	空格
0010 0001	33	21	!	叹号

续表

Bin（二进制）	Dec（十进制）	Hex（十六进制）	缩写/字符	解释
0010 1100	44	2C	,	逗号
00110000	48	30	0	数字 0
00110001	49	31	1	数字 1
01000001	65	41	A	大写字母 A
01001000	72	48	H	大写字母 H
01100001	97	61	a	小写字母 a
01100101	101	65	e	小写字母 e
01101100	108	6C	l	小写字母 l
01101111	111	6F	o	小写字母 o

显然，由于位数不足，ASCII 无法表示诸如汉字这样的字符。如果把位数扩充到 16 位（两个字节），就可以表示 65536 种（2 的 16 次方）不同的事物或现象，也就可以表示和处理汉字了。例如，1981 年 5 月 1 日发布的简体中文汉字编码国家标准 GB 2312—1980《信息交换用汉字编码字符集　基本集》，对汉字采用双字节编码，收录 7445 个图形字符，其中包括 6763 个汉字（表 2.2 列出汉字“廖”“浩”“德”的编码）；1984 年实施的中国台湾地区繁体中文标准字符集 BIG5，也采用双字节编码，共收录 13053 个中文字；1995 年 12 月发布的 GBK 是对 GB 2312 编码的扩充，共收录 21003 个汉字，包含国家标准 GB 13000.1—1993《信息技术　通用多八位编码字符集（VCs）第一部分：体系结构与基本学文种平面》中的全部中日韩汉字和 BIG5 编码中的所有汉字；2000 年 3 月 17 日发布的 GB 18030—2000《信息技术　信息交换用汉字编码字符集基本集的扩充》是对 GBK 编码的扩充，覆盖中文、日文、朝鲜语和中国少数民族文字，其中收录 27484 个汉字（GB18030 字符集采用单字节、双字节和四字节三种方式对字符编码，兼容 GBK 和 GB2312 字符集）。Unicode 是国际标准字符集，将世界各种语言的每个字符定义一个唯一的编码，以满足跨语言、跨平台的文本信息转换。

视频 2.3　二进制数据编码

表 2.2　GB2312 编码示例

Bin（二进制）	Hex（十六进制）	缩写/字符	解释
1100 0001 1100 1110	C1 CE	廖	
1011 1010 1100 0110	BA C6	浩	
10110101 1100 0010	B5 C2	德	

可以利用 Debug 工具查看相关字符编码。例如，用记事本编辑文字“Hello，廖浩德！”，保存名为 code.txt 的文本文件。在 DOS 命令行输入 debug code.txt，用 d 命令即可查看内存内容，如图 2.10 所示（注：用 q 命令退出 debug，返回到命令行）。

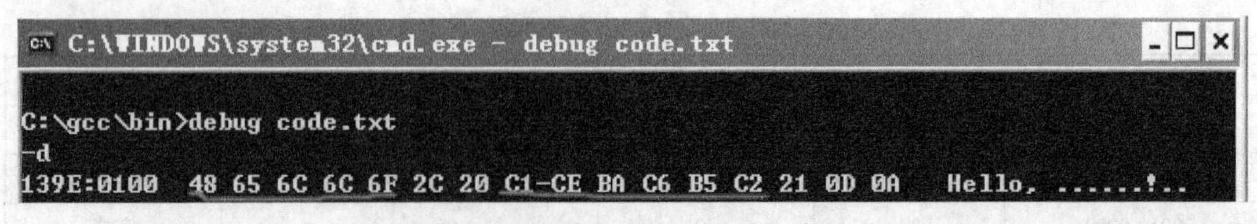

图 2.10　查看 ASCII 和 GB2312 编码

2.2 内存管理

早期的计算机内存空间的比较小,LC-3 模拟的就是早期的计算机。当然,现在的嵌入式系统、移动设备的硬件资源一样受限。面对这些情况,在程序设计时受限要考虑的问题是如何有效地管理内存。

一般来说,计算机内存被划分为系统服务区和应用程序区,如图 2. 11 所示。其中,系统服务区由设备驱动程序、操作系统等占用,为应用程序提供服务;应用程序区由应用软件使用。每个区又被分为代码区和数据区。其中,代码区用于存放机器代码,数据区用于存放原始数据、计算结果等。数据区进一步被细分为栈(stack)区和堆(heap)区。

系统服务区	数据区	
	代码区	
应用程序区	数据区	栈(stack)区
		堆(heap)区
	代码区	

图 2. 11 计算机内存格局

栈区基于先进后出的方式管理内存资源的分配和回收,由系统自动管理。现代 Java 或 C# 语言,用 new 可申请堆空间,而内存的释放则是系统自动进行的,指针之类的机制已经封装起来,程序员基本不会涉及底层的内存资源分配了。但是用 C 语言编程,程序员依然可以对堆区进行管理,如申请和释放内存等。

在 C 语言中,与内存相关的实现机制较多,如指针、变量、作用域、函数等。面向对象与非面向对象语言都有变量和过程两大机制。其中,变量可以存储简单数据,如整数、字母等数据类型,也可以对简单变量进行组合存储复杂数据,如字符串、列表、哈希表等;过程,在不同的语言中可能有不同的名称,如函数、方法、子程序等,用于输入、输出、生成和操作数据。本章以变量机制为主,深入内存内部,体验底层操作,了解内存管理情况。过程部分在第三章解析,介绍如何用"原始"的 C 语言设计出通用代码,提高代码的重用性。

2.2.1 变量机制

前面把 RAM 比喻为餐馆的库房,更为形象的是比作酒店的客房。RAM 的单元地址类似于客房的编号,数据类型类似于客房的类型。客房类型有标准间、豪华间、总统套房等。现实生活中的数据各种各样,如整数、小数、文本等,类型不一。要在计算机中存储和使用这些数据,需要在内存中为它们申请一块合适的空间(相当于预定客房)。

C 语言的数据有常量和变量之分。酒店部分房间可能被固定客户长期预定,属于常量范畴,其他客房经常换人,属于变量部分,如图 2. 12 所示。

变量是可以将一个特定的值绑定到一个标识符(即变量的名字),以便以后能存取该值(正如到酒店去访问住在客房里的房客或安排新的客人入住)。图 2. 12 中,标识符 customer 对应 503 号房,guest 对应 516 号房,都是变量名;WANGWU 住 32 单元 101、QIANLIU 住 32 单元 102、孙七住 36 单元 901,都是常量名。

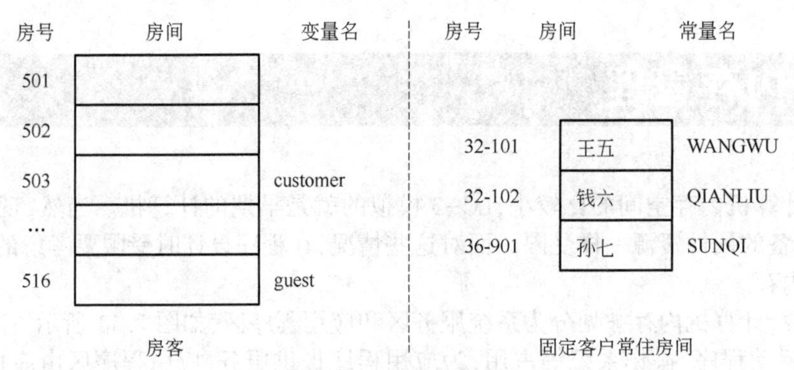

图 2.12　变量和常量

2.2.2　数据类型

变量代表的就是 RAM 的一部分空间，涉及这部分空间的起始地址、空间大小，以及空间中存储的数据。空间大小与存储的数据类型有关。

C 语言的数据类型可分为基本类型（也称内置类型）和程序员自定义类型两种，如图 2.13 所示。

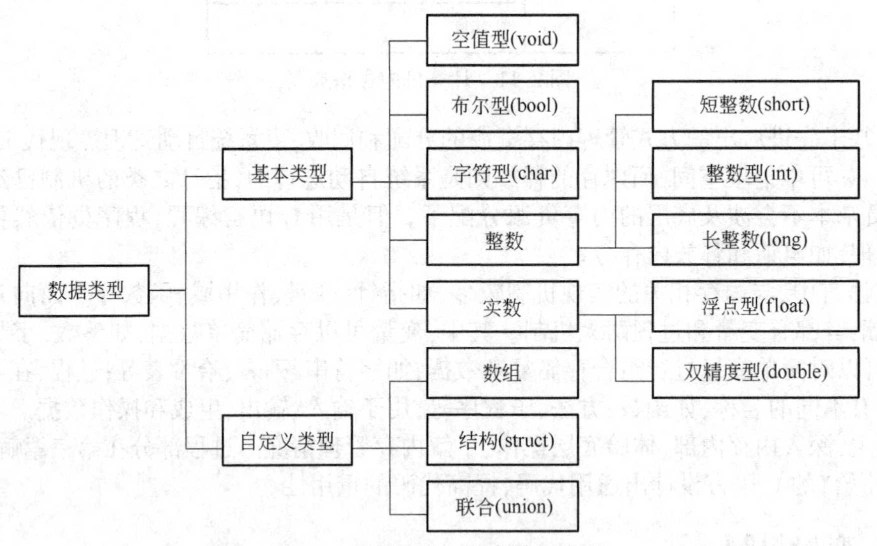

图 2.13　常用的 C 语言数据类型

如果把基本类型比作酒店客房的房型，自定义类型就可以理解为具有特殊要求的一批客房。

例如，旅行社安排住宿，可能存在这样的情况：大部分旅行团成员住同种类型的房间，有的家庭则要求住一个套间。这就需要旅行社向酒店预订一批同类型的房间和部分套间。这种特殊的房型组合是为了满足这次旅行团的需要而临时形成的，相当于自定义了几种类型的房间。为数据申请一批同类型的内存空间相当于预定一批同类型的客房，这是数组的概念；为数据申请一批不同类型的内存空间相当于预定一批特型房，这是结构的概念。数组和结构都是程序员自定义的数据类型。

在 C 语言的基本数据类型不能满足需求的情况下，可以根据实际需要对基本类型进行聚合和扩展，创建自定义类型。

另外,C 语言的函数概念也可以类似理解。例如,对于已经成型的旅行线路,不用每次都重新设计,可以重用。C 语言函数是一个具有相对固定功能的处理过程,它把一批相对固定的代码组织在一起,并给整段代码取个名字且固定其使用方式,以后就可以随时重用这段代码了。

2.2.3 数据类型所占内存空间

内存最基本的单位是字节。了解数据类型所占存储空间非常重要。例如,对于数组来说,相邻两个元素的起始地址的差距是元素类型所占字节数,而不是 1。如果一个字节空间只可以入住一个人,那么不同的数据类型一次可以同时入住的人数就可能不一样,正如标准间可以同时入住两人,套间入住的人就会更多一些。

有时,同一种语言的同一种数据类型在不同的编译系统下可能所占的字节数不相同,所以一般可以编写一个程序来测试,例如在本机 GCC 系统下运行下面的 C 语言代码:

```
printf("bool:%d\n",sizeof(bool));        // 布尔型
printf("char:%d\n",sizeof(char));        // 字符型
printf("short:%d\n",sizeof(short));      // 短整数型
printf("int:%d\n",sizeof(int));          // 整数型
printf("long:%d\n",sizeof(long));        // 长整数型
printf("float:%d\n",sizeof(float));      // 浮点型
printf("double:%d\n",sizeof(double));    // 双精度型
```

运行结果如图 2.14 所示。

可见,char 型占 1 个字节,short 型占 2 个字节,int 型占 4 个字节……

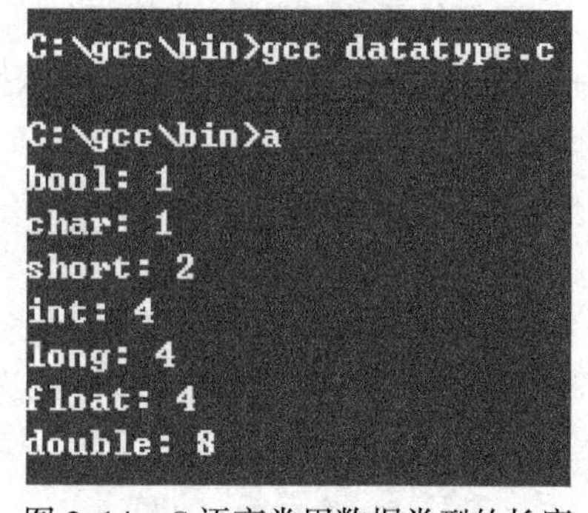

图 2.14　C 语言常用数据类型的长度

2.2.4 数据类型的取值范围

C 语言的 char 类型用的是 ASCII 编码,8 位二进制,取值范围是 -128 ~ 127。例如,字符类型值 A,对应的 ASCII 二进制编码是 01000001(称为字符 A 的位模式)。与十进制一样,二进制位位置不同,权值也不一样,由低到高(从右到左),个位权值为 2 的 0 次方,下一位为 2 的 1 次方,再下一位为 2 的 2 次方……以此类推。将二进制数值转换为十进制时,非 0 数值位乘以该位权重,将各位置乘数累加起来即可。如字符 A 对应的十进制值 65 由第 6 位的 1 * 64 与第 0 位的 1 * 1 相加而得,如图 2.15 所示。

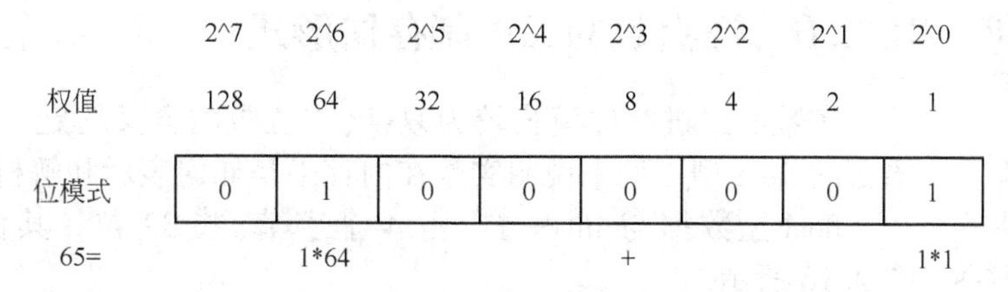

图 2.15　二进制数与十进制数之间的换算示例

下面来看看两个数据:

十进制位模式:0999 9999 9999 9999

二进制位模式:0111 1111 1111 1111

我们知道,在十进制位模式的个位加 1,由于进位原因,其位模式会变成 1000 0000 0000 0000。在二进制位模式的个位加 1,由于每位最高只能表示到 1,1 加 1 为二进制 10,其位模式也会变成 1000 0000 0000 0000。换句话说,二进制位模式 0111 1111 1111 1111 与 1000 0000 0000 0000 相差为 1,后者表示的十进制数是 2 的 15 次方,即 0111 1111 1111 1111 是 2 的 15 次方减 1。十六位二进制位模式可以表示 0 到 2 的 16 次方减 1 共 2 的 16 次方个整数值。这就是 C 语言的无符号(unsigned) short 类型的取值范围。

2.2.5 补码

视频 2.4 数据类型与补码

short 类型是有符号的,最高位用于表示正负符号,1 表示后面的 15 位是负数,0 表示是正数。例如,如果二进制位模式 0000 0000 0000 0111 表示 short 类型的数据,表示正数 7。按通常惯例,要表示负数 7,用二进制位模式 1000 0000 0000 0111 更容易理解。但基于简化加减法运算器考虑,负数的二进制位模式并不是这样表示的。

那么怎样简化计算机运算硬件的实现呢？能否只用加法器就可以实现加减乘除运算呢？首先考虑正数相加,例如 7+1,其二进制位模式实现加法如下:

0000 0000 0000 0111	正整数 7 的二进制位模式
+ 0000 0000 0000 0001	正整数 1 的二进制位模式
0000 0000 0000 1000	正整数 8 的二进制位模式

运算结果为正数 8,这好理解。如何实现 7-7 呢？7 减 7 的结果为 0,容易想到的是通过 7+(-7)来实现,即用加法实现减法操作:

0000 0000 0000 0111	正整数 7 的二进制位模式
+ 0000 0000 0000 0111	负整数 7 的二进制位模式
0000 0000 0000 1110	负整数 14 的二进制位模式

运算结果是-14,显然不是想要的结果。

要用加法得出正确的结果(二进制位模式是全 0),可按如下方法做加法运算:

0000 0000 0000 0111	正整数 7 的二进制位模式
+ 1111 1111 1111 1001	?
0000 0000 0000 000	0 的二进制位模式

加数 1111 1111 1111 1001 是整数 7 各位取反后加 1 的值。这是-7 的补码表示形式。换句话说,负数用补码表示可简化减法运算。

视频 2.5 浮点数的二进制存储形式

2.2.6 浮点数的二进制存储形式

实数的二进制位模式较为复杂,与位数的含义约定有关。下面以 C 语言的 float 型为例来说明实数在内存中是如何表示和解析的。

float 型数据与 int 一样,占 4 个字节,共 32 位。其位模式约定如图 2.16 所示。

最左边的 1 位 S 表示正负号,0 表示整实数,1 表示负实数。

紧随符号位后的 8 位 E 表示指数部分。指数部分无正负号位,但为表示正负指数,E 是实际指数加了 127(即 0111 1111)的。对于无符号数来说,8 位指数表示的最大数是全 1,即 255。

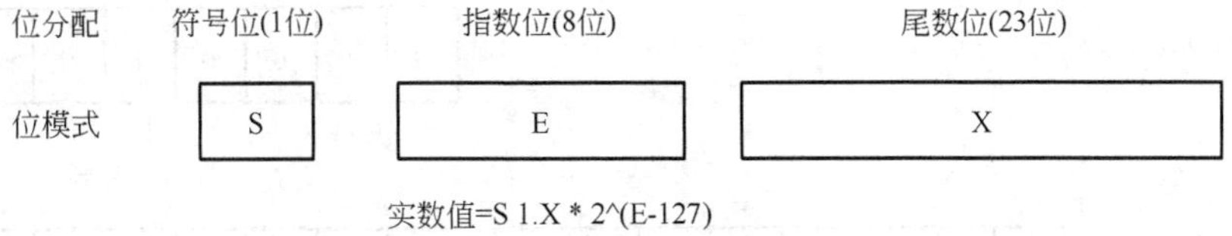

位分配	符号位(1位)	指数位(8位)	尾数位(23位)
位模式	S	E	X

实数值=S 1.X * 2^(E-127)

图 2.16　浮点数的二进制存储形式

255 减去 127 为 128。也就是说,指数部分最大能表示 2 的 128 次方。同理,8 位指数表示的最小数是全 0,即 0。0 减去 127 为-127。也就是说,指数部分最小能表示 2 的-127 次方。这是指数部分的表示范围,从 2 的-127 次方到 2 的 128 次方。

余下的 23 位 X 为尾数位。尾数位指的是形如 1. X 的数值中小数点后面的尾数。因此,尾数位最左边的位的权值为 2 的负 1 次方,往右数第 2 位的权值为 2 的负 2 次方……以此类推,最后 1 位的权值为 2 的负 23 次方。尾数部分能表示的最小的数是全 0,即实数 0. 0。尾数部分能表示的最大数是全 1,即 0. 999999……(每位乘以其权值加起来的结果相当于 1 减去 2 的负 23 次方,即 1-1/8388608=1-0. 0000001192=0. 9999998808)。

那么,如何将实数转化为浮点数二进制存储形式呢?例如,如何将实数 5. 75 转化为浮点数的二进制存储形式?过程如下:

(1)转化符号位,正数取 0,负数取 1:5. 75 是一个正数,符号位取 0。

(2)将数值部分转化成二进制形式:5. 75 的二进制为 101. 11。

(3)对转化后的二进制形式进行规格化处理,形成 1. XXXXXX * 2 的 *n* 次方格式:二进制数 101. 11 规格化后为 1. 0111 * 2 的 2 次方,指数部分为 2,尾数部分为 0111。

(4)*d* 将 *n* 转化为指数(加 127),在尾数 XXXXXX 后补全零:指数部分变为 2+127,即 129,其二进制为 10000001。尾数部分后面补全零为 01110000000000000000000。

因此,浮点数 5. 75 的二进制位模式为:

0 10000001 01110000000000000000000

2. 3　数据类型转换

2. 3. 1　与整型数据相关的类型转换问题

下面这段 C++代码的运行结果是 72。为什么会是 72 呢?

```
char c='H';
shortsh=c;
cout<<sh;
```

这段程序运行到 char c='H'语句,会在 RAM 申请一个字节的内存空间(这个空间用 c 代表),并把 char 型字符 H 的二进制编码 01001000 存入该空间。

运行到 short sh=c 语句,会在 RAM 再申请两个字节的内存空间(这个空间用 sh 代表),c 代表的空间中二进制位模式 01001000 复制到 sh 代表的空间的低字节中,如图 2. 17 所示。

运行到 cout<<sh 语句,会对 sh 处的位模式按 short 编码规定进行解析,两字节的位模式 0000 0000 0100 1000 换算成十进制数就是 72(即 1 * 64+1 * 8)。也就是说,位模式 0100 1000 在 c 空间被解析为字符 H 的编码,在 sh 处被解析为整数 72 的编码。

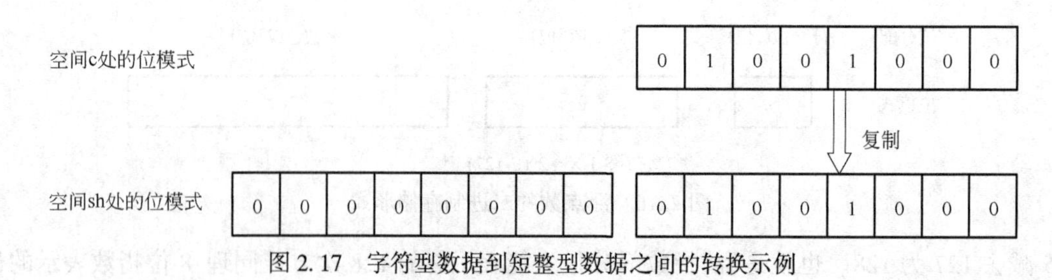

图 2.17 字符型数据到短整型数据之间的转换示例

反之，如果添加一条语句 char c2=sh，又会把 sh 空间的低字节中的二进制位模式复制到 c2 空间。用语句 cout<<c2 输出 c2 空间中的内容，其位模式会按 char 型解析为字符 H 的编码，输出字符 H。

注意，由于 sh 空间有 16 位，而 c2 空间只有 8 位，在复制时，多余的位模式不会复制，有可能在转换时造成数据丢失。显然，从小空间向大空间复制位模式不会丢失数据，反之则有可能出大问题。例如，对于 short 型位模式 0000 0100 0000 1001（整数 1033），复制到 int 型空间，位模式是 0000 0000 0000 0000 0000 0100 0000 1001，表示的依然是整数 1033。而对于 int 型位模式 0000 0000 0000 0000 0001 0000 0100 0000 1001（整数 66569），复制到 short 型空间，无法复制位模式 0000 0000 0000 0000 0001，只能复制位模式 0000 0100 0000 1001，表示不再是整数 65569，变成了整数 1033 的编码！

对于 short sh=-1；int i=sh；这样的转换，要注意符号位扩展的问题，即将高字节位全部填充为与符号位相同的位模式，如图 2.18 所示。

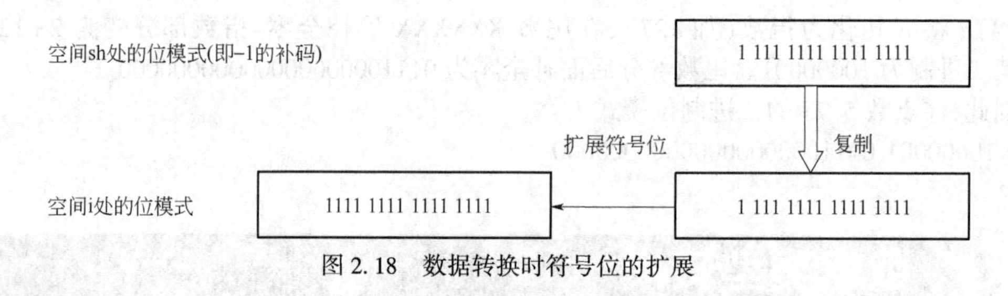

图 2.18 数据转换时符号位的扩展

2.3.2 与浮点型数据相关的类型转换问题

视频 2.6 类型转换问题

对于下面的代码段：

```
int i=5;
float f=i;
cout<<f;
```

输出结果很容易理解。但要注意 i 和 f 的差异性。

i 的值是 5，所代表空间的位模式是 00000000 00000000 00000000 00000101。

f 的值是 5.0，所代表的内存空间的位模式与 i 所代表空间的位模式截然不同。整数 5 变为实数 5.0，遵循的是浮点数的二进制存储形式。5 的二进制形式为 101，规格化后为 1.01 * 2 的平方。指数部分为 2+127=129，其二进制为 10000001。尾数部分为 01，补全 0。因此，f 处的位模式为 0 10000001 01000000000000000000000。

由此可见，虽然输出都是 5，i 和 f 的内存格局差异很大。

2.3.3 内存空间的数据解析

视频 2.7 内存空间的数据解析

运行下面这段代码,输出的结果(c 的值)是什么?

```
double d=3.1415926;
char c= *(char *)&d;
cout<<c;
```

如果是在计算机上调试,很容易看到运行结果。但为什么是你看到的那个结果?

当执行第一条语句时,系统首先为变量 d 分配 8 个字节的内存空间,如图 2.19 所示(每个矩形框表示 8 个二进制位,即一个字节,double 型变量占 8 字节)。然后系统按 double 型数据的表示方法为变量 d 赋值 3.1415926。此时,这 8 个字节空间中的 64 个二进位要么为 1,要么为 0。

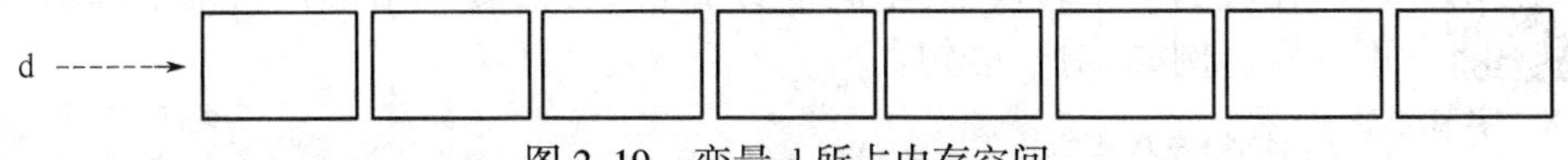

图 2.19 变量 d 所占内存空间

这里要特别注意的是变量 d 的含义。它代表的是这 8 个字节的内存空间。在它“眼”里,这个空间所存储的值是双精度的,直接输出 d,这些二进制位被解析为 3.1415926。在 d 前面加 &,表示的是这个空间的地址。输出 &d 时看到的是一个地址值(这个值其实是这个空间的首地址)。当执行到 char c = *(char *)&d;语句时,&d 表示的就是这个空间的首地址。&d 前面的(char *)表示把这个地址开始的空间“看成”字符型的。由于字符型数据仅占用一个字节,所以它关注的只是第一个字节。此时,系统把该字节的二进制位解析为字符的 ASCII 码。在(char *)&d 前面再加 *,表示取出该 ASCII 码值,c=(char *)&d 表示把该值复制到变量 c 所代表的空间中,如图 2.20 所示。

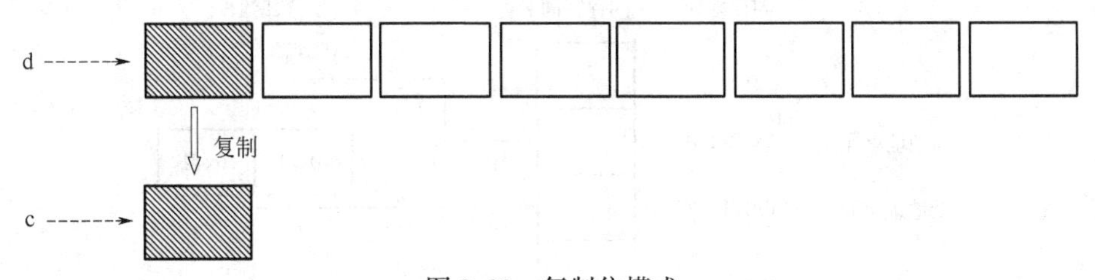

图 2.20 复制位模式

执行到 cout<<c;语句,输出的就是这个 ASCII 码所表示的字符。

再来看看下面这段代码:

```
int i=37;
float f= *(float *)&i;
```

不运行这段代码,你能猜出 f 的值大致是什么吗?

首先,i 所代表空间的位模式是 00000000 00000000 00000000 00100101。

其次,执行语句 float f= *(float *)&i;时,先用 &i 取 i 空间的首地址,再用(float *)把原本指向一个整数的地址转换为指向浮点数的地址,最后用 * 取出该地址空间中的值,存入 f 所在的空间中。

显然,同一个 32 位的位模式,从 int 和 float 的角度来看,其值是完全不一样的。从 float 的角度来看,指数部分是全 0,减去 127 后是负数,可知它把这个位模式解析成了一个非常小的数(用 cout<<f;输出,结果是 5. 1848e-044)。

其实在大多数程序设计中,是没有必要关注具体的二进位的。但这些体验可为进一步研究高端编程或编程方法打下扎实的基础。例如,看到如下代码段:

```
shorts=72;
double d=*(double*)&s;
cout<<d;
```

你能感觉到变量 d 的值可能会是一个令人不可思议的结果! 它把 s 代表的 2 字节的解析成了 8 字节的空间(s 的 2 字节以及后续 6 字节),这 8 个字节的位模式解析成一个双精度数,会是怎样的一个结果呢?

视频 2.8 字节顺序问题

2.3.4 字节顺序问题

在数据类型转换中,不同的计算机系统,其字节顺序(endianness)有可能不一样。例如,对于语句:

```
short s=16706;
```

由于 s 占两个字节,就涉及 16706 的怎么存放在这两个字节中的问题。

计算机内存空间是以字节为单位(一个字节称为一个单元)顺序编址的,即从 0 开始,顺序为每个单元分配一个地址。对于 16706 这样的值,需要用两个单元才能存储。有一部分值放在低地址单元,另一部分放在高地址单元。那么,哪一部分放在低地址单元,哪一部分放在高地址单元呢?

为方便表示,这里用十六进制来表示 16706 的位模式(0100 0001 0100 0010),即 4142,41 为高字节,42 为低字节。如果把 41 放在高地址单元,42 放在低地址单元,即低地址单元放低字节,高地址放高字节,这就是小端模式(little end),如图 2.21 所示。

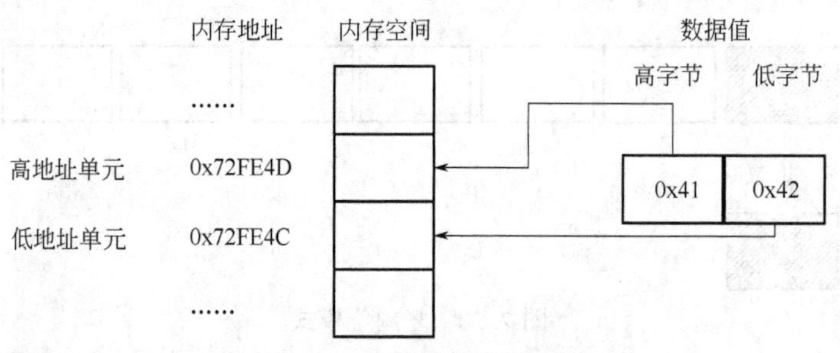

图 2.21 小端模式字节顺序

如果把 41 放在低地址单元,42 放在高地址单元,即低地址单元放高字节,高地址放低字节,那就是大端模式(big end)了。

利用下面这段代码可以测试自己的计算机系统使用的是哪种模式。

```
short s;
char c1,c2;
s=16706;                    // 或 s=0x4142;  0x41 是高字节,0x42 是低字节
c1=*((char*)&s);            // 取低地址单元中的值
c2=*(((char*)&s)+1);        // 取高地址单元中的值
cout<<c1<<endl;
cout<<c2<<endl;
```

在 Windows 平台,这段代码的输出结果字符 B 和字符 A,即 c1 的值是 0x42,c2 的值是 0x41,说明低地址单元放的是低字节,高地址放的是高字节。因此,Windows 平台使用的是小端模式。

了解大端模式和小端模式,有助于理解一些特殊情况下的数据类型转换结果。

2.4 自定义数据类型

2.4.1 结构体类型

视频 2.9　结构体类型

C/C++内置数据类型难以满足所有应用要求。对于一些特殊的数据的处理,可以利用 C/C++的内置数据类型和特殊关键字自定义相应的数据类型。例如,如图 2.22 的复数表示,可以利用 struct 关键字自定义复数数据类型。

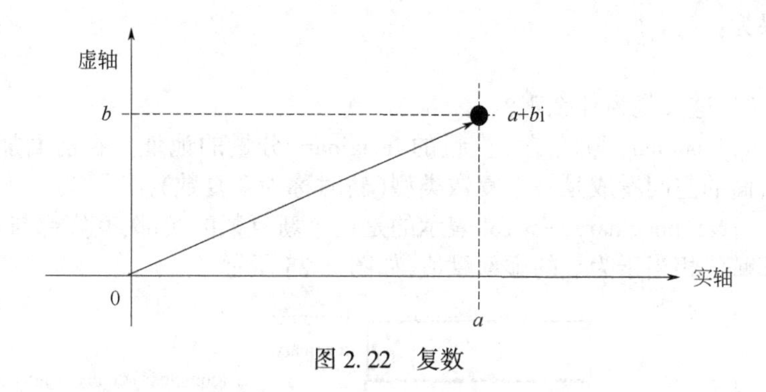

图 2.22　复数

假定复数的实部和虚部都只限于整数,复数类型可定义如下:

```
struct complex{              // 定义复数类型
    int real;                // 实部
    int imaginary;           // 虚部
};
complex c;                   // 声明复数变量 c
```

变量 c 由两个整数部分(称为 c 的分量)组成,其内存分配如图 2.23 所示。

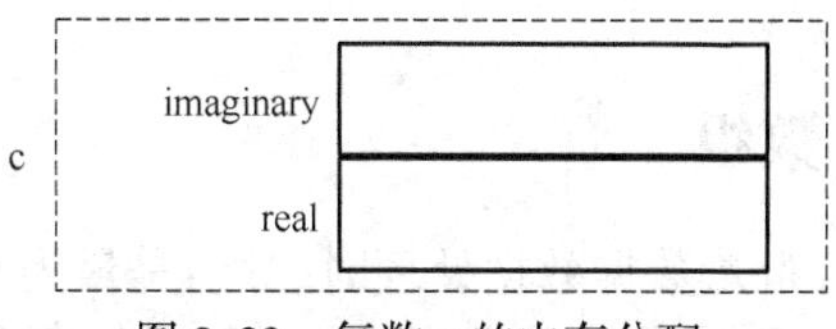

图 2.23　复数 c 的内存分配

用下面的语句为变量 c 的分量赋值:

```
c.real=36;
c.imaginary=72;
```

此时,内存格局如图 2.24 所示。

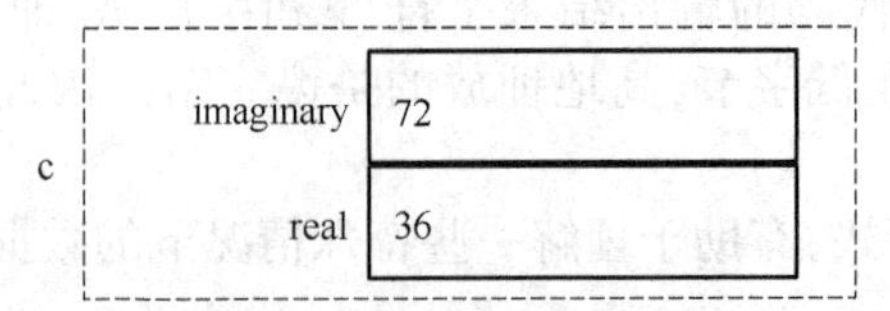

图 2.24 复数 c 的值

用语句：

```
cout<<c.real<<'+'<<c.imaginary<<'i'<<endl;
```

可输出 36+72i 这个复数。

在上面代码的后面继续加入下面这条语句：

```
((complex *)&c.imaginary)->real=10;
```

这条语句意味着什么呢？

再用语句：

```
cout<<c.real<<'+'<<c.imaginary<<'i'<<endl;
```

输出的结果为：

36+10i

72 变成了 10！这又是为什么呢？

我们知道，&c. imaginary 取的是 c 变量的 imaginary 分量的地址。在前面加(complex *)，表示把该地址后面的空间看成是一个复数类型(暂时称为新复数)。

((complex *)&c. imaginary)->real 表示的是这个新复数的实部，其实部与 c 的虚部重合。为新复数的实部赋值相当于为 c 的虚部赋值，如图 2.25 所示。

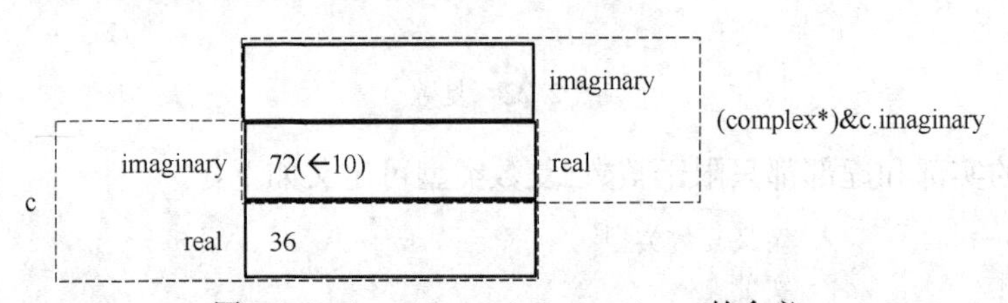

图 2.25 (complex *)&c. imaginary 的含义

给新复数的 real 赋值 10，覆盖了 c 的虚部值 72！

用语句((complex *)&c. imaginary)->imaginary=52;赋值，是把 52 这个值存储在了紧跟 c 变量后的 4 个字节存储空间中。由于这个空间超出了 c 所在空间，就有可能出现意料不到的问题，如系统崩溃等。

视频 2.10 数组

2.4.2 数组

在进行批量数据数据处理时，数组是最为常见的自定义数据类型之一。以房屋来打比方，假定房间的规格都一样(暂称标准间)，可以把这样的标准间看作是简单数据类型，例如整形 int。那么，一排带有若干标准间的平房就相当于一维数组，一栋带有若干标准间的楼房就相当于二维数组。这些标准间都可以进行编号，如平房中的第 1 号、第 2 号，……，以及楼房中的一单元 1 号，一单元 2 号，……，二单元 1 号，二单元 2 号，……，以此类推。

现在，用 C 语言声明一批整型数据，语句如下：

```
inta[12];
```

分配的内存空间如图 2. 26 所示(可以看成一排平房)。

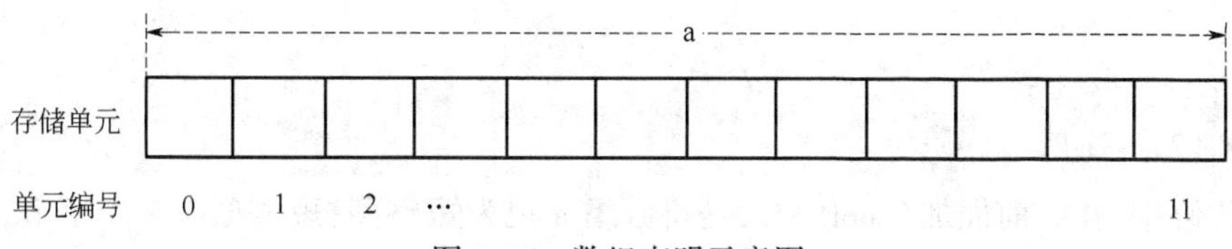

图 2. 26　数组声明示意图

图 2. 26 中,每个线框表示一个 4 字节的存储单元,a 代表了所申请的整个存储单元空间。由于这片空间是以 int 类型为单位进行分配的,a[0]表示这片空间的第一个单元,a[1]表示其第二个单元,以此类推,直到 a[11]为止。其中,0、1、2、11 等称为下标。

当然,在内存中,这片空间的首地址就是 a[0]单元的首地址。变量 a 其实就是这个首地址,即 a+i=&a[i],i 为数组下标,即存储单元编号。

要注意的是,由于数组 a 的每个存储单元占 4 个字节,&a[0]和 &a[1]这两个地址值并不是只差 1,而是 4。也就是说,对于相邻两个整型数组元素,数组下标只差 1,实际存储地址却差 4。

给各个存储单元赋值相当于有人入住房间,例如:

```
a[0]=45;
a[1]=81;
a[3]=128;
```

此时,存储单元变化如图 2. 27 所示。

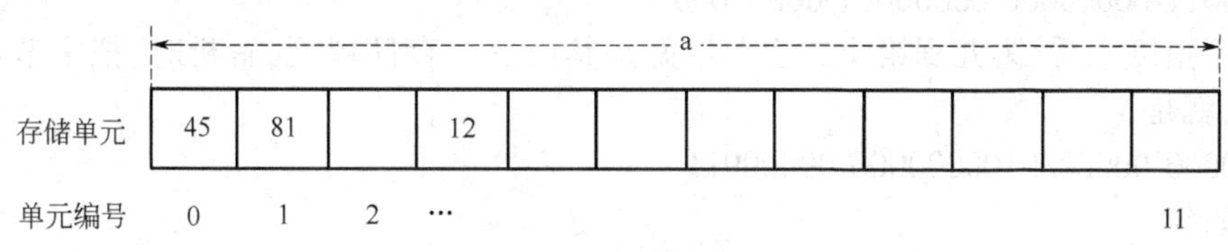

图 2. 27　为数组赋值

由于 C 语言不存在边界检查,在实际赋值时,实际存储空间可以超过所分配的存储空间。这当然可以带来一定的灵活性,但也是这种语言安全性差的原因。例如:

```
a[12]=18;
a[-2]=24;
```

此时,存储单元变化如图 2. 28 所示。

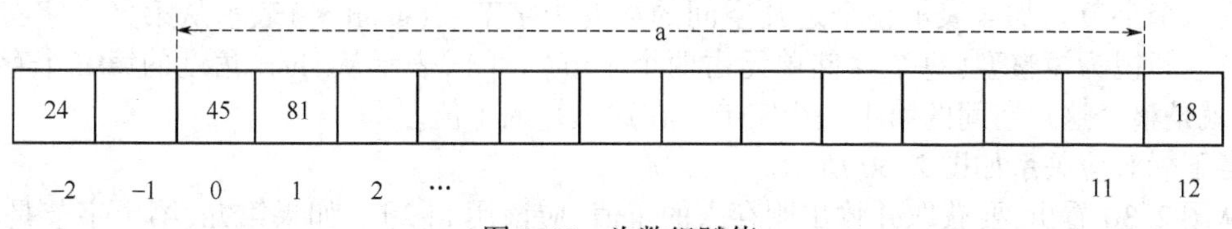

图 2. 28　为数组赋值

从数组中取值有两种方式,一是直接用带下标的数组名,一是用指针。两者关系如下:

```
a[i]=*(a+i)
```

例如，a[0]、*a 都是取出第一个存储单元的值 45，a[1]、*(a+1)都是取出第二个存储单元的值 81。

下面来看看下面这段代码，你能预见会输出一个什么样的值吗？

```
a[2]=3;
((short *)a)[5]=1;
cout<<a[2]<<endl;
```

这段代码中，在 a 前面加(short *)，是将数组 a 视为短整型，短整型占 2 个字节，下标 5 表示为其第六个元素赋值 1，如图 2.29 所示(图中每个线框代表一个字节)。

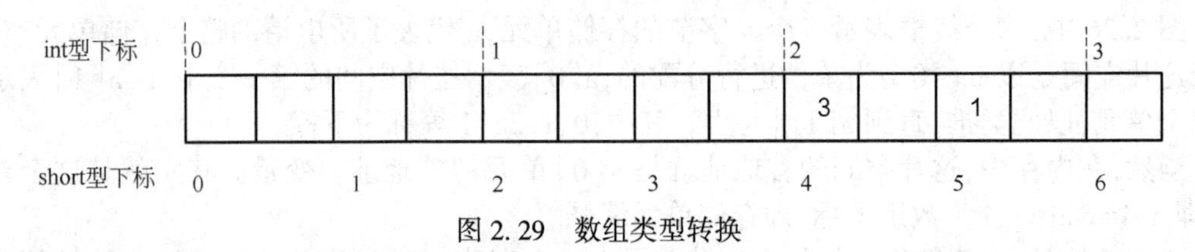

图 2.29　数组类型转换

在小端模式的计算机系统中，低地址存储单元放的是低字节。执行语句：

```
a[2]=3;
```

实际是将 3 存在 a 所占空间的第九个字节中。执行语句：

```
((short *)a)[5]=1;
```

将这个空间视作 short 类型，就是将 1 存入 a 所占空间的第十一个字节中。因此，第九到第十二字节的位模式为：

00000011 00000000 00000001 00000000

从整型角度来看，第九到第十二字节恰好是其第三个存储单元，解析时，把字节从高到低一次排列，就是：

00000000 0000000100000000 00000011

执行语句：

```
cout<<a[2]<<endl;
```

输出的就是这个值，即 65539。

再来看一个更为复杂的数据类型转换：

```
((short *)(((char *)(&a[1]))+4))[1]=1;
```

这条语句把 1 存在什么地方了呢？语句中，&a[1]取数组 a 的第二个元素的首地址(即该空间的第五个字节)，在前面加(char *)，表示从这里开始把后续空间视为字符型(每个存储单元占一个字节)，加 4 表示整个这片空间的第九个字节。(short *)表示从第九个字节开始把后续空间视为短整型(每个存储单元占两个字节)。[1]表示从 short 角度的第二个存储单元，也就是整个这片空间的第十一个字节。在这里存入 1 值。

各下标对应关系如图 2.30 所示。

从图 2.30 看出，要获取并输出刚存入的 1 值，应该用 a[2]。如果第九、第十字节是 0，则 a[2]的输出值为 65536。

我们一般不会这样写代码，毕竟这种代码看上去比较怪异。但这样能深层次地接触内存管理。一旦理解了内存是怎么分配和处理的，就能写出更有意义且较为通用的 C 语言代码，对于更高级的语言机制，如 C#、Java 等语言的泛型，会理解得更为透彻。为加深印象，下面再

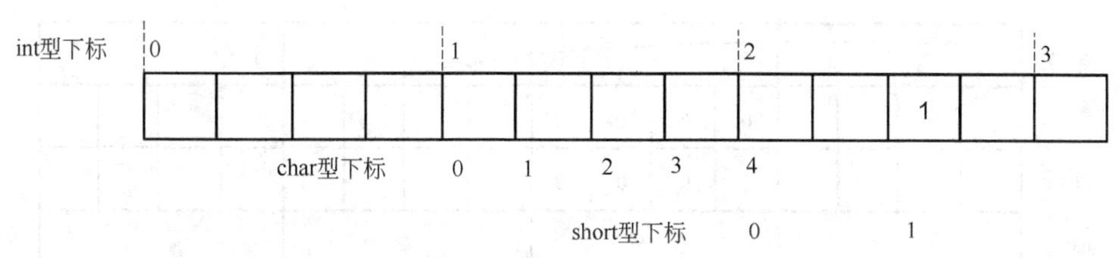

图 2.30　数组类型转换后的下标对应关系

来分析一个更为复杂的例子。

假如要处理的数据是企业职工数据，需要存储职工的姓名、工号、薪资等信息，可以设计一个职工结构体类型，代码如下：

```
struct Employee{            // 定义职工数据类型
    char * name;            // 姓名
    char id[8];             // 工号
    int salary;             // 薪资
};
```

要批量处理职工，可以声明职工数据类型数组，如下：

```
Employee emp[4];
```

emp 变量表示一批职工，为简化说明，这里可存储四名职工的信息。每位职工都有自己的姓名、工号和薪资数据。其中，姓名是一个指针类型，指向字符型数据，本质上是一个地址数据，占 4 个字节；工号是字符数组，占 8 个字节的存储单元；薪资是整形数据，也占 4 个字节。因此，一个职工数据占用 16 字节。四名职工共占用 64 字节的存储空间。整个这片空间用 emp 表示，如图 2.31 所示。

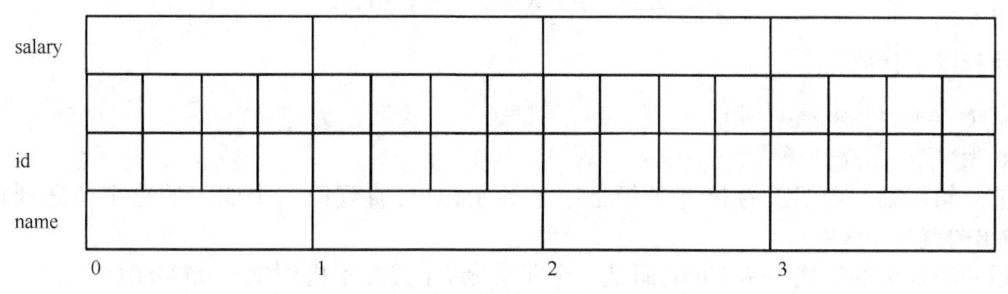

图 2.31　职工数据内存分配示意图

现在给这些职工赋些值，例如：

```
emp[0].salary=2;
emp[2].name=strdup("Liao Hao De");
emp[3].name=emp[0].id+6;
strcpy(emp[1].id,"200306m");
```

运行这段程序后，内存格局如图 2.32 所示。

可见，第三个职工的 name 中存放的是字符串 Liao Hao De 所在空间的地址；第四个职工的 name 存放的是第一个职工 id 中第七个字节的地址。如果执行下面的语句：

```
strcpy(emp[3].name,"198309");
```

把字符串 198309 复制到第四个职工的 name 所指向的空间，实际上是复制到第一个职工

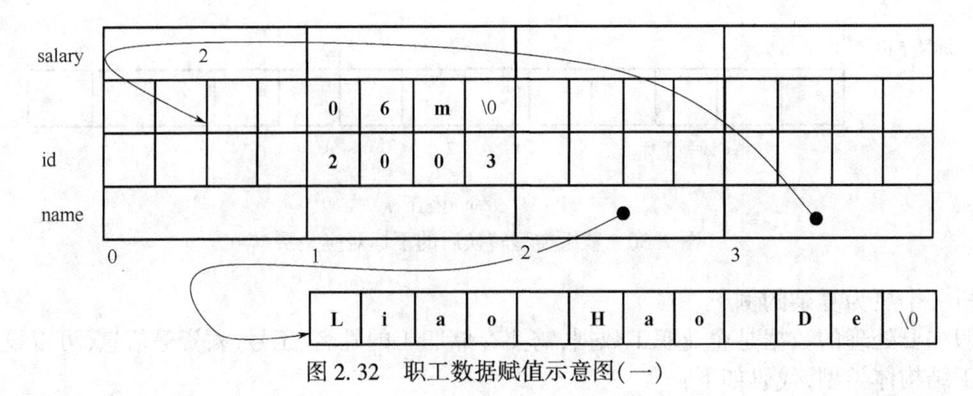

图 2.32 职工数据赋值示意图(一)

所占内存空间,覆盖了其 id 的最后两个字节以及 salary 的四个字节。另外,要特别注意的是 198309 字符串后还有一个结束符\0,这个值复制到了第二个职工的首字节中,如图 2.33 所示。

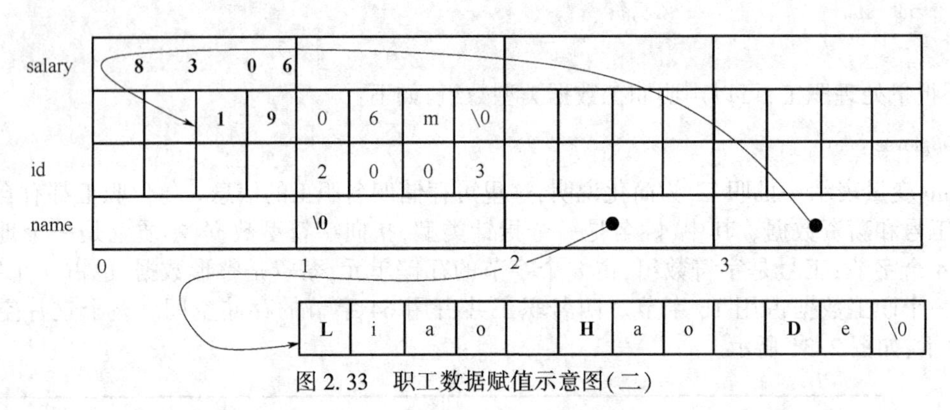

图 2.33 职工数据赋值示意图(二)

执行以下代码:

```
cout<<emp[3].name<<endl;
cout<<emp[0].salary<<endl;
```

前一句从第一个职工的 id 号的第七字节开始输出,直到第二个职工的首字节遇到\0 为止,输出的就是 198309。

后一句输出的当然不是 8306,而是一个非常庞大的数(本机调试是 959460152)。

习题二

1. 在 C 语言中,short 类型的二进制数值 0000 0010 0000 0111 表示什么十进制数,要求写出二进制数到十进制的转换过程。

2. 阅读下面的 C 语言程序,分析其功能,写出运行结果。注:要求不要上机调试。

```
#include<stdio.h>
main()
{
    int j,c;c=0;
    static char num[2][9]={"17208980","28219198"};
    for(j=7;j>=0;j--)
    {
```

```
            c+=num[0][j]+num[1][j]-2 * '0';
            printf("%d\n",c);
            num[0][j]=c%10+'0';
            c=c/10;
        }
        printf("%s\n",num[0]);
}
```

3. 请将实数-161.875转化为浮点数二进制存储表示形式。

4. 编写一个程序，输出指定浮点数的位模式。

5. 有一段代码：

```
float f=7.0;
short s= * (short * )&f;
```

请写出s的位模式。

6. 有一段代码：

```
    int a [5];
    a [3]=128;
    ((char * )a)[13]=2;
    cout<<a[3]<<endl;
```

请分析其输出结果。

第三章

泛型及其实现

3.1 泛型

视频 3.1 泛型概念

3.1.1 泛型概念

我们知道,科学学科的本质是解决问题,计算机科学研究的就是如何利用计算机解决问题。这些问题可能简单到只是两个数据相加,也可能复杂至机器人在实时环境中的智能决策。要用计算机解决问题,需要为它设计相应的算法。

一般来说,算法与要处理的数据的性质有关,所以算法的研究也包括相应数据结构的研究。例如,在食堂打饭如果不排队,在人多时就会发生混乱。处理这种类型的数据,用队列结构就有效得多。当然,有的算法可以适用于不同的数据结构,将这些较为通用的算法从数据结构中独立出来,可以使得预定义的操作作用于不同类型的数据,以此提高类型的安全性和程序的重用性,这就是泛型技术。本章要研究的就是如何设计出较为通用的算法。

例如,要交换两个整数值,设计的算法如下:

```
void swap(int * a,int * b)
{
    int t= * a;
    * a= * b;
    * b=t;
}
```

在主函数中调用 swap,传入变量的地址,就可以交换两个整数值,例如:

```
int main()
{
    int x=36,y=72;
    swap(&x,&y);
}
```

这是对整数进行处理的算法。

如果要交换两个浮点数,简单而直观的方法是复制上面的代码,用 float 替换其中的 int。要交换字符型数据,一样复制代码、用 char 替换 int 或 float 即可。

这看似简单的代码重用办法却存在较大的隐患。例如,一旦原算法需要修改,复制的所有算法都要修改。一旦忘记修改某个地方或修改有误,就可能会产生无法预料的问题。

利用泛型技术可以解决这一问题。例如,用 C#语言编程,可以在函数名后用一对尖括号<>把某个标识符括起来,在需要用数据类型的地方用此标识符代替即可。例如,上面代码修改如下:

```
void swap<T>(ref T a,ref T b)
{
    T t=a;
    a=b;
    b=t;
}
```

在这段代码中,用 T 代替了原来的具体数据类型,在方法名后把 T 括起来表示这不是一个具体的类型,而是一个泛型。这个用尖括号括起来的 T 相当于模板,将来可以替换。例如,要交换两个整数,可以这样调用:

```
swap<int>(ref x,ref y);
```

要交换两个浮点数,可以这样调用:

```
swap<float>(ref x,ref y);
```

也就是说,用尖括号中的 int 或 float 代替了泛型中的 T。

泛型是提高程序可重用性的关键技术。它把算法从数据类型独立出来,形成了一个相当于模板的代码块,可用于操纵不同的数据类型。

3.1.2 泛型实现

视频 3.2 泛型实现

C++模板、C#和 Java 中的泛型,都是较为高端的程序设计技术。它们都隐藏了其真正的实现机制。现在,用这些高端技术可以轻易实现部分重用性。不过要真正理解这些技术,需要了解一些更为原始的实现技术。正如一个完整而恢宏的大楼,我们看到的都是成型的金碧辉煌的设计成果。对设计师来说,也许看看建造之前的设计,哪怕是装修之前的建筑,可以借鉴和学习的东西会更多。现在我们就来看看如何用 C 语言来实现较为通用的代码。这种代码看似粗糙(可以理解为装修前的大楼),但对于称为真正的设计师还是大有益处的。

要设计通用代码,先来分析交换整数的代码段,如图 3.1 所示。

swap 函数的两个参数 * a、* b 都是指针,指向的空间是整型数据。main 中,x 和 y 是整数变量,里面放的是整数。

调用 swap 时,传过去的参数是 x 和 y 空间的地址,即 &x 和 &y。此时,a 中存放的是 x 空间的地址(形象的理解是 a 指向了 x 存储单元),b 中存放的是 y 空间的地址(形象的理解是 b 指向了 y 存储单元)。

在 swap 内部,执行语句 int t= * a;,申请一个整数空间 t,并取出 a 所指向存储空间的值放到 t 空间中(* a 表示取出 a 所指向空间的数据,此处是 36);接着执行语句 * a= * b;,取出 b 所指向存储空间的值放到 a 所指向的空间中(此时 x 空间的值为 72);最后执行语句 * b=t;,取出 t 空间的值放到 b 所指向的空间中(此时 y 空间的值为 36)。

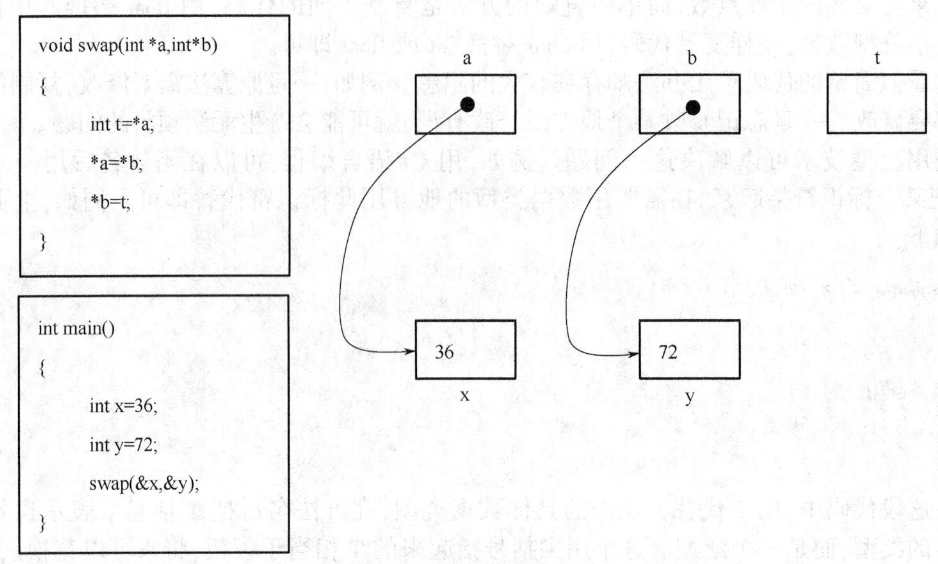

图 3.1　数据交换示意图

这个交换过程,容易想到的就是指向要交换值所在空间的指针参数,易于忽略的是交换空间的大小。对于 int 数据来说,有默认的大小 4(字节)。由于现在要设计的是通用代码,并不知道要交换的是什么样的数据,也就不知道要交换的值所在空间的大小。可见,要设计出通用的交换两个数据的代码,还需要一个关于空间大小的参数。因此,交换数据的函数原型如下:

```
void swap( void * a ,void * b,int size);
```

下一步是实现具体交换。同样,由于不知道要交换的数据是什么类型,也难以用赋值语句直接赋值。但可以用内存管理函数复制要交换的两块内存空间的值,例如,利用 memcpy 函数。具体实现代码如下:

```
void swap( void * a ,void * b,int size)
{
    chart[size];                    // 申请一个临时空间,代替前面的 int t
    memcpy(t,a,size);               // 把 a 所指空间的值复制到 t 空间,代替前面的 t= * a
    memcpy(a,b,size);               // 把 b 所指空间的值复制到 a 所指空间,代替前面的 * a= * b
    memcpy(b,t,size);               // 把 t 空间的值复制到 b 所指空间,代替前面的 * b=t
}
```

可以看出,这个函数与要交换数据的数据类型无关。在具体使用中,却可以替换任何同种类型数据。例如:

```
int x=36,y=72;
swap(&x,&y,sizeof(int));            // 交换整数
double p=3.1415926,e=2.7182818;
swap(&p,&e,sizeof(double));         // 交换双精度浮点数
char * s1=strdup("倚天剑");
char * s2=strdup("屠龙刀");
swap(&s1,&s2,sizeof(char * ));
```

当然,这个通用 swap 也可用于交换两个不同类型的数据。不过这两种数据类型的大小应一致,否则交换后可能会出现意料不到的问题。例如:

```
int i=12;
short s=24;
swap(&i,&s,sizeof(int));
```

虽然可以交换 int 和 short 类型的值，但由于 int 占 4 字节，short 占 2 字节，交换后的值可能不再是原来的数据。请特别注意这一点。

3.2 设计通用算法

视频 3.3　针对特定数据类型的搜索

3.2.1　针对特定数据类型的搜索

假定有一个整数数组，如何知道某值是否在其中呢？

一般来说，用顺序查找算法就可以解决这个问题，示例代码如下：

```
int search(int a[],int k,int n)
{
        for(int i=0;i<n;i++)
    {
        if(a[i]==k)
            return i;
    }
    return-1;
}
```

这个 search 函数有三个参数，其中，a 表示要搜索的数组，k 表示要查找的值，n 表示数组元素的个数。实现代码用一重循环，一次判断数组中的元素值是否与要查找的值相等。如果相等，就返回数组下标，并结束循环。

search 函数调用示例如下：

```
int main()
{
    int arr[]={36,72,1,83,6,87,10,19};        // 要搜索的数组
    int len=8;                                // 数组元素个数
    int val=87;                               // 要查找的值
    int ret=search(arr,val,len);              // 调用搜索函数
    // 根据返回的 ret 值做进一步的处理
}
```

显然，这个函数只能针对整数数据进行处理，不通用。

视频 3.4　针对简单数据类型的通用搜索

3.2.2　针对简单数据类型的通用搜索

所谓通用，就是不针对某种具体数据类型的代码实现。也就是说，应该把 3.2.1 的代码中的 int 换成非特定数据类型。在 C 语言中，void * 表示不指向特定地方的指针，可用它代替特定类型，如下：

```
int     search(int a[],  int k,    int n)
void *  search(void * a,  void * k,  int n)
```

具体实现代码如下:

```
for(int i=0;i<n;i++)
{
    if(a[i]==k)
    ……
}
```

用的是数组下标来顺序获取下一个元素。由于已知数据类型是 int,每个 int 值所占内存空间也是已知的,编译器可根据数组的首地址和下标计算第 n 个元素(从 0 开始递增)的实际地址,即:

```
第 n 个元素的实际地址=数组的首地址+i * 数据类型所占字节数 * n
```

也就是说,在搜索下一个元素时,有一个隐含的值——数据类型所占字节数。

现在,由于不知道要查找的数据的类型是什么,也就不知道数据类型所占字节数。因此,需要在搜索函数的参数中再增加一个数据类型所占字节数参数。修改后的函数原型如下:

```
void * search(void * a,void * k,int n,int m)
```

其中,参数 m 表示要查找的数据的数据类型所占字节数。

在具体实现时,每搜索一个元素,就要先计算该元素的地址。第 i 个元素的地址计算公式为:

```
loc=(char * )a+i * m
```

式中,(char *)的意思是把 a 视作字符型,也就是按单字节递增。

下一个要解决的问题是比较,即要查找的值与数组当前元素值的比较。同样,由于不知道数据类型,只能按两块内存地址的位模式进行比较。这可以利用 memcmp 函数实现,其调用格式如下:

```
memcmp(内存地址 1,内存地址 2,要比较的字节数)
```

该函数比较两个内存块,如果它们的位模式相同就返回 0。

基于此,通用搜索函数实现代码可设计如下:

```
void * search(void * a,void * k,int n,int m)
{
    for(int i=0;i<n;i++)
    {
        void * loc=(char * )a+i * m;
        if(memcmp(loc,k,m)==0)
            return loc;
    }
    return NULL;
}
```

该函数的调用示例如下:

```
int arr[]={36,72,1,83,6,87,10,19};
int len=8;
int key=87;
int  * ret=search(arr,&key,len,sizeof(int));
```

在调用这个搜索函数时,要注意一些特殊情况。例如:

```
char * books[]={"水浒传","三国演义","西游记","红楼梦"};
char * book="西游记";
```

对于这样的字符串变量,应该怎样调用该搜索函数呢?

字符串变量 book 和字符串数组变量 books 的内存分配如图 3.2 所示。book 变量本身就是一个地址,指向要查找的数据所在的内存空间,换句话说,book 变量所指向的空间是一个字符数组。books 数组的值也是一连串的地址,分别指向一个字符串。显然,调用 search 函数,就不能像下面这样调用:

```
search(books,book,len,sizeof(char *));
```

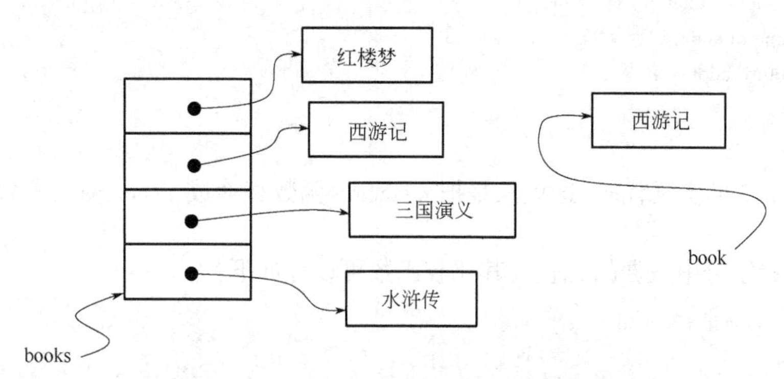

图 3.2 字符串变量和字符串数组内存分配示意图

由于 book 变量所指向的值是与 books 数组各元素所指向的值进行比较,所以应该用一个循环,即:

```
int * ret=NULL;
for(int j=0;j<4;j++)
{
    ret=search(books[j],book,6,sizeof(char));
    if(ret ! =NULL)
        break;
}
```

注意,这段代码中,调用 search 时,第一个参数是 books 数组的分量,第三个分量是 book 变量所指向的字符串的长度(不是 books 的元素个数),第四个参数也不是 char * 所占字节数。

这显然失去了通用性。毕竟在设计 search 时,4 个参数的含义已经确定了,即第一个参数是被搜索的数组,第二个参数是要查找的值,第三个参数是被搜索的数组元素的个数,第四个参数是要查找的值的类型所占字节数。

那么,真正通用的搜索代码应该是什么样的呢?

3.2.3 针对所有数据类型的通用搜索

视频 3.5 针对所有数据类型的通用搜索

从 3.2.2 可知,不同的数据类型用同样的 memcmp 实现针对简单数据类型没有什么问题,对于较为复杂的数据结构,如数组、结构体等会失去通用性。

我们知道,每种数据类型,其数据比较方式可能会不同。例如,两个整数的比较,只要把两个数相减,看结果是 0 还是正负数就可以比较其大小。但是对于两个字符串的比较却可以用 strcmp 进行比较。因此,通用搜索函数的解决方案之一是再增加一个参数,用于传入特定数据类型的比较函数。这样的函数原型如下:

```
void * search(void * a,void * k,int n,int m,int( * compare)(void * ,void * ));
```

第五个参数 compare 也是一个指针，但它与 a、k 等指针不同，它是一个指向某函数的指针。它所指向的函数是一个比较函数，带两个 void * 参数（表示不知道要比较的数据类型是什么），返回一个整型数据（用于判断两个数值的大小）。

通用搜索函数实现代码如下：

```
for(int i=0;i<n;i++)
{
    void * addr=(char * )a+i * m;
    if(compare(addr,k)==0)
        return addr;
}
return NULL;
```

相对于 3.2.2 的实现代码，这里只是把 memcmp 函数替换成了 compare 参数，其他都没有变化。

下面先看看字符串数据的比较。其比较函数可设计如下：

```
int cmp_string(void * x,void * y)
{
    char * p1= * (char ** )x;
    char * p2= * (char ** )y;
    return strcmp(p1,p2);
}
```

这段代码利用了 strcmp 函数对两个字符串进行比较。strcmp 函数原型为：

```
extern int strcmp(const char * s1,const char * s2);
```

该函数需要两个指针型参数，分别指向需要比较的字符串。

在调用 search 时，传入 cmp_string 即可，例如：

```
char ** ret=search(books,&book,4,sizeof(char * ),cmp_string);
```

由于 search 的实现代码可知，cmp_string 的实参 addr 与 books 有关，指向 books 的各分量（参数 addr 由形参 a 计算而来），参数 y 与 &book 有关，指向 book，如图 3.3 所示。

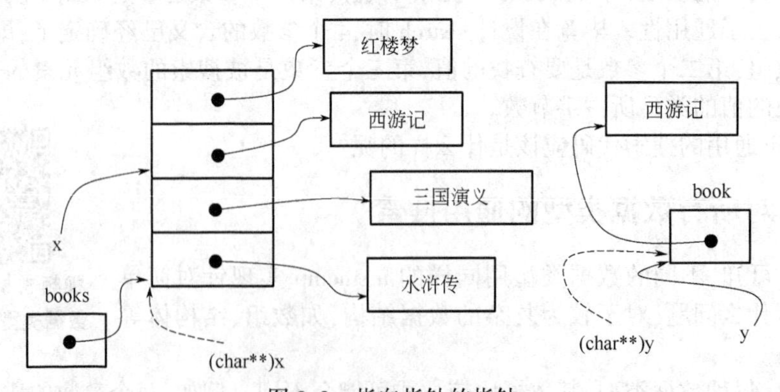

图 3.3　指向指针的指针

由 strcmp 函数的原型可知，需传入的是指向各数值的指针，也就是(char **)x 和(char **)y 处的值。注：在 x 前面加(char *)只是将 void * 转换为字符型指针，加(char **)后取的是数组元素的地址。*(char **)x 取的是各数组元素的值，即指向实际数据的地址值。

为展示其通用性，再来看看前面的整型数据的搜索。

关于整型数据的比较，可设计如下：

```
int cmp_int(void * x,void * y)
{
    int * p1=x;
    int * p2=y;
    return * p1- * p2;
}
```

在调用 search 时，传入 cmp_int 即可，例如：

```
int * ret=search(arr,&key,len,sizeof(int),cmp_int);
```

请比较字符串和整数这两种调用方式，进一步体会代码的通用性设计。

3.3 设计通用数据结构

3.3.1 针对特定数据类型的栈

视频 3.6 针对特定数据类型的栈

考虑这样一个扑克牌游戏。一副扑克共 52 张牌（无大小王），其中，A 面值最小。花色由小到大为方块、梅花、红桃、黑桃。桌子的牌分为两摞：一摞背面朝上，为备用牌摞；一摞背面朝下，为打出牌摞。游戏开始前，备用牌摞为新洗好的整副扑克牌，打出牌摞为空。玩家可以从备用牌摞的最上面取一张牌，也可以从打出牌摞的最上面取一张牌。玩家可以打出手里的一张牌，并放到打出牌摞的最上面。游戏开始后，各玩家交替从备用牌摞各摸 5 张牌。然后轮流出牌、摸排，争取组成同花顺。首先组成同花顺的玩家赢。

如果要用计算机程序来表示和操作打出牌摞，需要一个只能在牌摞顶端进行摸牌（删除）和打牌（插入）的数据结构。这种数据结构保证最后打出的牌最先摸出，称为栈。栈结构的特征包括：(1) 只能在栈的顶端插入数据（称为数据入栈或压入数据）；(2) 只能在栈的顶端删除数据（称为数据出栈或弹出数据）；(3) 中间的数据，在它上面的所有数据没有删除之前，是不能删除的。

如何用 C 语言实现栈结构呢？可以自定义一个结构类型如下：

```
typedef struct
{
    int * element;      // 栈元素
    int size;           // 元素个数,可作为栈顶指示器
    int volume;         // 栈容量
} stack;
```

这个结构包括 3 个分量：栈中的元素 element、元素个数 size、栈容量 volume。其中，栈中存储的元素是整数类型，element 为指向整数的指针，相当于栈底；size 为元素个数，压入一个数据，size 的值加 1，弹出一个数据，size 的值减 1，所以 size 相当于一个栈顶指示器；volume 表示栈的容量，可以给个初始值，以后根据需要再扩充栈空间。

对于这个栈结构，还需要设计几个操作算法，例如创建和撤销栈空间、压入数据、弹出数据

等,相关原型如下:

```
void new( stack * s);                 // 建新 s 栈
void dispose( stack * s);             // 撤销 s 栈
void push(stack * s,int value);       // 压入数据,即把 value 的值放到栈顶位置
int pop( stack * s);                  // 弹出数据,即返回栈顶位置的数据
```

这些函数的实现代码如下:

```
void new(stack * s)
{
    s->size=0;                                          // 新栈无元素
    s->volume=3;                                        // 假定一个新栈刚开始只存放 3 个素
    s->element=malloc(s->volume * sizeof(int));         // 申请栈空间
}
void dispose(stack * s)
{
    free(s->element);                                   // 释放栈空间
}
void push(stack * s,int value)
{
    if(s->size==s->volume)                              // 满栈时扩充栈空间
    {
        s->volume * =2;                                 // 栈空间扩充一倍
        s->element=realloc(s->element,s->volume * sizeof(int));
                                                        // 申请栈空间
    }
    s->element[s->size]=value;                          // 把 value 的值存入栈顶位置
    s->size++;                                          // 栈顶指示器上移一个位置
}
int pop(stack * s)
{
    assert(s->size);                                    // 如果操作低于栈底,则进行出错处理
    s->size--;                                          // 栈顶指示器下移一个位置
    return s->element[s->size];                         // 返回栈顶元素
}
```

有了栈结构及其操作函数,就可以表示和操作像上述打出牌摞这样需求了。例如:

```
stack st;          // 声明栈变量 st
new(&st);          // 创建新栈
push(&st,3);       // 打出牌 3
push(&st,7);       // 打出牌 7
push(&st,2);       // 打出牌 2
push(&st,9);       // 打出牌 9
push(&st,8);       // 打出牌 8
```

用下面的语句输出:

```
for(int i=st.size;i>0;i--)
    printf("%d\n",pop(&st));
```

最先输出的是 8，其次是 9，然后是 2、7、3。可见实现了先进后出功能。

最后用：

```
dispose(&st);
```

撤销该栈。

当然，这个栈结构目前只能处理整型数据。下面来了解如何实现通用栈结构。

3.3.2　通用栈结构设计

视频 3.7　通用栈结构设计

所谓通用的栈结构，是指不预先指定栈元素数据类型的栈。从前面的分析可知，在知道栈元素数据类型的情况下，栈元素所占字节数已知，就可以计算出下一个元素的位置，从而把数据存入该位置或从这个位置将数据取出来。现在，既然不知道栈元素是什么类型，显然就没法计算栈元素的存储位置。为此，可以在 3.3.1 的栈结构中增加一个分量，用于存储栈元素所占字节数。这样，可以利用这个分量的值计算栈元素的位置。修改后的栈结构代码如下：

```
typedef struct
{
    int * element;          // 栈元素
    int size;               // 元素个数
    int volume;             // 栈容量
    int len;                // 元素所占字节数
} stack;
```

这段代码中新增的 len 变量用于表示栈元素所占字节数。

关于栈的操作函数，用于插销栈空间的 dispose 函数不变，其他三个函数要做一些变化。

首先是用于新建栈的函数：

```
void new(stack * s)
{
    s->size=0;
    s->volume=3;
    s->element=malloc(s->volume * sizeof(int));
}
```

这段代码中的 sizeof(int)用于计算栈元素的数据类型所占字节数，需要改为：

```
s->element=malloc(s->volume * s->len);
```

这个 s->len 的值应该通过参数传入。因此，new 函数原型应改变，例如：

```
void new(stack * s,int num);
```

修改后的 new 函数代码如下（粗体为改变部分）：

```
void new(stack * s,int num)   // num 为栈元素所占字节数
{
    s->size=0;
    s->volume=3;          // 假定一个新栈刚开始只存放 3 个素
    s->len=num;
    s->element=malloc(s->volume * s->len);
}
```

这样,新函数中去掉了具体的数据类型信息,具有一定的通用性。

其次是入栈函数(粗体字部分为与具体数据类型相关的地方):

```
void push(stack * s,intvalue)
{
    if(s->size==s->volume)
    {
        s->volume * =2;
        s->element=realloc(s->element,s->volume * sizeof(int));
    }
    s->element[s->size]=value;
    s->size++;
}
```

显然,应该消去 int 这样的数据类型信息。按照前面的做法,int 可以替换为 void *,表示事先不知道栈元素的数据类型。修改后的 push 函数原型如下:

```
void push(stack * s,void * value);
```

在函数体中,申请内存空间的 realloc 实参中的 sizeof(int)应替换为 s->len。栈元素赋值语句 s->element[s->size]=value 能自动计算 value 值的存储位置,却不能这样计算 void * 类型的存储位置。

未知数据类型的压入数据的位置计算公式为(按字节计算):

```
新压入数据的地址=栈空间首地址+栈元素个数 * 栈元素所占字节数
```

相应 C 语句如下(图 3.4):

```
void * addr=(char * )s->element+s->size * s->len;
```

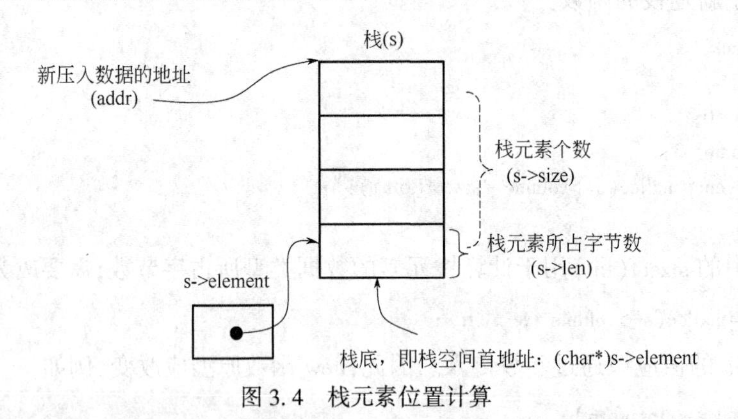

图 3.4 栈元素位置计算

计算出存储位置后,把 value 所指向的存储空间的值复制到该位置,代码为:

```
memcpy(addr,value,s->len);
```

这样就实现了数据入栈操作,如图 3.5 所示。

修改后的 push 函数代码如下(粗体为改变部分):

```
void push(stack * s,void * value)
{
    if(s->size==s->volume)
    {
```

```
        s->volume * =2;
        s->element=realloc(s->element,s->volume * s->len);
    }
    void * addr=(char * )s->element+s->size * s->len;
    memcpy(addr,value,s->len);
    s->size++;
}
```

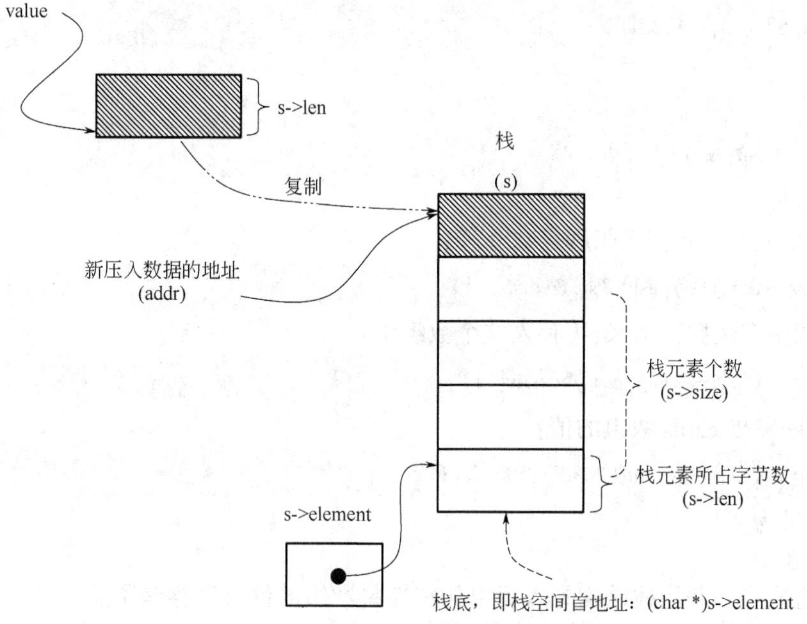

图 3.5 栈元素位置计算

最后是出栈函数(粗体字部分为与具体数据类型相关的地方):

```
int pop(stack * s)
{
    s->size--;
    return s->element[s->size];
}
```

同样,由于已知是整数类型,返回值类型可以直接指定,s->element[s->size]也可以直接定位要返回的数据。

在未知数据类型的情况下,显然也没法直接用数组形式定位要弹出的数据,而应该用 push 中计算元素位置同样的公式先确定存储位置,在复制该位置的数据到指定的地方。这个指定的地方也应该从参数传入。修改后的 pop 函数原型如下:

```
voidpop(stack * s,void * value);
```

其中,value 指针用于指定弹出数据的存放位置。

修改后的 push 函数代码如下(粗体为改变部分):

```
voidpop(stack * s,void * value)
{
    void * addr=(char * )s->element+(s->size-1) * s->len;
```

```
memcpy(value,addr,s->len);
    s->size--;
}
```

3.3.3 通用栈结构的使用示例

首先来看看 int 类型的数据出入栈的情况。假设有 5 张牌,点数用数组存储如下:

```
int cards[5]={3,7,1,2,4};
```

用语句:

```
stack st;
new(&st,sizeof(int));
```

申请 st 栈空间。

再用一个循环语句把 5 张牌点数入栈:

```
for(int i=0;i<5;i++)push(&st,&cards[i]);
```

下面,把所有数据弹出来,再存入这个数组中:

```
for(int i=0;i<5;i++)pop(&st,&cards[i]);
```

然后按序输出 cards 数组的值:

```
for(int i=0;i<5;i++)printf("%d\n",cards[i]);
```

输出结果为:

4 2 1 7 3

可见,这段代码利用栈结构先入后出的特性将数组的值反序存储了。

下面再来看看字符串出入栈的情况。

对于我国四大古典名著,用数组存储其名称如下:

```
char * books[4]={"西游记","三国演义","水浒传","红楼梦"};
```

用语句:

```
stack st;
new(&st,sizeof(char *));
```

申请 st 栈空间。

再用一个循环语句把四大名著名称入栈:

```
for(int i=0;i<4;i++)
{
    char * book=strdup(books[i]);
    push(&st,&book);
}
```

下面,按序弹出数据并输出:

```
char  * name;
for(int i=0;i<4;i++)
{
    pop(&st,&name);
    printf("%s",name);
```

```
free(name);// 释放内存
}
```

输出结果为：

```
红楼梦 水浒传 三国演义 西游记
```

同样实现了先入后出功能。

3.4 动态内存分配

3.4.1 堆区的分配与释放

视频 3.8　堆区的分配与释放

在实现通用栈结构时，使用了 malloc、realloc 和 free 这样的函数。这些函数是 C 语言标准库中提供的功能模块，用于动态分配内存。可以利用它们申请内存空间(malloc)、重新申请内存空间(realloc)，以及释放内存空间(free)等。这几个函数的原型为：

void__cdecl free(void * _Memory);

void * __cdecl malloc(size_t_Size);

void * __cdecl realloc(void * _Memory,size_t_NewSize);

malloc 函数可以从堆区申请_Size 字节的内存空间。如果申请成功，返回所分配内存空间的首地址；如果申请失败，返回值为 NULL。

realloc 函数可以重新_NewSize 字节的内存空间，该空间为用 malloc 等函数已经申请的空间，_Memory 指向该空间的首地址。如果_NewSize 小于或等于_Memory 之前所指向的空间大小，保持原有状态不变。如果_NewSize 大于原来_Memory 之前所指向的空间大小，系统会重新在堆区分配一块大小为_NewSize 的内存空间，并将原空间的值复制到新空间，释放_Memory 之前指向的空间，返回新空间的地址。

程序结束后，从堆区申请的内存空间不会被系统自动释放，导致该内存不能再被使用(称为内存泄漏)。用 free 函数可以释放_Memory 所指向的内存空间。要注意，free 只是释放指针指向的内容，该指针还指向原地方(此时的指针称为野指针)。操作野指针可能导致不可预料的错误。所以，使用 free 释放指针指向的空间后，应将指针的值置为 NULL。

由于申请的内存是连续区块，随着内存的分配与释放，被占用空间和空闲空间将不再是连续的整块，而是大小不一的小区块，如图 3.6 所示。

如何管理这些不连续的空闲区和被占用区呢？

常用的解决方案是在每一块空间前预留几个字节，用于存放该空间字节数和下一块空间首地址等信息，如图 3.7 所示。

malloc 申请到一块空间后，就会根据申请的字节数修改该空间的区块头信息，并链接到占用区链，更新空闲区链，然后返回该区块头信息后的地址给程序员。

3.4.2 栈区的分配与释放

前面说过，栈区由系统自动分配与释放。下面通过数据交换函数 swap 的调用来看看栈区的管理模式。代码如下：

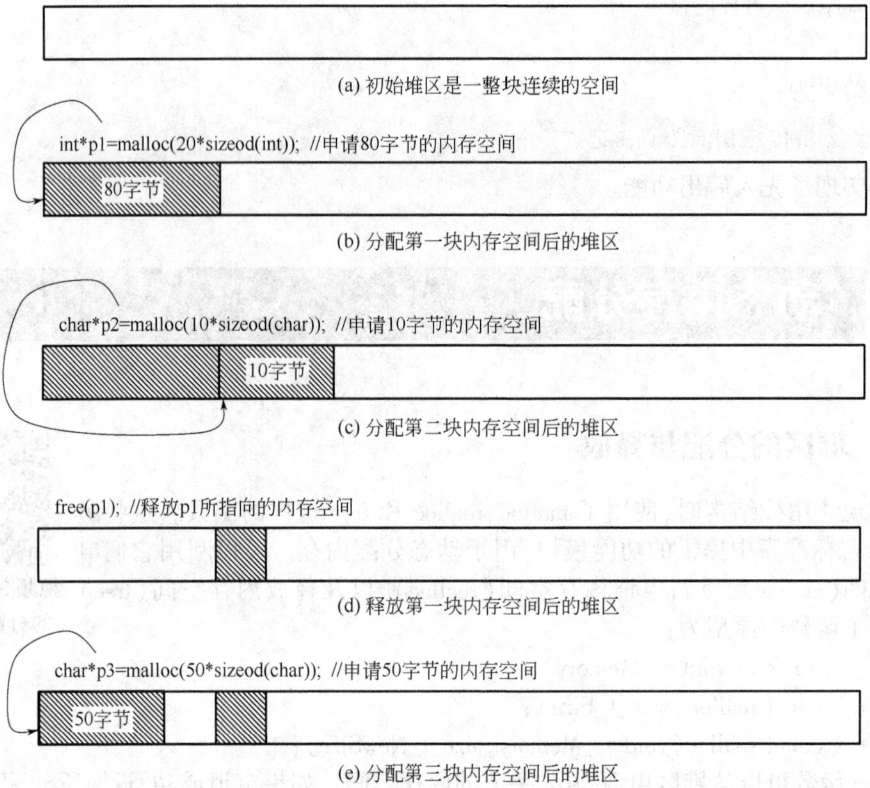

(a) 初始堆区是一整块连续的空间
int*p1=malloc(20*sizeod(int)); //申请80字节的内存空间
80字节
(b) 分配第一块内存空间后的堆区
char*p2=malloc(10*sizeod(char)); //申请10字节的内存空间
10字节
(c) 分配第二块内存空间后的堆区
free(p1); //释放p1所指向的内存空间
(d) 释放第一块内存空间后的堆区
char*p3=malloc(50*sizeod(char)); //申请50字节的内存空间
50字节
(e) 分配第三块内存空间后的堆区

图 3.6 堆区分配与释放示意图

区块头信息
空闲区链
50
70
10
90
占用区链

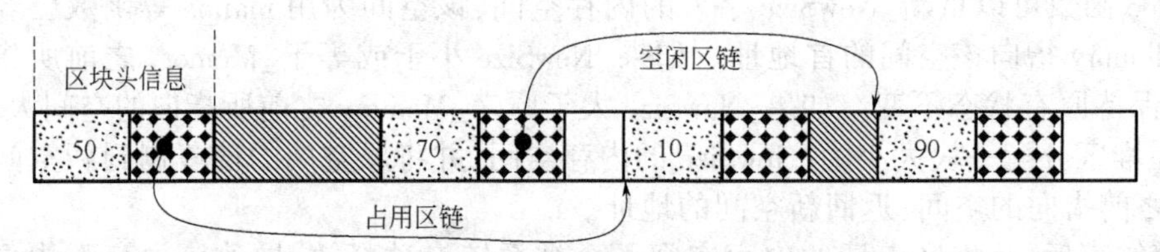

图 3.7 堆区链表示意图

```
void swap(int * a,int * b)
{
    int t= * a;
    * a= * b;
    * b=t;
}
int main()
{
    int x=36,y=72;
    swap(&x,&y);
    x=12;
    y=24;
    swap(&x,&y);
}
```

运行这个程序,系统是如何为其分配存储空间的?

系统执行主函数 main 之前,栈区如图 3.8(a)所示。main 有两个变量 x 和 y,各占 4 字节,共需占用 8 字节的存储空间,称为活动记录(activation record)。执行到语句 int x=36,y=72;时,把栈指针所指向的空间分配给变量 x,36 入栈,栈指针上移。如图 3.8(b)所示。然后把栈指针新指向的位置分配给 y 变量,72 入栈,栈指针上移,如图 3.8(c)所示。

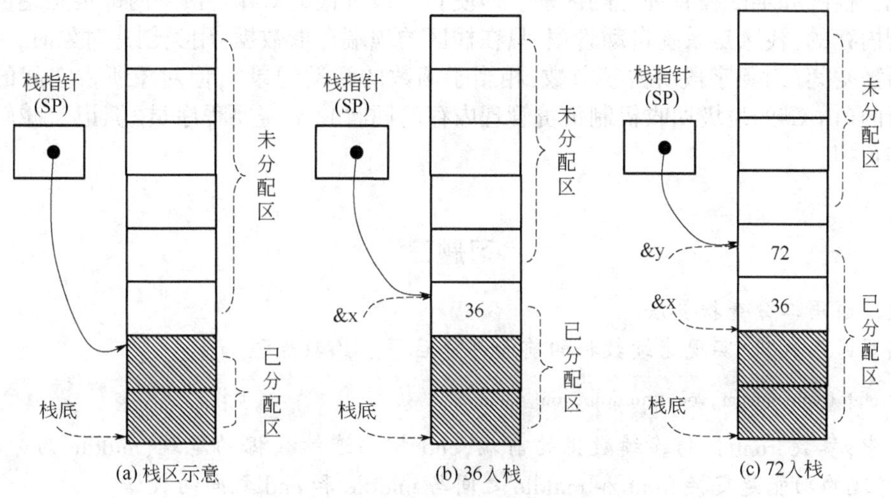

图 3.8　系统分配存储空间过程(一)

执行到下一条语句 swap(&x,&y)时,系统先将一些关键信息(称为断点信息)入栈,以便执行 swap 结束后能返回断点处继续执行 main 后面的语句,如图 3.9(a)所示。下一步为 swap 参数即相关数据分配栈空间,如图 3.9(b)所示。然后为 swap 的活动记录(即 t)分配栈空间,如图 3.9(c)所示。

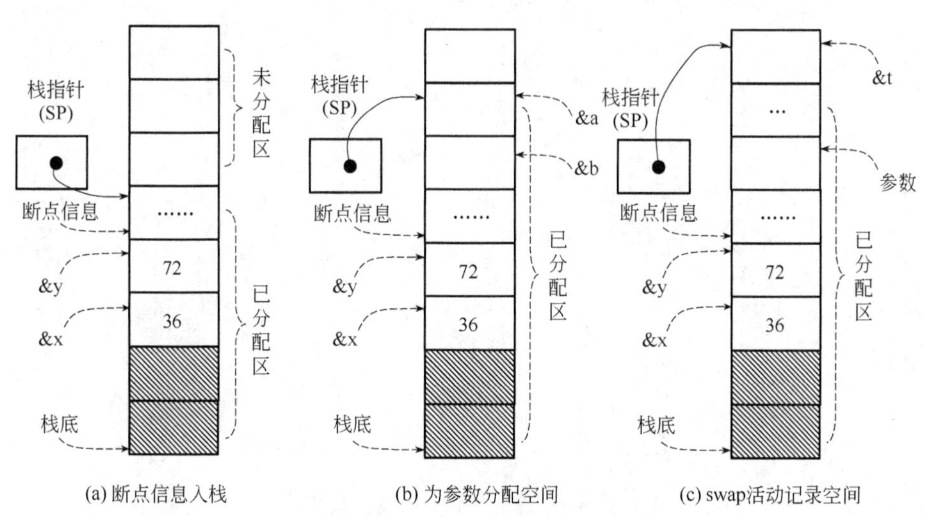

图 3.9　系统分配存储空间过程(二)

执行 swap 结束后,按图 3.9(c)从栈顶开始遵循先入后出原则释放栈空间,回退到图 3.8(c)所示状态。在此过程中,断点信息被恢复,系统重新回到 main 函数断点处继续执行。执行语句 x=12 替换 x 空间的 36,再执行语句 y=24 替换 y 空间的 72。

当执行到下一条语句 swap(&x,&y)时,系统重复图 3.9 所示的过程,断点信息入栈→为参数分配空间→为 swap 活动记录分配空间。执行完毕 swap 后，再次从栈顶开始遵循先入后出原则释放栈空间，回退到图 3.8(c)所示状态。如果你在 swap 显示 a、b、t 的地址，两次调用 swap 为它们分配的地址是一样的。

最后，当 main 执行完毕，系统从栈顶开始遵循先入后出原则释放 main 活动记录所占用的栈空间，回退到图 3.8(a)所示状态。

请记住栈区和堆区在管理上的区别。即使到了最现代的 C#语言，其内部也是遵循这种原则来管理内存的：栈区是系统自动管理，只在栈区的顶端存取数据；用类创建对象时，系统在堆区分配所需空间（对象字段所占字节数，相当于函数的活动记录），但对象所占空间的释放是自动进行的（由 C#的垃圾回收机制负责管理内存的回收），不需要程序员“惦记”，减轻了程序员编程的负担。

习题三

1. 设计通用二分查找算法。

2. 编写通用代码，实现连续数据的前面部分后移。函数原型如下：

```
void rotate(void * front, void * middle, void * end);
```

原型中，参数 front 指向连续数据的前端，end 指向连续数据的尾端，middle 为分界位置。rotate 要实现的功能是交换 front 和 middle 之间与 middle 和 end 之间的数据。

3. 编写通用代码，实现快速排序算法。函数原型如下：

```
void quick_sort(void * base, int size, int len, int( * cmp)(void * , void * ));
```

原型中，参数 base 指向待排序数据序列，size 为元素个数，len 为元素所占字节数，cmp 指向比较函数。

4. 请分析 1.2.5 中图 1.8 展示的运行结果产生的原因。

第四章

高级语言实现机制

4.1 甲骨文与汇编语言

万流归海,任何用高级程序设计语言编写的程序,经编译链接后都会成为机器语言代码。也就是说,从机器或机器语言的角度看,用高级语言编写的程序本质上一样的。但是,用机器语言来解析高级程序设计语言的实现机制显然比较费劲。汇编语言与机器语言最为接近。作为源头语言,用汇编语言来解析高级语言的底层实现过程,可以充分了解各种语言在内部实现上的相似性,在梳理现代化语言与汇编这样的"上古"语言之间的传承关系的同时,进一步领会 C#等语言那白话文般的表白、C 语言那诗一样的描绘,以及汇编语言那文言文式的叙述,为举一反三学习程序设计语言打下坚实的基础。

4.1.1 语言的传承

视频 4.1 语言——从低级到高级

认识图 4.1 中的文字吗？曾经有人说,Pascal 语言程序像散文,C 语言程序像诗词,汇编语言程序像甲骨文。这是一种对语言的感觉,有难易之别,有审美之心,当然也有一定的文化传承之意。图 4.1 中所示的甲骨文是商朝的文化产物,给人的第一感觉就是难以读懂。这很正常,毕竟它距今已经 3600 多年了。那么,作为现代中国人,我们该怎么看待这种上古文字呢？甲骨文是现存中国王朝时期最古老的成熟文字,属于上古汉语,是汉字的早期形式,具有对称、稳定的格局。适当加以研究,可以大致了解汉字的由来,既有一定的审美情趣,也能避免文化断层。因此甲骨文对汉文化传承、进一步理解现代汉语以及增强汉文化认同感等方面都有着很大的作用。

当然,在程序设计领域,汇编语言的出现距今只有几十年的时间,却也像甲骨文一样,对老一辈程序员来说已经成为一个遥远的记忆。在新一代程序员眼里,它可能只是一个传奇,那些汇编程序是一篇篇"上古时代"的文言文。但是,研究汇编文(为与甲骨文对照,姑且这样称呼),不仅能"触摸"计算机底层,对于程序设计语言及其范式的发展与实现机理会理解得更为深刻,更何况它对于编程文化所起的传承作用。即使在今天,在某些内存资源受限的设备编程或驱动程序设计中依然在用。

图 4.1 甲骨文

视频 4.2 汇编语言简介

4.1.2 汇编语言简介

在计算机编程领域,最古老的语言(称为第一代语言,简称 1GL)是 20 世纪 40 年代的机器语言。那个时代的计算机科学家用手动开关的方式指示机器干活。用机器语言编写的程序是以二进制形式从穿孔卡片、磁带或计算机面板上的切换开关来读取的,指令简单,易于用硬件实现。

汇编语言是第二代语言(2GL),仍然与具体的计算机指令集体系结构密切相关。用汇编语言编写的程序趋于人性化,使得因繁琐的地址计算而出错的可能性减少。

1GL 和 2GL 是两种与机器距离最近的程序设计,一般统称为低级语言。低级语言适合底层应用。掌握低级语言对深入研究计算机内部运行机理、调试系统和改进程序关键代码都有很大的作用。

第三代语言(3GL)出现于 20 世纪 50 年代,与机器无关,一般统称为高级语言。例如,70 年代的 Pascal 和 C、80 年代的 C++、90 年代的 Java、2000 年发布的 C#等。

从传承的角度看,C 应该是介于汇编语言与其他高级语言之间的语言,属于中级语言。在继往开来方面,C 语言无与伦比:继往,它提供了汇编语言的许多低级处理功能;开来,它为 C++、Java、C#等语言搭建了良好的基础。搞清楚 C 语言,你就站在了历史的中间:向前,你可以深度探索计算机的底层结构;向后,你可以举一反三,轻松掌握各种程序设计范式及其在高级语言中的实现机制,参与大型应用软件的建造工作。

现在,就让我们向前,先大致了解一下汇编语言,再从 C 语言向汇编语言过渡,穿过 C 语言的表层,再一次看看计算机的底层工作工作。

下面以 2.1.2 中的仿真计算机 LC-3 为例,简要介绍汇编语言。在后续关于 C 语言语句及其汇编形式的章节中,为方便讲解,并没有严格按照 LC-3 汇编语言格式进行转换,而是“取其意,用其形”,主要关注 C 语言在底层是如何实现的。

首先来看看汇编指令,其一般格式如图 4.2 所示。

一条汇编指令由标号、操作码、操作数和注释构成。标号代表指令所在的地址,注释在编译时被忽略,实际的指令只有操作码和操作数两个部分。

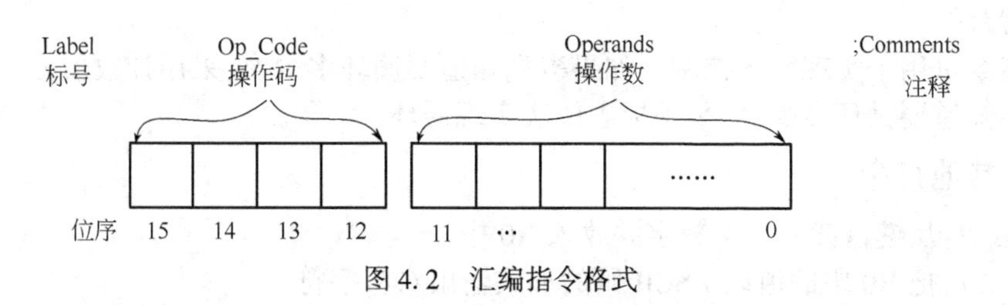

图 4.2 汇编指令格式

LC-3 定义了 15 条指令,每条指令占 16 位。其中,操作码占 4 位(从第 12 位到第 15 位,例如编码 0001 是 ADD 操作、0101 是 AND 操作等),不同的操作码对应不同的指令格式。指令可大致分为运算、数据移动、控制等三大类。

在关于指令的描述中,GPR 指通用寄存器 R0 到 R7;PC 是程序计数器(用来存放下一条指令所在的内存地址);IR 是指令寄存器(用来存放本次执行的指令);N、Z、P 是条件码寄存器,GPR 中的数据发生变化时,条件码的相应位会发生变化(正值-N 置 1,零值-Z 置 1,负值-P 置 1),可以根据条件码的变化控制指令执行的顺序;M[···]指到内存取值,→表示赋值方向,例如 R1→M[R2]表示把寄存器 R1 的值取出来放到 R2 的值所指向的内存处(此时 R2 的值表示内存的地址)。

下面介绍一些常见指令的用法。

4.1.2.1 运算指令

ADD GPR1,GPR2,GPR3 或立即数:GPR2+GPR3→GPR1。例如:

```
ADD R1,R2,R3 相当于 R1=R2+R3,
ADD R1,R2,#3 相当于 R1=R2+3
```

实现减法:NOT 第二个操作数,加 1,表示取补码,再与第一个操作数做 ADD。

AND GPR1,GPR2,x0:GPR2 & 0→GPR1,表示寄存器 GPR1 被清 0。

4.1.2.2 数据移动指令

(1)相对寻址指令,从标签所指的地方取值,包括:

```
LD GPR,标签:M[标签]→GPR
ST GPR,标签:GPR→M[标签]
```

(2)间接寻址指令,从标签所指的地方取新地址,再从新地址取值,包括:

```
LDI GPR,标签:M[M[标签]]→GPR
STI GPR,标签:GPR→M[M[标签]]
```

(3)基址偏移寻址指令,从通用寄存器的值加上立即数后的地方取值,包括:

```
LDR GPR1,GPR2,立即数:M[GPR2+立即数]→GPR1
STR GPR1,GPR2,立即数:GPR1→M[GPR2+立即数]
```

(4)立即数寻址指令,直接把标签值赋给寄存器,包括:

```
LEAGPR,标签:标签→GPR
```

4.1.2.3 流程控制指令

JMP GPR:无条件跳转到 GPR 所指向的地方继续执行。

BRnzp 标签:有条件跳转到标签处继续执行。BR 为判断格式,后面可接 n、z、p 的任意组合,如 BRzp(n 代表负数,z 代表 0,p 代表正数)。指令判断的对象是上一次操作的结果,如果满足条件就跳转。

跳转指令可用于实现循环控制。如果事先知道要循环多少次,采用计数器方法实现循环。如果事先不知道要循环多少次,采用标志位法实现循环。

4.1.2.4 其他指令

TRAP x23:从键盘读入一个数字并放入 R0 中。

TRAP x21:把 R0 中的值以 ASCII 码的形式输出对应字符。

. ORIG 地址:指定程序执行的开始地址,即 PC=地址。

RET:PC 指针取 R7 寄存器的值,转到该地址处执行。

标签. FILL 值:把值放入标签所在的位置。

标签. STRINGZ 字符串:从标签所在的位置开始放入把字符串。

4.2 变量

视频 4.3 变量赋值

4.2.1 变量赋值

假设某个 C 语言函数声明了两个整型变量 x 和 y,如下:

```
int x;
int y;
```

该函数的活动记录包含 8 个字节。系统会在栈区为 x 和 y 分配存储空间,如图 4.3 所示。栈指针 SP 的值就是 y 变量的地址,指向栈顶,SP+4 就是变量 x 的地址。

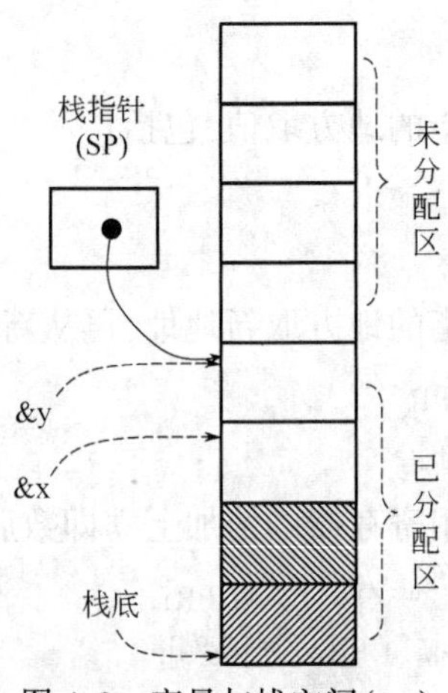

图 4.3 变量与栈空间(一)

下面的 C 语句为 x 赋值:

```
x=12;
```

这条语句如果翻译为汇编指令,代码可描述如下:

```
M[SP+4]=12
```

下面的 C 语句为 y 赋值:

```
y=x+9;
```

对应的汇编语句又是什么样的呢？这要分成三步走：先取 x 处的值，做加法运算，再把结果存入 y 处。例如：

```
R1=M[SP+4]
R2=R1+9
M[SP]=R2
```

C 语言的一句(y = x+9)用汇编语言描述，变成了三句(R1 = M[SP+4]、R2 = R1+9、M[SP]=R2)，你有什么感觉？

这很正常吧。例如，如果要描述自己没化妆，现在用"素颜"两字即可。用古文表达，可以用"清水出芙蓉，天然去雕饰"形容，多出了许多字。对于喜欢文言文或古诗词的人来说，也许更喜欢这种表达方式而不是素描。当然，如果是长篇大论，作为现代人还是使用白话文方便得多。

言归正传，下面这条 C 语句：

```
y++;
```

可译为：

```
R1=M[SP]
R1=R1+1
M[SP]=R1
```

4.2.2　类型转换

视频 4.4　类型转换

有一段 C 语言代码如下：

```
int i;
short s1;
short s2;
i=108;
s1=i;
s2=s1+1;
```

显然，s1=i 涉及数据转换的问题，即把 4 字节空间的值赋到 2 字节的空间中。这段代码的活动记录共 8 字节。其中，i 占 4 字节，s1 和 s2 各占 2 字节。栈指针 SP 指向 s2 所在空间。如图 4.4 所示。

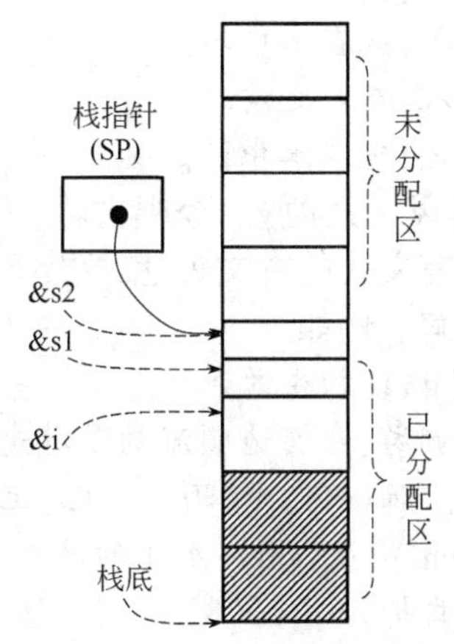

图 4.4　变量与栈空间(二)

因此,i=108 对应的汇编指令有一条:

```
M[SP+4]=108    ;把 108 放到栈顶指针下移 4 个位置,即 &i 指向的地方
```

s1=i 对应是汇编指令有两条:

```
R1=M[SP+4]          ;从栈顶指针下移 4 个位置,即 &i 指向的地方取值暂存到 R1
M[SP+2]=.2R1        ;R1 的值是 4 字节,
                    ;.2 表示取其低字节放入栈顶指针下移 2 个位置,
                    ;即 &s1 指向的地方
```

s2=s1+1 对应是汇编指令有两条:

```
R1=.2M[SP+2]        ;从栈顶指针下移 2 个位置,即 &s1 指向的地方取值暂存到 R1
    R2=R1+1         ;R1 增值 1 放入 R2 暂存
    M[SP]=.2R2      ;取 R2 的低字节放入栈顶指针指向的地方,即 &s2 处
```

4.3 自定义数据结构

自定义数据结构往往较为复杂。它是简单变量的组合,也是进行批量处理时提升效率的必由之路。为了在 C 语言与汇编语言之间找到更好的感觉,让我们再一次体会汉文化传承之旅。

听过歌曲《在水一方》吗?

绿草苍苍,白雾茫茫,有位佳人,在水一方。

绿草萋萋,白雾迷离,有位佳人,靠水而居。

我愿逆流而上,依偎在她身旁,无奈前有险滩,道路又远又长。

我愿顺流而下,找寻她的方向,却见依稀仿佛,她在水的中央。

我愿逆流而上,与她轻言细语,无奈前有险滩,道路曲折无已。

我愿顺流而下,找寻她的足迹,却见仿佛依稀,她在水中伫立。

沿着我国历史"逆流而上",在春秋战国的硝烟中,依稀听到那来自远古的浅唱低吟:

蒹葭苍苍,白露为霜。所谓伊人,在水一方。

溯洄从之,道阻且长。溯游从之,宛在水中央。

蒹葭萋萋,白露未晞。所谓伊人,在水之湄。

溯洄从之,道阻且跻。溯游从之,宛在水中坻。

蒹葭采采,白露未已。所谓伊人,在水之涘。

溯洄从之,道阻且右。溯游从之,宛在水中沚。

这是来自《诗经》的《国风·秦风·蒹葭》。今唱古吟,文字表现虽异,诗词本质仍同。这首创作于几千年前的诗歌,类似文言文式的古文表达,文字不认识、词句读不懂在所难免。正如同读汇编代码,稍加注解即可理解。例如:

蒹(jiān):没长穗的芦苇。葭(jiā):初生的芦苇。

溯洄:在河边逆流向上游走。溯游:在河边顺流向下游走。从:追寻。

苍苍、萋萋、采采:茂盛的样子。晞(xī):干,晒干。已:止。

湄:岸边。涘(sì):水边。坻(chí)、沚(zhǐ):水中的沙滩。

跻(jī):(道路)升高;右:迂回曲折。

可以一边听《在水一方》,一边朗读《蒹葭》,体会现代与远古的传承。下面继续了解 C 语

言数组、结构等数据类型的汇编实现。

视频 4.5　数组变量赋值

4.3.1　数组变量赋值

下面的 C 语言代码段定义了数组 a，并为其赋初值零：

```
int a[4];
int i;
for(i=0;i<4;i++)
  a[i]=0;
```

这段代码对应的汇编语句是什么？

这段代码的活动记录入栈后如图 4.5 所示，栈顶为 i 的地址，相应汇编指令如下：

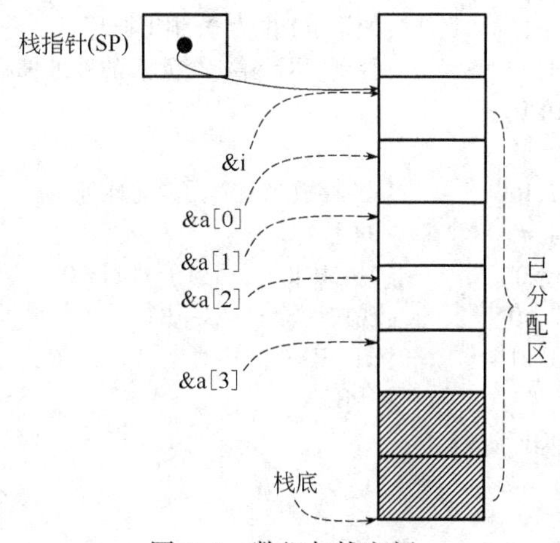

图 4.5　数组与栈空间

（1）执行 for 循环中的赋初值语句 i=0：

```
M[SP]=0              ;0→i,M[SP]就是 i 的地址
```

（2）判断 i 是否小于 4，如果不是就跳出循环：

```
R1=M[SP]             ;i→R1
BGE R1,4,PC+40       ;如果 R1 的值大于等于 4,跳转到 PC+40 处
```

（3）给 a[i]赋值：

```
R2=M[SP]             ;i→R2
R3=R2*4              ;R3 存放数组的第 i 个元素的地址偏移
R4=SP+4              ;R4 存放数组的起始地址,即 &a[0]→R4
R5=R3+R4             ;R5 存放数组的第 i 个元素的地址,即 &a[i]→R5
M[R5]=0              ;a[i]=0
```

（4）执行 i++：

```
R1=M[SP]             ;i→R1
R1=R1+1              ;R1+1→R1
M[SP]=R1             ;R1→i
```

（6）继续循环：

```
JMP PC-40            ;循环体共 10 条指令,每条指令占 4 字节,共 40 字节
```

现在试试将上面的汇编指令转换为 LC-3 的汇编指令,程序如下:

```
        .ORIG x3000
        AND R0,R0,x0        ;R0 清零
        LEA R7,i            ;用 R7 表示栈指针 SP,现指向 i 处
        STR R0,R7,#0        ;i=0
LOOP    LDR R1,R7,#0        ;R1=i
        ADD R0,R1,#-4       ;R0=i-4
        BRz STOP            ;如果结果为 0,跳出循环
        AND R4,R4,#0        ;计算数组第 i 个元素的地址,R4 存放地址偏移量
        LDR R2,R7,#0        ;R2=i
        ADD R2,R2,#2        ;R2 增 2,第一个元素在 i 的下面
ADDR    ADD R2,R2,x-1       ;R2 减 1
        BRz EX              ;如果 R2 位为 0,跳出循环
        ADD R4,R4,#2        ;否则,累计第 i 个元素的地址偏移量
        LEA R6,ADDR
        JMP R6
EX      ADD R5,R7,R4        ;R5 存放第 i 个元素的地址
        AND R4,R4,#0        ;R4 清零
        STR R4,R5,x0        ;0→M[R5],相当于 a[i]=0
        LDR R1,R7,#0        ;现在计算 i++,i→R1
        ADD R1,R1,x1        ;R1=R1+1
        STR R1,R7,#0        ;i=R1
        LEA R6,LOOP
        JMP R6
STOP    HALT
i       .FILL 0.FILL 0      ;声明 i 空间
a       .FILL 0             ;声明 a 空间,此处为数组 a 的起始地址
        .END
```

视频 4.6 结构变量赋值

4.3.2 结构变量赋值

下面的 C 语言代码段定义了结构类型以及变量,并为其赋初值零:

```
struct complex{             // 定义复数类型
    int real;               // 实部
    int imaginary;          // 虚部
};
struct complex c;           // 声明复数变量 c
c.real=36;
c.imaginary=72;
((struct complex * )&c.imaginary)->imaginary=516;
```

这段代码对应的汇编语句是什么?

这段代码的活动记录入栈后如图 4.6 所示,栈顶为 i 的地址,相应汇编指令如下:

语句 c.real=36;对应 M[SP]=36。

语句 c.imaginary=72;对应 M[SP+4]=72。

语句((struct complex *)&c.imaginary)->imaginary=516;对应 M[SP+8]=516。

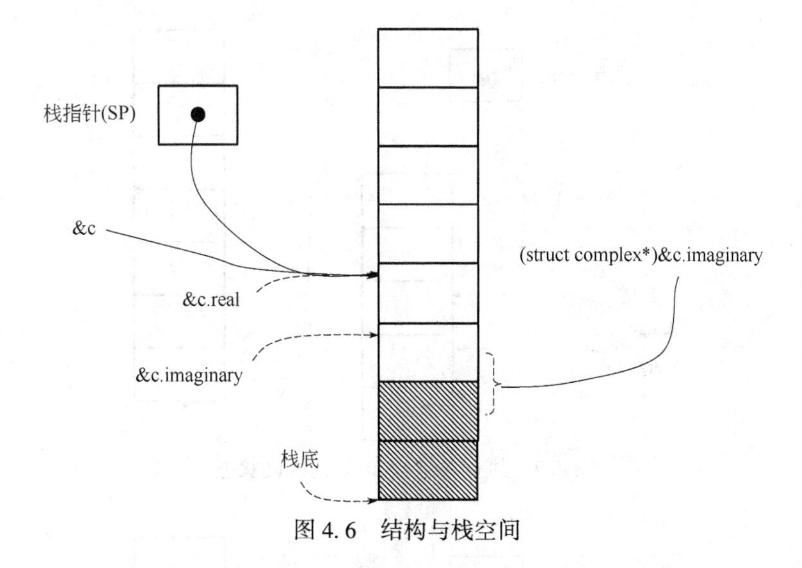

图 4.6　结构与栈空间

4.4 函数调用

视频 4.7　一般函数调用

4.4.1　一般函数调用

下面的 C 语言代码段定义了函数 fn,并在 main 中调用:

```
void fn(int a,int * b){
  char c[4];
  short * s;
  s=(short * )(c+2);
  * s=80;
}
int main(int argc,char ** argv){
    int i=5;
    fn(i,&i);
}
```

现在从汇编指令的角度来跟踪程序的执行流程。

(1)运行程序,系统调用 main 函数。

在执行 int i=5 语句之前,系统要为 main 函数设置运行环境,为活动记录申请空间。此时,栈区状态如图 4.7 所示。

(2)执行 int i=5 语句,为 i 分配内存空间。

系统在栈区为 i 分配 4 字节的存储空间,此时 SP 减 4 指向新的栈顶位置,再给该位置的内存赋值 5,汇编指令如下:

```
SP=SP-4
M[SP]=5
```

此时,栈区状态如图 4.8 所示。

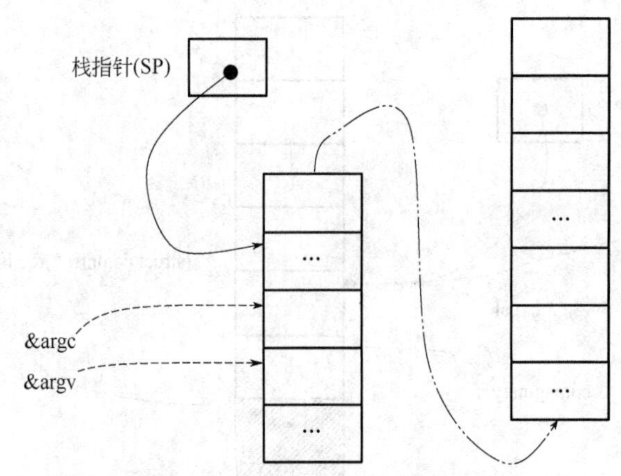

图 4.7　执行 int i=5 语句前栈区状态

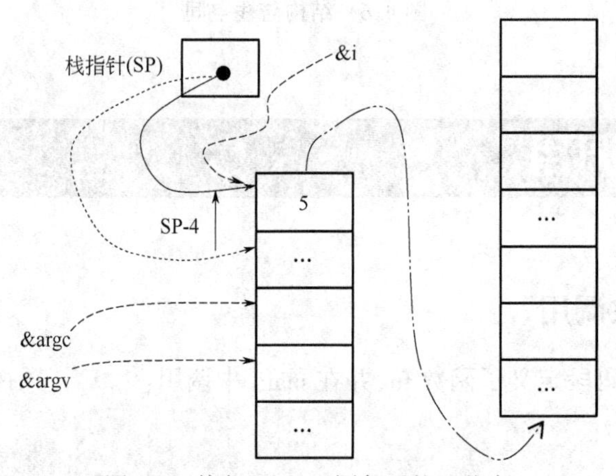

图 4.8　执行 int i=5 语句后栈区状态

(3)执行 fn(i,&i)语句，调用 fn 函数。

在调用函数时，与系统调用 main 一样，也要做一些环境设置工作，包括参数值、断点保护等。例如，为调用 fn 的实参入栈，如图 4.9 所示。

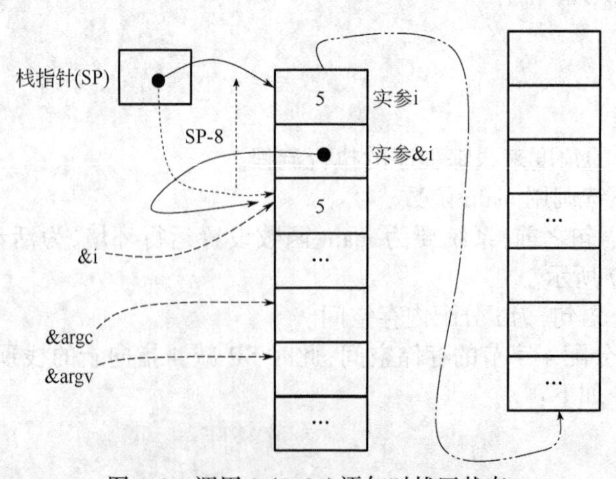

图 4.9　调用 fn(I,&i)语句时栈区状态

调用 fn(i,&i)语句对应的汇编指令如下：

```
SP=SP-8          ;栈顶指针上移。不同的平台和编译器,SP 移动量可能不同
R1=M[SP+8]       ;取 i 的值。注意此时 SP 加 8,是变量 i 的地址
R2=SP+8          ;取变量的地址
M[SP]=R1         ;把 i 的值 5 放入实参 i 的位置
M[SP+4]=R2       ;把 i 的地址放入实参 &i 的位置
CALL <fn>        ;调用函数,实际是一条跳转指令,转到 fn 的第一条汇编指令
SP=SP+8          ;当 fn 执行完毕返回 main 函数时要恢复断点处的运行信息
RV=0             ;设置返回值
```

(4)执行 fn 函数。

在执行 fn 函数之前,要为其活动记录分配栈空间,如图 4.10 所示。

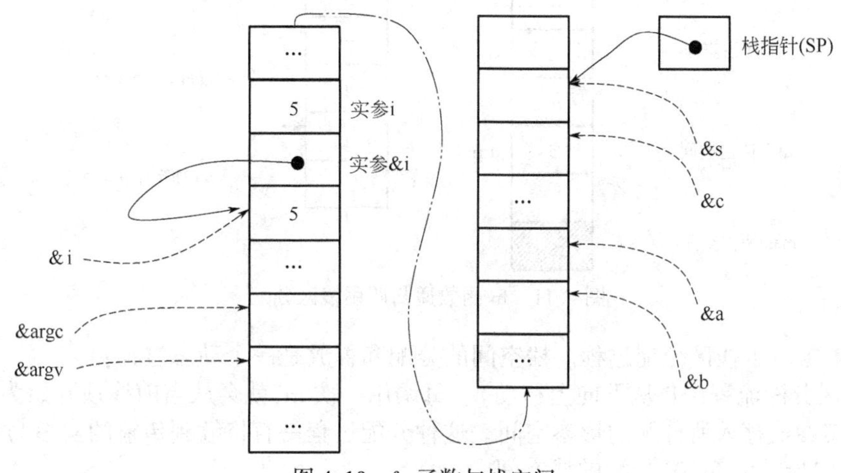

图 4.10 fn 函数与栈空间

图中的 a 和 b 是为形参分配的栈空间,c 是 4 字节的字符数组,s 指针也占 4 字节。

执行语句 s=(short *)(c+2),对应的汇编指令为：

```
SP=SP-8        ;为 c 和 s 分配空间后,SP 上移 8 字节,指向新的栈顶
R1=SP+6        ;指向 c 的第三个元素,相当于 c+2,即 c[2]
M[SP]=R1       ;给指针 s 赋值,相当于 s 指向 c[2]
```

下一步执行 *s=80 语句,对应的汇编指令为：

```
M[R1]=.2 80    ;80 是整数,占 4 字节,此处的.2 表示取 2 字节
```

函数执行完毕后,要释放其占用的空间,返回到调用处继续执行,相应汇编指令如下：

```
SP=SP+8        ;函数执行完毕,要恢复运行环境,释放所占用的空间
RET            ;返回 main 断点处
```

4.4.2 递归函数调用

视频 4.8 递归函数调用

对于求阶乘,用递归调用实现时代码非常简单,其 C 语言代码如下：

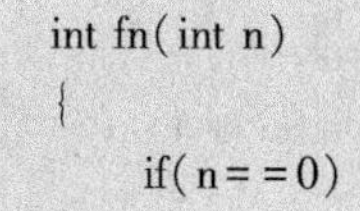

```
int fn(int n)
{
    if(n==0)
```

```
    return 1;
    return n * fn(n-1);
}
```

在执行过程中,看上去是 fn 会一直调用自己,直到参数为 0 时为止。实质上,递归调用与普通函数调用机制是一致的。例如,如果在主函数中有调用 fn(5),系统会为 fn 的参数和局部变量分配栈区、保存断点信息。fn 调用 fn 时,又会为 fn 的参数和局部变量分配新的栈区、保存新的断点信息。fn(5)调用过程如图 4.11 所示。

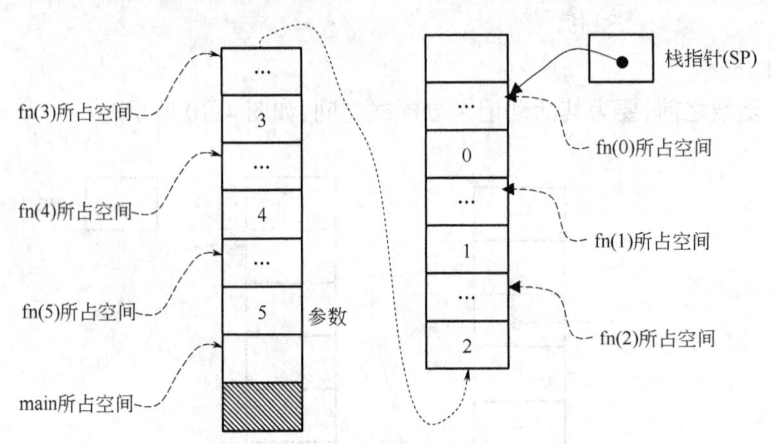

图 4.11 fn 函数递归调用栈区分配

图 4.11 未展示栈区分配过程。栈空间的分配和释放是一个动态过程:

(1)栈区分配流程(SP 从下向上移动)。每调用一次 fn,就会从当前栈顶开始为 fn 分配栈空间,并将实参值存入所分配的形参空间。这种分配过程一直持续到传输的实参为 0 时为止。此时,SP 指向最后为 fn(0)分配的栈空间。

(2)栈区释放流程(SP 从上向下移动)。执行 fn(0),参数 n 值为 0,返回 1,将 1 存入为 fn(1)所分配的返回值空间,然后释放 fn(0)所占空间。此时,SP 下移,指向为 fn(1)所分配的存储空间。接着回到 fn(1)调用 fn(0)断点处继续执行,返回 1 乘以返回结果 1,将 1 存入为 fn(2)所分配的返回值空间,然后释放 fn(1)所占空间。此时,SP 下移,指向为 fn(2)所分配的存储空间。重复此过程,直到函数 f(5)将 120 存入为主函数分配的返回值空间,并转回主函数中调用 fn(5)断点处继续执行。此时,SP 指向最后为主函数分配的栈空间。

因此,递归调用的汇编指令可描述如下:

```
fn:R1=M[SP+4]          ;取参数 n 的值。SP 的偏移视运行平台和编译器而定
BNE R1,0,PC+12         ;判断 n 是否为 0,即 if(n==0)语句,不为 0 就跳转
RV=1                   ;如果 n 为 0,设置返回值
RET                    ;返回到调用函数的断点处继续执行
R1=M[SP+4]             ;取参数 n 的值
R1=R1-1                ;如果前面的 BNE 指令判断 n 不为 0,跳到此处执行
SP=SP-4                ;申请新的存储空间
M[SP]=R1               ;把 n 值传入新分配的空间
CALL <fn>              ;调用 fn,实际为 JMP 到开始处,循环执行
SP=SP+4                ;释放空间
R1=M[SP+4]             ;取参数 n 的值
RV=RV * R1;            ;设置返回值为上一次的返回值乘以参数 n,即 n * fn(n-1)
RET                    ;返回到调用函数的断点处继续执行
```

由此可知,递归调用的实质还是循环结构。通过执行汇编指令,你可以感受到栈指针的移动以及栈空间值的变化过程。

为加深印象,把上面的伪汇编代码翻译为 LC-3 能识别的以下汇编指令。

(1)设置程序运行的起始位置:

```
.ORIG x3000
```

(2)设置栈顶:

```
LD R7,SP                        ;设置栈指针 R7 栈顶位置
```

(3)设置函数调用的初始值和计数器(用于控制循环次数):

```
AND R3,R3,0                     ;R3 作为计数器,用于判断调用次数
ADD R3,R3,5
STR R3,R7,#0                    ;初始调用值 5 入栈
ADD R3,R3,1                     ;后面的循环控制是先-1 再判断,此处应+1
```

(4)调用函数时申请栈空间(第一次循环):

```
LOOP1    LDR R1,R7,#0           ;取参数 n 的值
         BRZ RET1               ;如果为 0,跳出循环
         ADD R1,R1,x-1          ;否则 n-1
         ADD R7,R7,#-1          ;申请新空间
         STR R1,R7,#0           ;n-1 传入新空间
         LEA R6,LOOP1
         JMP R6
RET1     AND R4,R4,0            ;R4 用于阶乘结果
         ADD R4,R4,1            ;调用 fn(0)时返回 1,所以 R4 置初值 1
```

(5)函数执行完毕时释放栈空间(第二次循环):

```
LOOP2    ADD R3,R3,#-1          ;计数器-1
         BRZ STOP               ;如果为 0,程序结束
         ADD R7,R7,#1           ;释放栈空间
                                ;累加,下面求参数与返回值的乘积,即 n*fn(n-1)
         AND R2,R2,#0           ;R2 清零,用于存放这次的 n*fn(n-1)
         LDR R1,R7,#0           ;取参数 n 的值
         ADD R1,R1,x1           ;n 值先加 1
SUM      ADD R1,R1,x-1          ;n 减 1
         BRz MULTI              ;如果 R1 位为 0,循环
         ADD R2,R2,R4           ;否则,累计 R4 的值
                                LEA R6,SUM
                                JMP R6
MULTI    ADD R4,R2,0            ;累计结果存入 R4
         LEA R6,LOOP2
         JMP R6
```

(6)停止执行:

```
STOP     HALT
```

(7)设置栈顶指针:

```
SP       .FILL x3024            ;x3024 表示栈顶
```

(8)程序结束:

```
.END
```

启动 LC-3 编辑程序,输入这个程序,单击工具栏的 asm 按钮,编译为可执行代码,如图 4.12 所示。

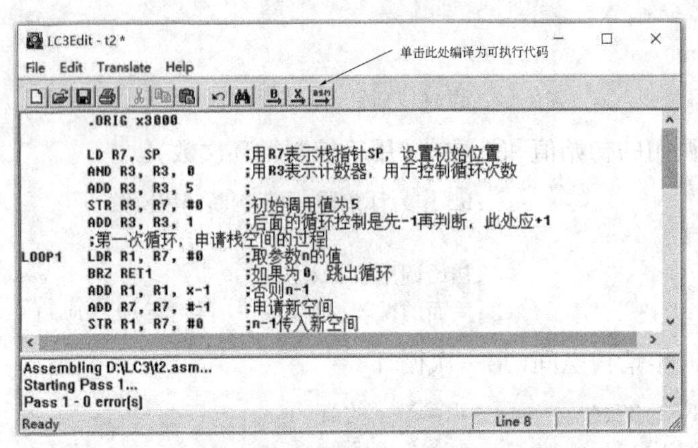

图 4.12　在 LC-3 中调试实现汇编指令的递归代码

启动 LC-3 仿真程序,调入可执行代码,用工具栏的第三个按钮进行单步调试,观察寄存器和栈区数据的变化,用心体会递归调用的执行过程,如图 4.13 所示。

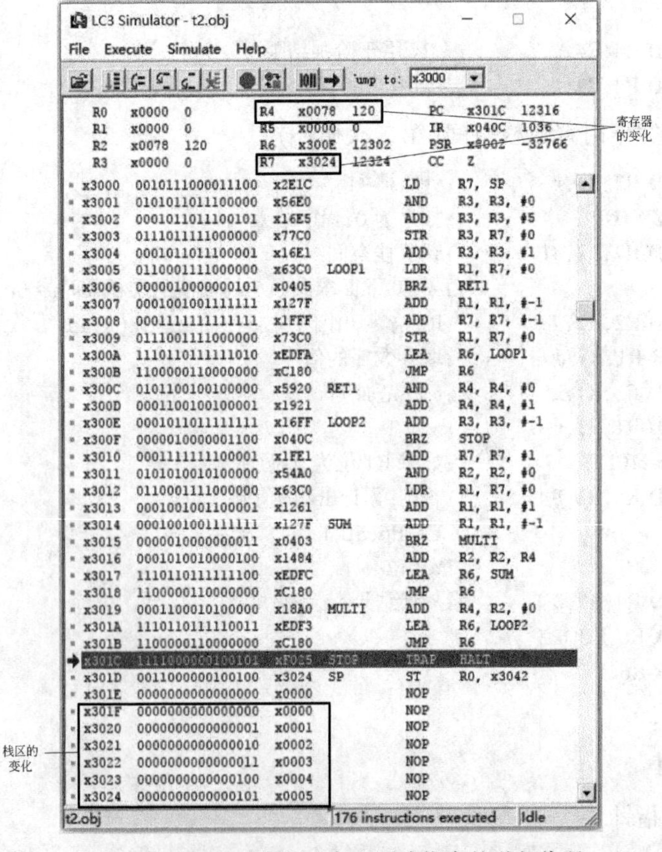

图 4.13　在 LC-3 中调试实现汇编指令的递归代码

4.5 本质

高级程序设计语言,例如 C、C++、Java、C#等,各有特点及难点,在内存管理、系统资源利用、输入、输出等方面都有着自己的特色。实现一种算法的过程中,各语言也有独自的设计步骤和注意点。一般来说,加深了解各类编程语言的应用场合,可针对不同的任务采用最为合适的语言去实现。这是指编程效率、质量保障以及成本控制等方面。当然,从语言实现的本质上来说,很多编程机制的实现大同小异。理解这种本质上的东西,可以快速掌握各类编程语言。

4.5.1 指针与引用

视频 4.9　指针与引用

指针是 C 语言的特色,可用于存取内存空间。引用是 C++新添加的语法,屏蔽了指针的概念。两者语义不同,但在内部实现上是一致的。下面分别用指针和引用来实现 3.1.2 中的数据交换函数,从汇编语言的角度来了解两种机制在实现上的一致性。

用 C 语言编写的数据交换函数及其调用代码如下:

```
void swap(int * a,int * b)
{
    int t= * a;
     * a= * b;
     * b=t;
}
int main()
{
    int x;
    int y;
    x=36;
    y=72;
    swap(&x,&y);
}
```

在执行 main 之前,系统要在栈区保存断点等信息。要为 main 的活动记录分配栈区,从汇编语言的角度,会执行如下代码:

```
SP=SP-8   ;留出 8 个字节的存储空间给变量 x 和 y
```

此时,SP 指向 y 代表的空间。因此,x=36 和 y=72 对应的汇编指令为:

```
M[SP+4]=36
M[SP]=72
```

然后为调用 swap 做准备,准备实参 &x 和 &y,汇编指令流程如下:

```
R1=SP          ;R1 指向 y
R2=SP+4        ;R2 指向 x
SP=SP-8        ;继续申请 8 字节空间,用于存放实参 &x 和 &y
```

```
M[SP]=R2;&x
MP[SP+4]=R1;&y
```

下面指令跳转到 swap 函数：

```
CALL<swap>
```

执行完毕 swap 函数，返回断点，转到 CALL 指令后面的指令处继续执行。为此，要释放实参所占栈区、恢复断点信息，汇编指令与前面为实参 &x 和 &y 申请空间的指令 SP=SP-8 相反，为：

```
SP=SP+8   ;释放 &x 和 &y 所占空间
```

然后，fn 执行完毕，同样要释放活动记录所占栈区、恢复断点信息，汇编指令与前面为变量 x 和 y 申请空间的指令 SP=SP-8 相反，汇编指令为：

```
SP=SP+8   ;释放 x 和 y 所占空间
```

再次提醒，根据不同的平台，实际释放栈空间比这个复杂。

swap 函数代码对应的汇编指令如下（注：参数 a 指向 x，b 指向 y）：

```
<swap>:
SP=SP-4;          ;为 t 分配 4 字节的栈空间
R1=M[SP+8]        ;获取 x 的地址，SP 位移可能因平台而异
R2=M[R1]          ;获取 x 的值
M[SP]=R2          ;把 x 的值赋给 t
R1=M[SP+12]       ;获取 y 的地址
R2=M[R1]          ;获取 y 的值
R3=M[SP+8]        ;获取 x 的地址
M[R3]=R2          ;把 y 的值赋给 x
R1=M[SP]          ;获取 t 的值
R2=M[SP+12]       ;获取 y 的地址
M[R2]=R1          ;把 t 的值赋给 y
SP=SP+4           ;释放 t 占用的空间
RET
```

利用 C++语言的引用机制，可更容易地实现这个数据交换函数，编写的代码也更好理解一些。两种代码对比如图 4.14 所示。

把图 4.14 所示的两种源代码翻译为汇编语言指令，结果是一样的。C++编译器在编译调用语句 swap(x,y)时，根据 swap 函数原型的参数是引用机制，传递的 x 和 y 不是两者的值，而是各自的地址。C++的 & 参数的实质还是指针（把指针术语换成了引用），所以基于 C 的指针和基于 C++的引用所编写的两个函数在汇编语言角度一致。

视频 4.10　结构与类

4.5.2 结构与类

C++支持过程范式（C 所支持的范式），也支持面向对象范式。前面从汇编语言的角度说明了 C 语言的指针与 C++的引用在语义层次虽然不一样，在实现机理类似。有的程序员使用 C++，主要还是使用指针。他们虽也偶尔使用引用和对象，但较少使用继承、模板以及 C++的一些技巧。在他们眼里，指针与引用一致，其他诸如结构与类等机制在内部实现上也没什么本

质上的区别。

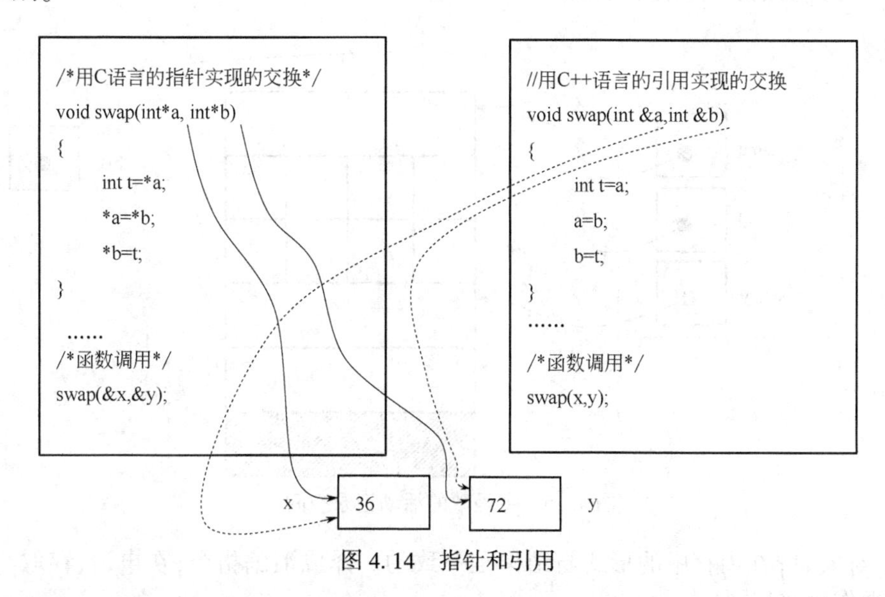

图 4.14　指针和引用

下面用 2.4.2 的职工数据类型来看看 C 语言的结构与 C++的类在实现上的一致性，进一步理解面向对象范式的本质。

职工数据需要存储职工的姓名、工号、薪资等信息，可以用 C++语言设计一个职工类，代码如下（把上述的 swap、fn 等函数原型“打包”在类里以示区别）：

```
#include<iostream>
using namespace std;
class Employee              // 定义职工数据类
{
    private:                // 私有字段
        char * name;        // 姓名
        char id[8];         // 工号
        int salary;         // 薪资
    public:                 // 公共方法/函数
        int swap(int &x,int &y);
        char * fn(int * n)// 取从第 n+1 个位置开始的子串
        {
            int idx= * n;
            return id+idx;
        }
};
```

下面的代码在主函数中用 Employee 创建一个对象 obj，并从工号的第 5 个位置开始取出后面几位显示出来：

```
int main()
{
    int i=4;
    Employee obj;
    cout<<obj.fn(&i)<<endl;
}
```

主函数的活动记录所占空间如图 4.15 所示。

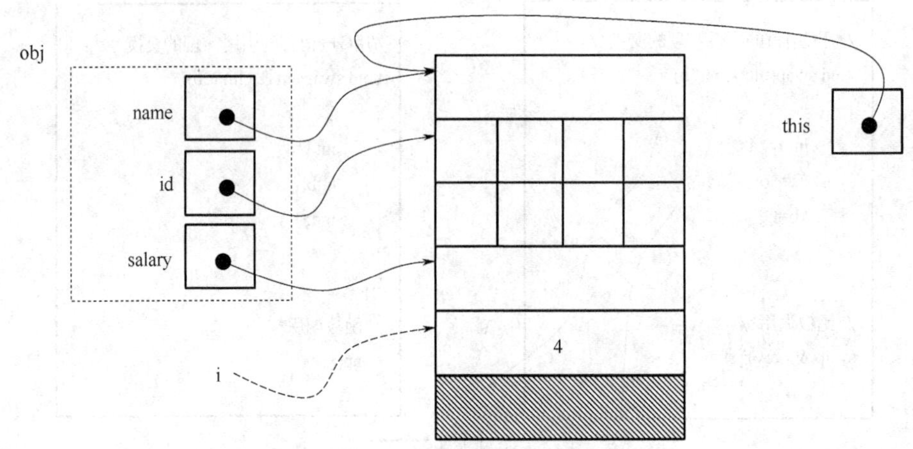

图 4.15 主函数的活动记录空间

可见,对象 obj 在内存中的形式与结构是一致的。译成汇编指令,在申请、存取与释放内存空间等操作大致相同。

在这里要注意的是,对于方法调用 obj. fn(&i),其实还隐含有一个参数。这个参数一般作为第一个参数隐式传递到方法 fn,即 this。this 实质上还是一个指针,代表 obj,与 name 指向同一个地方。不管怎么说,在概念上,对象更接近人类的自然语言表达,但在内部实现上,本质上总是更接近机器的汇编语言表示,如栈指针 SP 的移动等。

调用 obj 对象的 fn 方法时,fn 的活动记录空间如图 4.16 所示。从图中可以看出,fn 的活动记录中还有一个参数 this,代表的是 fn 所属对象的地址,从 this 可以存取该对象。因此,方法 fn 相当于 C 语言的函数原型:

```
fn(void * this,int * n);
```

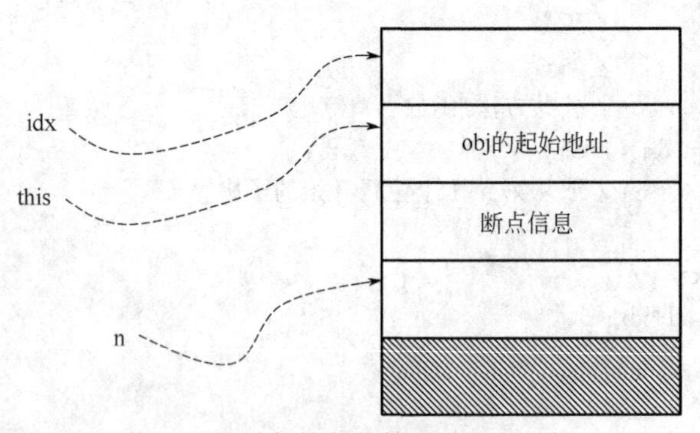

图 4.16 对象的方法的活动记录空间

可见,对象的方法与 C 语言的函数的内部实现机理没有什么差别,即在汇编代码层级的表示大同小异。

要注意的是,C++类的静态成员变量不是在栈区分配空间。它与 C 的全局变量一样,占用的是静态数据区,如图 4.17 所示。

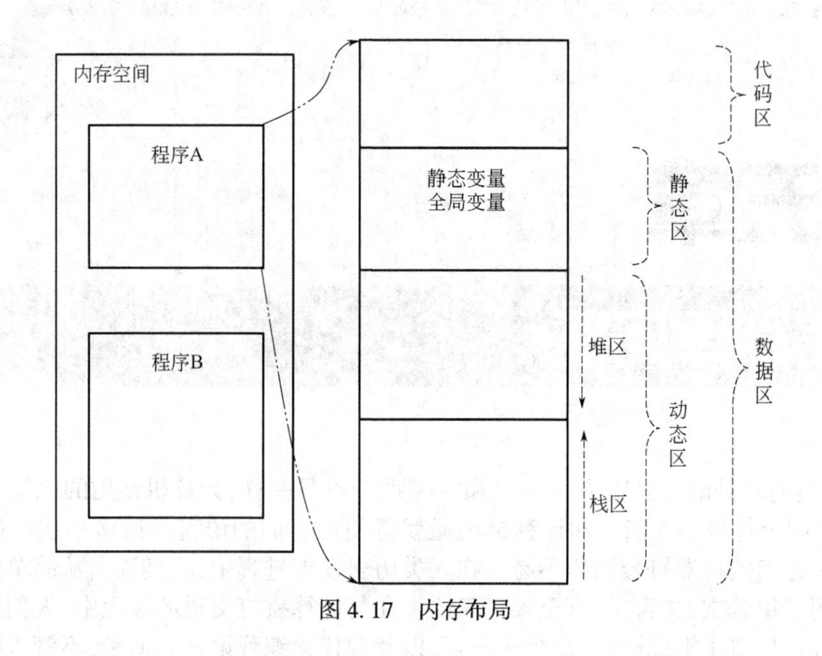

图 4.17　内存布局

习题四

1. 请列出 LC-3 所有指令的操作码的二进制编码。
2. 请将 4.1.2 的伪汇编指令转换为 LC-3 的汇编指令。
3. 请将 4.2.3 的伪汇编指令转换为 LC-3 的汇编指令。

第五章

语言翻译问题

就像人类的八卦语言只用了“——”和“—”两个符号一样,计算机使用的机器语言也只用了“0”和“1”两个符号。人们要和计算机沟通就得使用它们的语言。读懂一连串的八卦符号很难,读懂一连串的机器符号同样不易。在人类历史发展进程中,人类逐渐从简单的符号中解脱出来,发明了甲骨文、文言文,直至现代汉语。在与计算机打交道的过程中,人们同样逐渐远离二进制代码,创造了汇编语言、命令式语言,以及现代化编程语言。但是,不管人类语言如何先进,计算机我行我素,依然使用的是机器语言。为了让计算机理解人类的语言,语言翻译在所难免,各种编译系统应运而生。就像人类的翻译者将一种语言译成另一种语言一样,编译系统的终极目的就是把人类的语言译为机器语言,让计算机理解人们的需求并加以执行。许多程序员习惯了用 IDE(集成开发环境)工具进行程序设计,编写程序后点击运行按钮,计算机即可开始执行程序。至于 IDE 工具所做的一系列自动化编译工作,则被有意或无意地挡在了视线之外。一旦出错,要么就一筹莫展,要么就花费大量的时间进行调试,有时问题会突然消失,留下的却是程序员一脸的莫名其妙。本节介绍翻译问题,从机器翻译逐步过渡到编译系统的“翻译”过程和原理,为进一步理解程序实现中的“奇思妙想”奠定基础。

5.1 机器翻译与编译系统

5.1.1 机器翻译

人类一直在探索语言之间的关系。众多的翻译者在不同文化和语种的人群之间进行翻译,以解决人类的交流和沟通问题。

自动化,既是懒惰者的梦想,也是高效率者追求的目标。自从计算机被发明之后,用机器进行自动化翻译,不可避免地成为计算机科学的重要研究领域之一。这种自动化翻译被称为机器翻译。

利用机器翻译,可以大幅度提高沟通的效率。但如果完全依赖机器翻译,有时不仅不能有效地解决交流中存在的语言障碍,效果可能会适得其反。

例如,作为“熟读唐诗三百首,不会作诗也会吟”的你,下面这首词应该不会很陌生:

东风夜放花千树,更吹落,星如雨。宝马雕车香满路,凤箫声动,玉壶光转,一夜鱼龙舞。

蛾儿雪柳黄金缕,笑语盈盈暗香去。众里寻他千百度,蓦然回首,那人却在,灯火阑珊处。

这是宋代辛弃疾的代表作《青玉案·元夕》。要弘扬汉文化,显然应该把这样的瑰丽诗篇翻译成其他语言,广为传播。例如,懂汉文化和西方文化的人可以把这首词翻译为英文诗篇。虽然因文化的差异很难百分之百地反映出这首词在汉文化中的那种浸透骨髓的感觉,但翻译后终归可以为其他族群所理解。不过,用机器来翻译这样携带文化传承的诗词,其结果可能会令人大失所望。

例如,利用 Google 进行机器翻译,该词结果如下:

Dongfeng night spend thousands of trees, more blown, stars rain. **BMW** car Xiangman Road, Feng Xiao sound moving, Yu Hu Guangzhuan night fish dragon dance.

MothXue Liu gold wisp, laugh Ying Ying subtle fragrance to go. Seek him thousands of **Baidu**, suddenly look back, that person is, the dim light.

译文中,上阕出现了似乎停在香满路(路名)的现代宝马(BMW),下阕出现了经常搜索的"百度"。

再用 Google 把这篇英文"诗词"译回中文,结果如下:

东风夜晚花千树,更吹,星雨。宝马汽车香曼路,冯晓音动,余虎广转夜龙鱼舞。

蛾雪柳金缕,笑盈盈淡淡的清香去。找到他千百度,突然回头看,那个人是,昏暗的灯光。

还能找到原词的感觉吗?其实,机器翻译已经取得了很大的成就。这个例子只是想告诉你,与人类一样,任何翻译者都有其应用场合和一定的局限性。相对来说,对于符合当代语法的现代文,机器翻译还是较为准确的。但让它去翻译古诗词甚至甲骨文,显然是一种刁难。

机器翻译虽然在自然语言方面有所限制,在程序设计领域却如鱼得水、大放异彩。可以说,没有机器翻译,就不可能有计算机技术的飞速发展。机器翻译在计算机科学领域功不可没。计算机领域的机器翻译被称为编译系统。有了机器翻译,人们可以用自己喜欢和熟悉的语言进行沟通。没有了沟通障碍,人类就可以合作写出功能强大的程序。例如,战胜国际象棋大师的深蓝,突破围棋魔咒、反超人类的 AlphaGo 等。

5.1.2 编译系统

自从高级程序设计语言发明一来,程序员已经逐渐远离机器,只管用自己熟悉的高级语言编写程序。当然,机器也不用理会人类的感受,依旧用自己的低级语言做事。

之所以机器和人类可以独立发展(机器不管人类的感受,大力发展硬件,做事越来越高效;人类不管机器是否理解,大力发展程序设计语言,编程也越来越容易),得益于编译系统。

现在,大多数程序员在进行程序设计时使用的是 IDE 工具。在 IDE 开发环境,在编写程序源代码后,很多程序员都只是单击运行按钮,编译系统自动在后台运行,对源代码进行翻译,有错报错,无错生成机器代码。程序员甚至经常忘记编译系统的存在。

IDE 是 integrated development environment 的缩写,即集成开发环境。IDE 是应用程序,通常包括源代码编辑器、编译器、调试器和图形用户界面等工具,集成了源代码编写与分析、编译与链接、调试等功能于一体。例如,微软的 Visual Studio、Borland 的 C++Builder 和 Delphi、基于 Java 的可扩展开发平台 Eclipse 等系列工具。

在 IDE 中,最核心的就是机器翻译,也就是编译系统或编译器。通常来说,语言包括语音、词汇、语法、语义等,一篇文章的翻译涉及词汇、语法、语义等。所以,编译器一般包括若干阶段,分阶段进行完成翻译,如图 5.1 所示。

在自然语言领域,机器翻译的输入是人们用某种语言撰写的文章,输出是用另一种语言表示的文章。在翻译过程中,文章可分解为段落,段落可分解为语句,语句可分解为短语,短语可分解为单词,这就是词法分析。例如,要翻译"I love you.",首先在词法分析阶段就要识别出

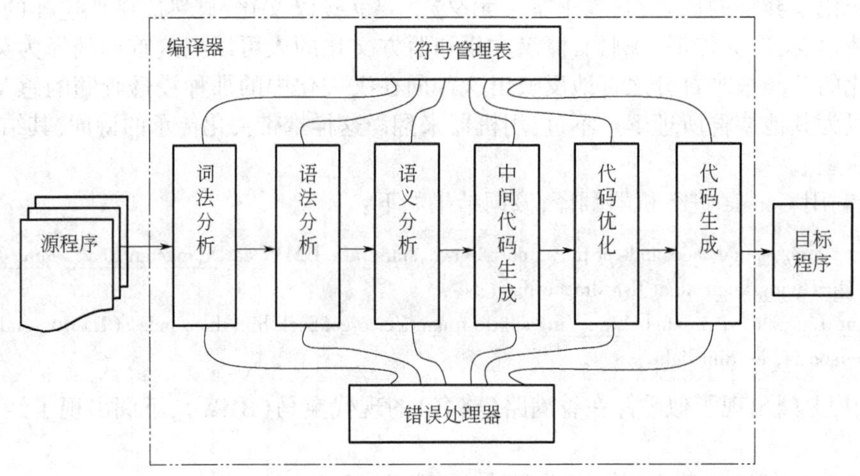

图 5.1　编译阶段

句子中的单词 I、love、you 等，在语法分析阶段再分析句子的语法结构，如 I 是主语、love 是谓语、you 是宾语，主谓宾齐全，符合英语语法。然后在语义分析阶段根据句子的含义进行初步分析、在中间代码生成阶段用某种中间语言或通用语言表示结果、在代码优化阶段对译文进行修饰，最后在代码生成阶段写出最后的译文。每个阶段都会将输入从一种表示转换成另一种表示。

对应到程序设计语言，程序就相当于文章，过程类似于段落，语句还是语句，表达式可理解为短语，关键字、运算符、变量、常量等就是单词。由此可见，程序的翻译和自然语言的翻译之间的相似性。编译器的输入是程序员编写的源代码程序，输出是机器能识别的目标代码程序。只不过程序设计语言中的语句更为规范且相对较少，仅有数据的表示、存储、传输、运算，以及运算流程控制等，使得程序编译器相对自然语言翻译更易于实现。

对编译系统的翻译过程有清晰的了解，对理解底层机器工作原理、高端语言编程范式，以及提高调试效率、排错纠错等都有很大的帮助作用。

5.2 编译与链接

当代程序员主要使用功能强大的 IDE。有的只会使用 IDE 进行编程，很少关注程序的编译和链接过程。一旦出现错误，甚至分不清是编译错误还是链接问题。理解编译和链接的过程，对编写和调试程序有很大的帮助作用。对使用 GCC 进行 C 编程的程序员来说，有必要大致了解 GCC 的编译过程。这对编写 C 语言程序、加深对 C 语言的理解也很重要。

5.2.1 GCC 的编译过程

在 GCC 编译系统中，把用 C 语言编写的源程序编译为最终可运行的目标程序，包括预处理(pre-processing)、编译(compiling)、汇编(assembling)、链接(linking)等四个步骤，如图 5.2 所示。

在用 GCC 进行编译的过程中，由 cpp 预处理器完成源程序的预处理，由 cc1 编译器将源代码编译为汇编代码，由 as 汇编器将汇编代码转换为机器代码，最后用 ld 链接器将机器代码和用到的程序库中的代码链接为可执行的目标程序。

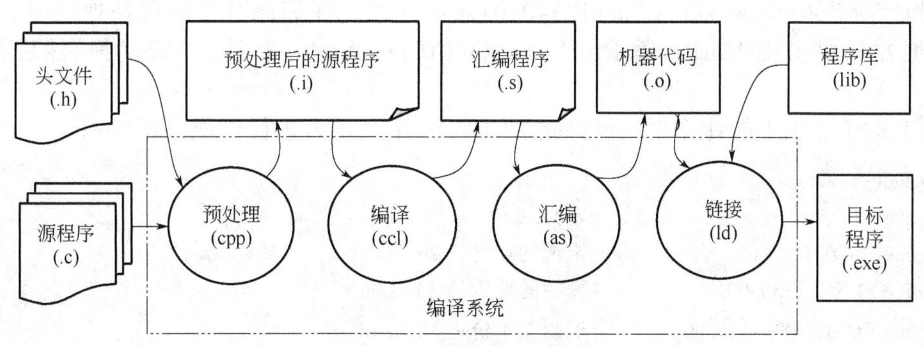

图 5.2　GCC 编译过程

默认情况下,编译过程并不会保存中间结果。例如,要编译 test. c,可以用:

```
gcc test. c-o test
```

进行一站式编译,生成 test. exe 文件。

也可以分别用 E、S、c、O 等参数进行分步编译,例如:

用 gcc-**E** test. c-o test. i 生成完整的源程序文件 test. i;

用 gcc-**S** test. i-o test. s 生成汇编语言源程序文件 test. s;

用 gcc-**c** test. s-o test. o 生成机器语言目标程序文件 test. o;

用 gcc-**O** test. o-o test 生成可执行目标程序文件 test. exe;

可用用记事本等软件打开 test. i 和 tets. s 等文件,查看生成结果。

也可以用 save-temps 参数生成并保存所有的中间文件,例如:

```
gcc-save-temps test. c
```

这条命令可一次性生成预处理结果 test. i、编译结果 test. s、汇编结果 test. o,以及连接生成的可运行结果 a. exe。

另外,用 v 或-verbose 参数可以查看编译过程信息,例如:

```
gcc-v test. c 或 gcc--verbose test. c
```

一个有一定规模的软件通常会包含若干文件。文件之间可能相互引用或共用一些资源。一名合格的程序员,除了能自己编写程序,还要能对多个文件或资源进行组织,也可以设计出为他人共用的程序。在高级语言中,通常都会提供相应的指令对相关程序进行组织、设置共享资源或参数等。这类指令在 C 语言中称为预处理指令,常见的有文件引用#include、宏定义#define、条件编译#ifdef …#endif 等。这些指令是双刃剑,运用得当能极大地提高开发效率。在把程序提交给编译系统处理之前,如果文件组织不当,不仅会拖编译系统的后腿,还会出现严重的错误。下面通过预处理指令的工作机制来了解可能存在的问题,以引起对文件组织的重视。

5.2.2　无参数的宏定义

无参数宏定义的一般形式为:

```
#define 标识符　字符串
```

其中,#表示这是一条预处理指令,define 是宏定义关键字,标识符是定义的宏名,字符串是常数、表达式或格式串等。例如:

```
#define Mingle abc12340101@ # $ %
```

它指定标识符 Mingle 代表“abc12340101@ # $ %”。在编译系统进行预处理时，源代码中任何地方只要出现 Mingle，就会用“abc12340101@ # $ %”替换，即宏代换，然后再进行编译。

例如，对于 1.1.1 的计算水池走道成本的程序，用 C 语言进行整理，代码如下：

```
#include<stdio.h>
#define PI   3.14                    /*定义 pi 值*/
#define WIDTH   2.00                 /*走道的宽度是 2m*/
#define FENCE   30.00                /*栅栏的单价是 30 元/m*/
#define CONCRETE   10.00             /*混凝土单价是 10 元/m2*/
int main()
{
    double radius,area,perimeter,cost,temp;
    printf("请输入半径:");
    scanf("%Lf",&radius);
    /*计算环形走道的面积*/
    area=PI*((radius+WIDTH)*(radius+WIDTH)-radius*radius);
    /*计算栅栏的长度*/
    perimeter=2.00*PI*(radius+WIDTH);
    /*计算成本*/
    cost=area*CONCRETE+perimeter*FENCE;
    printf("预算是%Lf.\n",temp);
}
```

用预处理命令生成预处理结果 cost.i：

```
gcc-E cost.c-o cost.i
```

打开预处理结果文件 cost.i，略去前面与 stdio.h 相关的部分，后面部分代码如下：

```
int main()
{
    double radius,area,perimeter,cost,temp;
    printf("请输入半径:");
    scanf("%Lf",&radius);
    area=3.14*((radius+2.00)*(radius+2.00)-radius*radius);
    perimeter=2.00*3.14*(radius+2.00);
    cost=area*10.00+perimeter*30.00;
    printf("预算是%Lf.\n",temp);
}
```

由此可见，预处理器 cpp 生成的源代码，所有宏定义都消失不见了，原代码中出现的 PI、WIDTH、FENCE、CONCRETE 等标识符被替换成了各自对应的字符串。

宏定义中出现的 3.14、2.00、30.00、10.00 不能当浮点数理解。它们只是像前面例子中的“abc12340101@ # $ %”一样，在预处理器“眼”里，是一串毫无意义的东西。在编译时，预处理器会原封不动地将它们“还原”在其对应的标识符所出现的位置。换句话说，预处理器不会去判断它是变量、常量、表达式还是什么有意义的东西，它只负责替换，所以它没法发现其中可能存在的语法错误。

5.2.3　带参数的宏定义

C 语言允许宏带有参数。宏定义带的参数称为形参，使用宏时的参数称为实参。带参数的宏定义的一般形式为：

```
#define 标识符(形参列表)字符串[(形参)…[(形参)]]
```

视频 5.1　关于宏定义的理解

在定义带参数的宏定义时要特别小心，否则很容易出错。例如：

```
#define Square(x)(x * x)
```

这条指令定义了带参数 x 的宏 Square，目的是求 x 的平方。

假如在主函数中按如下方式使用宏 Square：

```
int i=5;
printf("The square of %d is %d\n",i,Square(i+3));
```

显然是想求 i+3 的平方，结果应该是 64。但你去运行，结果却是 23。这是为什么呢？

上面使用宏 Square 的语句，经预处理器替换后，结果如下：

```
int i=5;
printf("The square of %d is %d\n",i,(i+3 * i+3));
```

也就是说，在用实参 i+3 替换形参 x 时，x * x 其实被替换成了 i+3 * i+3。运行结果显然是 23。

因此，正确的带参数宏定义是将字符串中的参数括起，即：

```
#define Square(x) ((x) * (x))
```

就可以解决问题。

下面再来看一个多参数的例子：

```
#define Addr(arr,size,idx)((char * )arr+idx * size)
```

这个宏 Addr 带了三个参数：数组 arr、数组元素的数据类型所占字节数 size、数组下标 idx。字符串((char *)arr+idx * size)在预处理器看来没什么意义，但在设计师那里总是有含义的。这里的意思是求下标为 idx 的元素在数组空间的起始地址。

带多个参数的宏的使用和带单个参数的使用方式一样，用实参去替换字符串中的形参即可。例如：

```
Addr(myArray,sizeof(int),position);
```

目的是计算 myArray 数组位于 position 的元素的起始地址。

预处理器按((char *)**arr+idx * size**)进行宏代换，变为如下的语句：

```
((char * )myArray+position * sizeof(int));
```

#define 还可以与#ifdef…#endif 等条件编译指令配合，以控制代码块是否编译，或避免同一个文件被引用多次。例如，对于上面使用宏 Square 的语句：

```
printf("The square of %d is %d\n",i,Square(i+3));
```

可以添加条件编译指令，如下：

```
inti=5;
#ifdef Square
    printf("The square of %d is %d\n",i,Square(i+3));
#endif
```

因为前面有 Square 这个宏定义，所以预处理器会生成如下两行代码：

```
int i=5;
printf("The square of %d is %d\n",i,((i+3)*(i+3)));
```

如果把前面定义 Square 的语句注释或删除掉，预处理器只会生成一行代码：

```
int i=5;
```

视频 5.2 关于文件引用的问题

5.2.4 文件引用中的问题

C 语言程序员频繁使用的预处理指令无疑是#include。当然，引用最多的一定是 stdio. h。要输入数据，可使用 scanf 函数；要输出结果，可使用 printf 函数。这两个函数我们自己没实现，用的是别人编写的程序。要让编译器“知道”这两个函数在哪里，就得在自己的源代码文件中指出来。众所周知，这两个函数的原型在 stdio. h。所以，在源文件中，不得不写出如下这条指令：

```
#include <stdio.h>
```

其中，尖括号<>代表系统文件，表示到 GCC 系统目录查找，<stdio. h>表示在编译系统的指定位置搜索 stdio. h 文件。如果是用户自己的文件或被引用的文件与去引用的文件在同一个目录下，可用双引号""。""代表用户的文件。

文件的引用过程是递归的，即被引用的文件还可能引用其他文件。所以应该用条件编译指令对被引用文件加以限制。预处理器遇到#include 指令，就会到相应位置查找它所指定的文件。找到后将其内容插入到这条#include 指令所在的位置。

现在来研究几个文件的引用问题。假设有如下程序：

```
#include<stdio.h>              // 由于使用了 printf，所以要引用 stdio.h
#include<stdlib.h>             // 由于使用了 malloc 和 free，所以要引用 stdlib.h
#include<assert.h>             // 由于使用了 assert，所以要引用 assert.h
int main()
{
    void * p=malloc(500);      // 申请 500 字节空间
    assert(p! =NULL);          // 如果没申请成功，退出程序
    int i=10;
    printf("It's age is %d ! \n",i);
    free(p);                   // 释放刚申请的 500 字节空间
    return 0;
}
```

这个程序可通过编译，运行正常。现在的问题是，如果逐行注释掉三条文件引用指令，是否还能通过编译并正常运行？先注释第一行，用 gcc 进行编译，出现如图 5.3 所示警告信息。说明出现通过了编译，且能正常运行。现在恢复第一行，注释第二行，用 gcc 进行编译，出现如图 5.4 所示警告信息。依然通过了编译，且运行正常。

一般来说，由于没有引用 stdio. h 或 stdlib. h，预处理器就不可能把该文件的内容插入到源程序中，也就是没有 printf、malloc、free 等函数的原型。编译器在遇到它们时，由于不“认识”，只能报错。

gcc 编译器当然也会发现同样的问题，但它并没有停下来。它发布一个警告信息后继续去推测这个函数调用。一旦在系统库找到其相应原型，就会继续生成. o 文件，不会报错。如

果找不到对应原型呢？它显然也只能报错。

```
D:\GCC\bin>gcc compile.c
compile.c: In function 'main':
compile.c:9:5: warning: implicit declaration of function 'printf'
 [-Wimplicit-function-declaration]
     printf("It' s age is %d !\n",i);

compile.c:9:5: warning: incompatible implicit declaration of buil
t-in function 'printf'
compile.c:9:5: note: include '<stdio.h>' or provide a declaration
 of 'printf'

D:\GCC\bin>
```

图 5.3　注释#include<stdio. h>后的编译信息

```
D:\GCC\bin>gcc compile.c
compile.c: In function 'main':
compile.c:6:15: warning: implicit declaration of function 'malloc
' [-Wimplicit-function-declaration]
     void* p = malloc( 500 );   //申请500字节空间

compile.c:6:15: warning: incompatible implicit declaration of bui
lt-in function 'malloc'
compile.c:6:15: note: include '<stdlib.h>' or provide a declarati
on of 'malloc'
compile.c:10:5: warning: implicit declaration of function 'free'
[-Wimplicit-function-declaration]
     free( p );                //释放刚申请的500字节空间

compile.c:10:5: warning: incompatible implicit declaration of bui
lt-in function 'free'
compile.c:10:5: note: include '<stdlib.h>' or provide a declarati
on of 'free'

D:\GCC\bin>a
It' s age is 10 !
```

图 5.4　注释#include<stdlib. h>后的编译信息

下面来看看这种情况。假设主函数代码如下：

```
int i=97;
int len=strlen((char * )&i,i);
printf("The length of i is %d\n",len);
```

对这个函数进行编译。编译器遇到 strlen，到系统库找原型，没找到(string. h 中定义的 strlen 函数只有一个参数，这里是 2 个参数)，就报错了，如图 5.5 所示。

如果了解 GCC 编译器的习性，可以在主函数前面添加一个原型，如下：

```
int strlen(char * s,int n);
```

这样一来，显然是可以通过编译的，因为编译器能找到 strlen 函数原型。但按理来说，在链接阶段应该出问题。因为在链接 strlen 库函数时，该函数只有一个参数，而这里是两个参数。事实如何呢？编译和运行结果如图 5.6 所示。

可见，GCC 在链接时并没有考虑原型参数不匹配的问题。它是怎么做的呢？

先来看看栈区状态，如图 5.7 所示。主函数的活动记录占 8 字节，即 &i 和 &len 指向的部分。调用 strlen 时，给两个参数划分空间，即 SP=SP-8。

事实上，GCC 链接器确实没考虑函数形参的个数。在. o 代码中用 SP=SP-8 为参数分配空间，可以算出是多少个参数。因此，GCC 在生成. o 文件时，没有记录函数调用的参数个数。

```
D:\GCC\bin>gcc compile2.c
compile2.c: In function 'main':
compile2.c:11:15: warning: implicit declaration of function 'strl
en' [-Wimplicit-function-declaration]
     int len = strlen( (char*)&i, i);

compile2.c:11:15: warning: incompatible implicit declaration of b
uilt-in function 'strlen'
compile2.c:11:15: note: include '<string.h>' or provide a declara
tion of 'strlen'
compile2.c:11:15: error: too many arguments to function 'strlen'
compile2.c:12:5: warning: implicit declaration of function 'print
f' [-Wimplicit-function-declaration]
     printf( "The length of i is %d\n",len);

compile2.c:12:5: warning: incompatible implicit declaration of bu
ilt-in function 'printf'
compile2.c:12:5: note: include '<stdio.h>' or provide a declarati
on of 'printf'
```

图 5.5 strlen 函数无原型的编译信息

```
D:\GCC\bin>gcc compile2.c
compile2.c:6:5: warning: conflicting types for built-in function
'strlen'
 int strlen( char *s , int n);

compile2.c: In function 'main':
compile2.c:12:5: warning: implicit declaration of function 'print
f' [-Wimplicit-function-declaration]
     printf( "The length of i is %d\n",len);

compile2.c:12:5: warning: incompatible implicit declaration of bu
ilt-in function 'printf'
compile2.c:12:5: note: include '<stdio.h>' or provide a declarati
on of 'printf'

D:\GCC\bin>a
The length of i is 1
```

图 5.6 为 strlen 函数添加原型后的编译信息

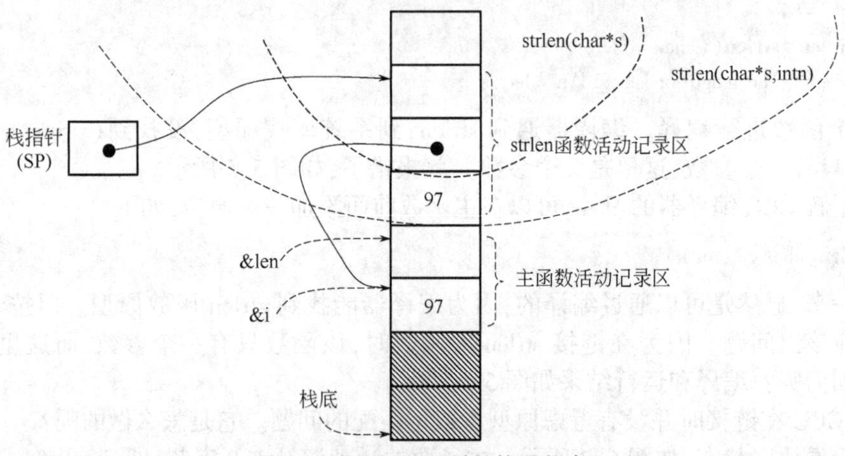

图 5.7 调用 strlen 时的栈区状态

在链接时,它只考虑符号名称,不检查形参类型。编译时,调用 strlen 时传递了两个参数,链接时用的 strlen 是 string 库中真正的函数,只有一个参数。因此,函数调用和函数签名对不上:与

strlen 相关的短虚线的上方是真实的只带一个参数的 strlen 活动记录区(这是函数签名),长虚线的上方是调用带有两个参数的 strlen 活动记录区。调用时,&i 参数指向 i,将这个空间视为 char,1 个整数变成了 4 个字符空间。真实的 strlen 只需要这个参数,统计字符个数时,其结果显然与大尾还是小尾模式有关。返回结果要么为 1,要么为 0。

现在回到注释#include 的例子。恢复第二行,注释第三行,即去掉对 assert. h 的引用,还能通过编译吗? 编译和链接信息如图 5. 8 所示,未成功生成 a. exe 文件。

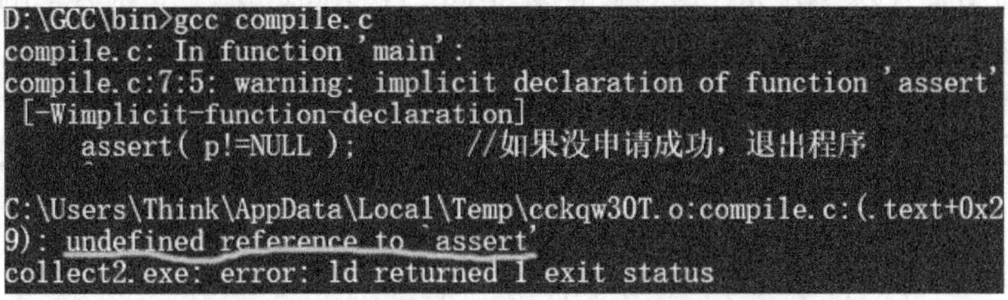

```
D:\GCC\bin>gcc compile.c
compile.c: In function 'main':
compile.c:7:5: warning: implicit declaration of function 'assert'
 [-Wimplicit-function-declaration]
     assert( p!=NULL );        //如果没申请成功，退出程序

C:\Users\Think\AppData\Local\Temp\cckqw30T.o:compile.c:(.text+0x2
9): undefined reference to `assert'
collect2.exe: error: ld returned 1 exit status
```

图 5. 8 注释#include<assert. h>后的编译信息

这里要特别注意的是,源代码中,语句

```
assert(p! =NULL);
```

中的 assert 并不是函数名,这不是函数调用语句。从 assert. h 中看,assert 是一个宏定义。如果注释掉 assert. h,预处理器就不可能找到其宏定义,没法做宏代换,也就不可能通过编译。

5.3 异象探秘

对底层进行操作,有时不通过正常渠道也能达到目的。当然,在理解了底层结构后,不管是在编译阶段还是运行阶段出现的异象,都能快速找到原因,得出结论。

本节研究早期 C 语言程序的一些奇趣异象,以进一步理解机器的本质。

5.3.1 无心插柳

视频 5.3 无心插柳

下面的 C 语言代码段定义了有 5 个元素的数组 a 和整型变量 i,并用 i 值控制循环,为数组赋初值零:

```
#include<stdio.h>
void fn(){
    int a[5];
    int i;
    for(i=4;i>-1;i--)
      a[i]=0;
}
int main(void)
{
    fn();
    return 0;
}
```

这个程序显然能正常运行。

如果一不小心把循环控制条件 i>-1 变成 i>=-1,再次运行,会是什么结果呢?看上去只是为 a[-1]赋了初值 0,会有什么问题吗?

用 GCC 编译后运行,确实出现了异象:程序进入无限循环状态!在编程时不小心,出现各种意料不到的结果在所难免。但是,这里仅多了一个"="号,程序为什么会无限循环?

了解了底层机理,就可以从那里出发寻找原因。这个程序的 fn 函数的活动记录区如图 5.9 所示。由图中可以看出,a[-1]与 i 重叠,是同一个空间。执行 fn 函数中的循环 for(i=4;i>=-1;i--),前几轮都是正常的。到最后一轮时 i=-1,显然满足条件,执行 a[-1]=0。因为 a[-1]和 i 占同一个空间,这就相当于 i=0。然后执行 i—语句,i 又变为-1。执行 i>=-1 是条件仍然成立,再次进入循环体执行 a[-1]=0,即 i=0,然后 i--,i 为-1,继续判断。就这样,i 始终在 0 和-1 之间交替变化,永远满足条件 i>=-1,退不出循环,成为无限循环。

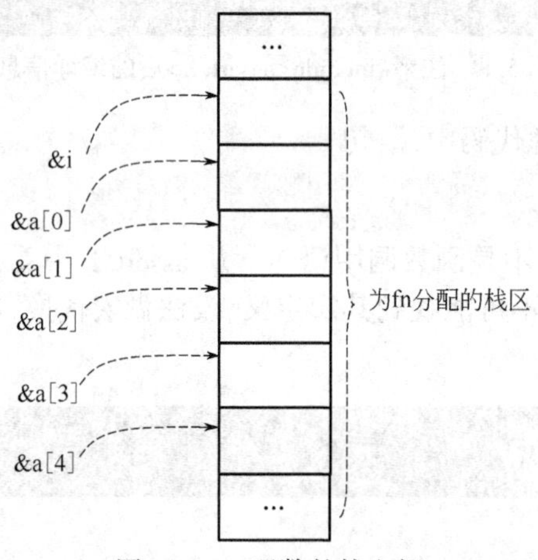

图 5.9 fn 函数的栈空间

视频 5.4 偷梁换柱

正所谓"无心插柳柳成荫",没想到一个小小的失误却引出了无限次的循环。

5.3.2 偷梁换柱

如果把 5.3.1 程序中循环初值从 4 改为 5,循环体由 a[i]=0 变成 a[i]-=4,如下:

```
#include<stdio.h>
void fn(){
    int a[5];
    int i;
    for(i=5;i>-1;i--)
        a[i]-=4;
}
int main(void)
{
    fn();
    return 0;
}
```

再次用 GCC 编译并运行,在有的平台上也可能形成无限循环。

fn 调用的正常执行流程如图 5.10 所示。在某种平台上,在调用时为 fn 分配的栈区中,a[4]下面就是断点处的下一条指令的地址。正常情况下,主函数用 CALL<fn>指令调用 fn,跳转到 fn 入口处执行,执行循环,a 数组各元素的值减 4。执行完 fn,到栈区保存断点信息的地方(此时是 a[4]元素下方的单元)取主函数中下一条要执行指令的地址,释放 fn 所占栈区,用 RET 指令跳回到主函数中紧跟 CALL<fn>的下一条指令处继续执行后面的代码,直到 main 函数执行完毕。

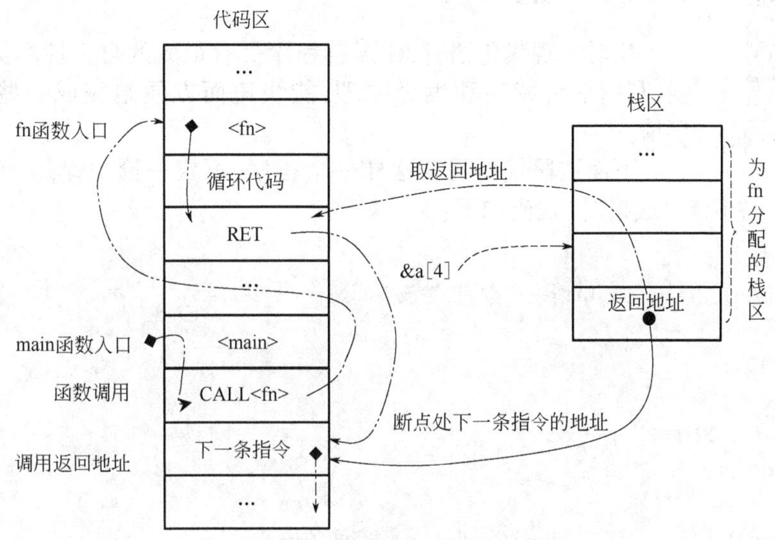

图 5.10 fn 函数调用正常返回流程

由于 a[5]恰好就是保存返回地址的地方,a[5]-=4 的执行,相当于返回地址减 4,保存的返回地址变成了上一条指令 CALL<fn>的地址。fn 的 RET 指令取回的是 CALL<fn>指令的地址,跳回函数调用处继续调用 fn,从而形成了循环调用,如图 5.11 所示。

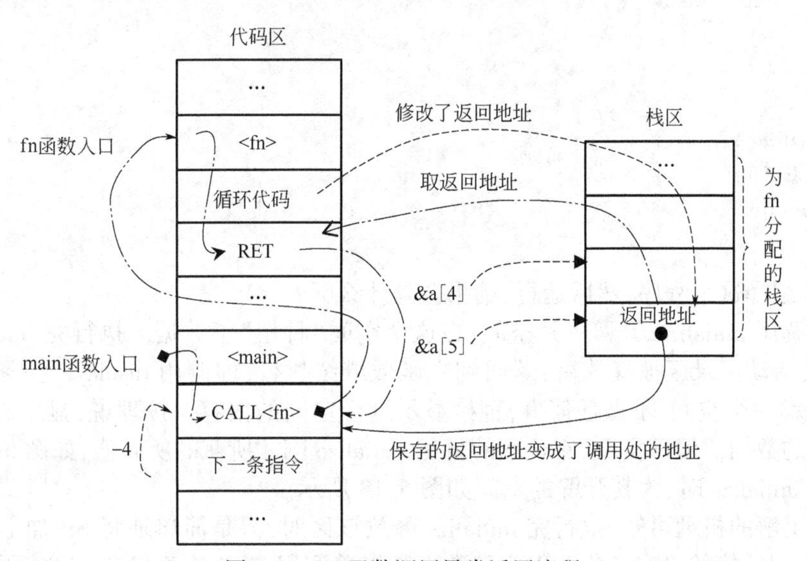

图 5.11 fn 函数调用异常返回流程

在现代化语言中,由于一般会在编译阶段提供边界检查功能,a[-1]是通不过编译的,所以不可能发生这种奇异现象。但通过对“古老”语言进行研究和还原,可以深刻理解计算机的运行机理。以后在使用现代化语言(任何先进的语言都不可能尽善尽美)编写程序时,可以尽可能地避免一些不合理的设计(编译器也是程序员设计出来的一种应用程序)。

在运行程序时遇到一些奇怪现象也可以想想,除了逻辑思路可能不合理外,是否还与底层有关。再想想看,当你通过别人把爱的誓言传递给梦中的她/他,心仪的人却对你怒目而视时,要么是自己的誓言存在问题,要么就是第三方未能进行准确的传递。

5.3.3 顺手牵羊

视频 5.5 顺手牵羊

相对于现代化语言,C 语言程序员有很大的自主性和灵活性。有时候,利用平台特性和编译原理,能快速而方便地完成一些难以想象的事情。

下面这段代码就是这样一个程序,不费一枪一弹,一个函数顺手牵羊,取得了另一个函数“成果”。代码如下:

```
#include<stdio.h>
void initialize()            // 申请一个空间,为该空间赋值
{
    int a[12];
    int i;
    for(i=0;i<12;i++)
        a[i]=i;
}
void display()               // 申请一个空间,显示该空间的内容
{
    int a[12];
    int i;
    for(i=0;i<12;i++)
        printf("%d\n",a[i]);
}
int main(void)
{
    initialize();
    display();
    return 0;
}
```

用 GCC 编译这个程序,然后运行,结果会是什么呢?

主函数调用 initialize,开辟一片空间,在这个空间“种植”了数据。执行完 initialize,initialize 函数所占活动记录区被释放后,返回到主函数继续执行,即调用 display。主函数调用 display,再次开辟一个空间,不做任何事,直接显示这个空间的内容。按理说,显示的应该是全 0 或不可预料的数据。但事实上,它显示的就是 initialize 刚才所赋的所有值,如图 5.12 所示。

在调用 initialize 时,为其开辟的空间如图 5.13 所示。

从前面了解的机理可知,执行完 initialize 释放该区时,只是简单地将 SP 加上这个区间的大小,这个空间的值并没有变化。在主函数中紧接着调用 display,系统就在 SP 所指向的地方为 display 开辟空间。显然,display 的这块活动记录区就是刚才 initialize 的活动记录区。由于 display 没有对这个空间做任何改动,其输出的值当然是 initialize 刚赋进去的值了。

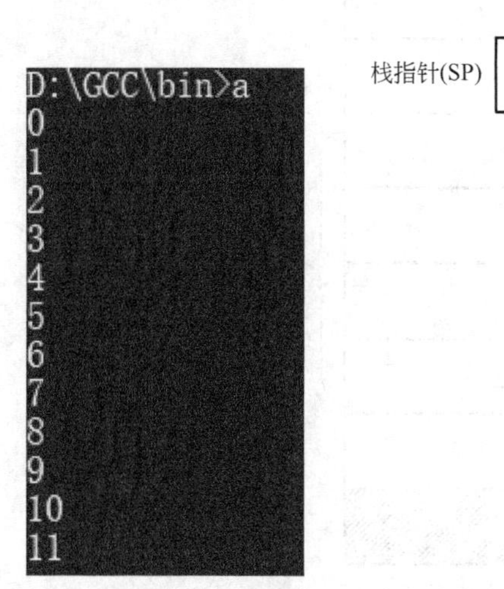

图 5.12　显示栈空间的值

栈指针(SP)
11
...
2
1
0
&i
&a
initialize函数活动记录区
栈底

图 5.13　调用 initialize 函数时的栈空间

利用这种机制实现数据共享(类似全局变量的能力),显然可以减少编程量,加快程序运行的速度。这在设备资源极其有限的早期是一个小技巧,但并不鼓励这么做。当然,在学习计算机组成原理或操作系统机理等情况下,体验一下这些技巧还是蛮有意思的。

5.3.4　printf 探秘

视频 5.6　printf 探秘

作为 C 语言程序的“标志”之一,无疑是经常出现在第一行(至少位于前几行)的 stdio.h 文件引用:

```
#include<stdio.h>
```

C 语言程序员最不陌生的应该是这个头文件中定义的 printf 函数了,但是能知道这个函数实现机理的人却比较少。printf 函数的功能非常强大。调用 printf 时,可以只传输一个参数,也能够传入多个参数。现代程序员的第一感觉是用函数重载这样的机制实现的 printf,但其实不是。它在 stdio.h 中的定义大致如下:

```
int printf (const char * __format,...)
```

这是一个非常“奇怪”的定义,原型不像原型,宏不像宏。它的第一个参数是固定的,是一个字符串指针。但其后的参数用的是“…”,表示后续可有若干参数。用“…”表示参数显然不符合函数原型的规定,更不可能是函数重载。

下面以输出“1+1=2”来看看 printf 内部到底是怎么实现的,以进一步了编译和运行机理。printf 函数调用语句如下:

```
printf("%d+%d=%d",1,1,2);
```

调用 printf 时,其活动记录大致如图 5.14 所示。

在为 printf 的参数分配栈空间时,最右边的 2 先入栈,从右到左依次将 1、1 和指向格式串"%d+%d=%d"的指针压入栈区。在解析格式串时,从左向右进行。遇到非格式串,原样输出;遇到格式符,按先进后出的原则依次取出栈区对应的值输出。例如,解析格式串"%d+%d=%d",遇到第一个%d,弹出第一个 1;遇到第二个%d,弹出第二个 1;遇到第三个%d,弹出值 2。因此,最终输出 1+1=2。

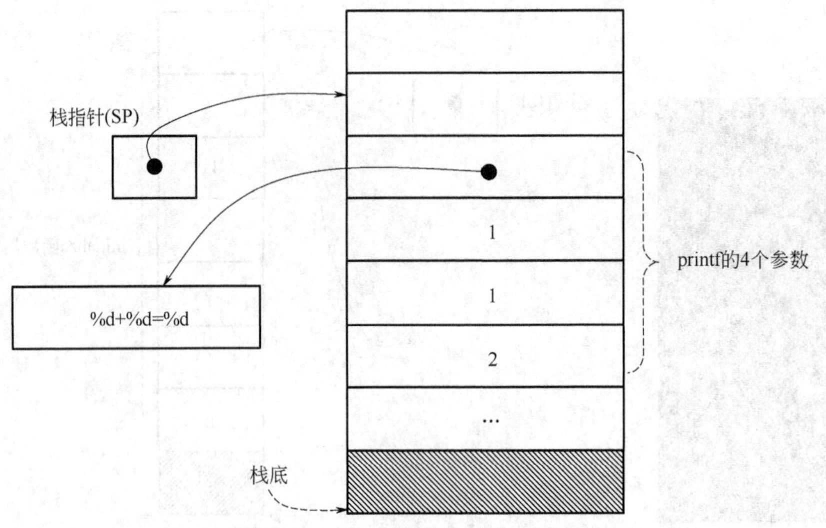

图 5.14　printf 的活动记录区示意

C 函数库其实还有许多非常有趣的东西等着你去探秘。在这个过程中，既可以体验探源的乐趣，也可以积累许多编程技巧。探明知识源端，理清底层结构，就会底气十足，把握住程序设计方法学的发展脉络，满怀信心地向高端挺进，迈向程序设计的“现代文明”。

习题五

1. 用 GCC 编译并运行下面这个程序，并分析其运行结果。

```
int main()
{
    int i=36;
    int x=memcmp(&i);
    if(! x)
        printf("equal\n");
    else if(x<0)
        printf("less\n");
    else
        printf("greater\n");
}
```

注意，实际 memcmp 的函数原型需要三个参数，如下：

```
int memcmp(void * p1,void * p2,int size);
```

2. 用 GCC 编译并运行下面这个程序，并分析其运行结果。

```
#include<stdio.h>
void fn()
{
    int i;
    short a[4];
    for(i=0;i<=7;i++)
    {
```

```
            printf("%d--",i);
            a[i]=0;
            printf("%d\n",i);
        }
    }
    int main(void)
    {
        fn();
        return 0;
    }
```

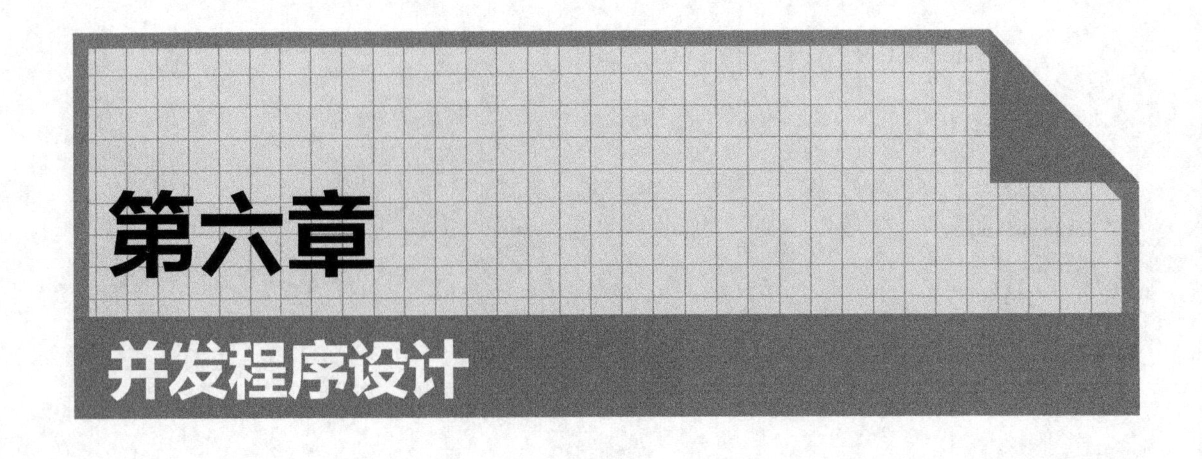

第六章 并发程序设计

6.1 进入铁轨的火车

程序与进程既有联系,也有区别。进程是运行的程序。程序是静态的,进程是动态的;程序驻扎在磁盘,进程奉调入内存;程序可长生不老,进程要生老病死;程序有并发设计,进程有线程协同。本节用形象的生活概念解析相关术语,以明白进程之心,清楚线程之情。

视频 6.1　进程与线程

6.1.1　进程

对于图 6.1 所示的画面我们不会陌生。童年时独自玩过,长大后一起乘过。与生活息息相关的火车,与程序有什么关系？车站、站台、火车、铁轨、旅行、信号灯等,这些熟悉的东西,能够帮助我们形象地理解计算机操作系统中与程序设计密切相关的抽象概念和术语。

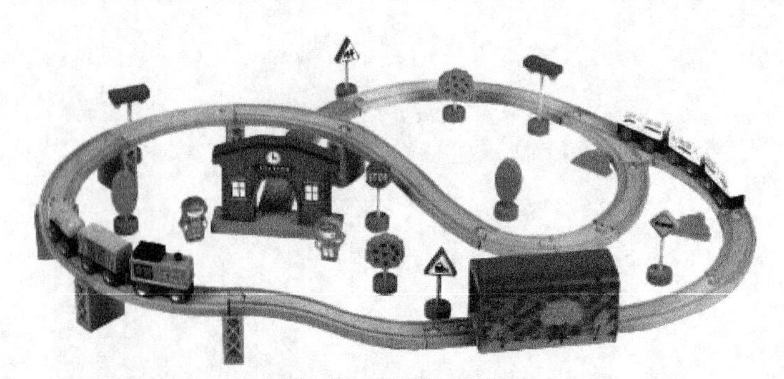

图 6.1　生活与工作

用程序设计语言编写的程序称为源程序。源程序经编译链接后生产的机器代码称为目标程序。程序一般以文件的形式存储在磁盘上,只要不去“动”,它总是非常“安静”地待在那里“不动”。一个个程序就如静静地停在车站的一列列火车,已整装待发。

执行程序,就像启动火车由静而动地驶入铁轨那般,进入内存空间开始运行。车站里的列车是静态的,运行中的列车是动态的。火车一列列驶出站台,展开的是一次次的旅程。火车行进的路程,就是前进的过程,可以简称进程。

在机器世界,磁盘像车站,内存似铁轨。因此,磁盘里的程序是静态的,运行中的程序是动态的。程序一个个调出磁盘,展开的是一次次的计算。程序行进的路程,也是前进的过程,称为进程。

所以,程序和进程既有联系,也有区别。进程是运行的程序,占用存储空间,有生命周期。一个程序就是一份计划或安排,一个进程就是一个计划或安排的一次具体实施。生活中,食谱、琴谱、公文就是程序,如图 6.2 所示。如果程序是公文,进程就是文件的落实;如果程序是食谱,进程就是厨师按食谱进行烹饪;如果程序是琴谱,进程就是琴师照琴谱进行弹奏。

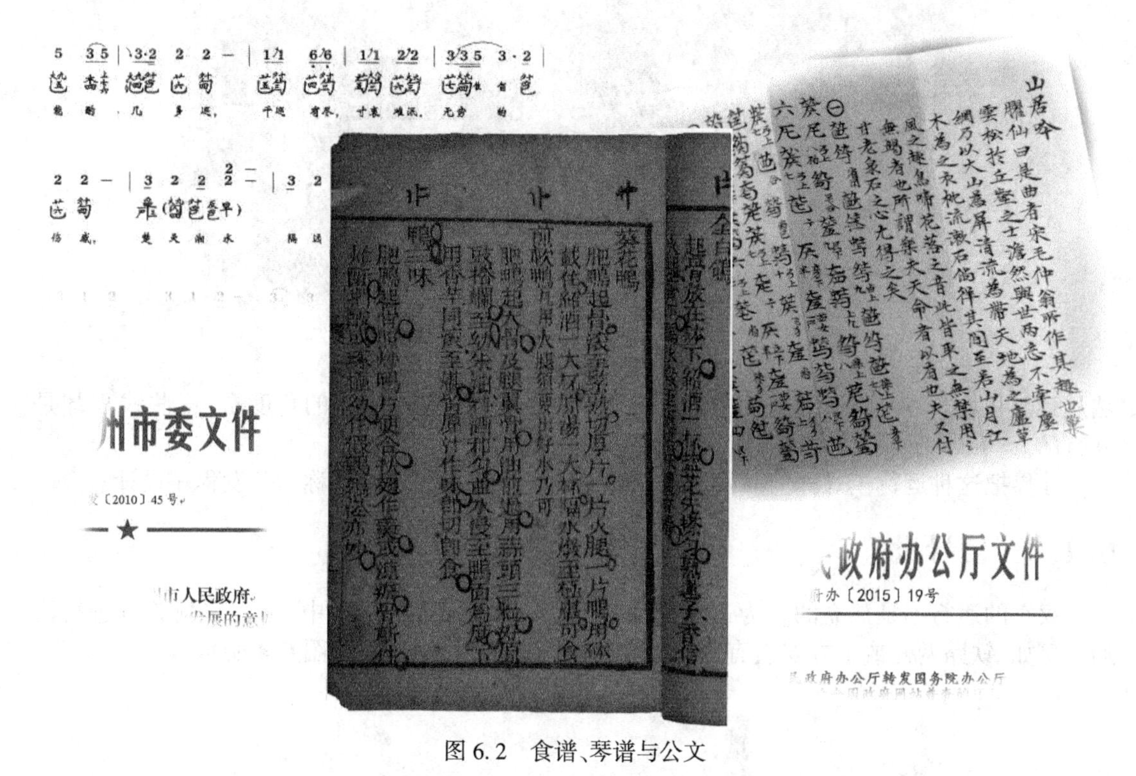

图 6.2 食谱、琴谱与公文

6.1.2 线程

一个进程可以进一步细分。

行进的列车中,司机、乘警、餐车厨师、车厢服务员,按章办事,多级协同,分头工作:司机开车、乘警治安、厨师烹调、服务员清洁,各司其职;餐车供一次餐,洗涤切剁、煎炸炖炒,井井有条,如图 6.3 所示。

这些细分的工作流程在程序设计领域称为线程。一个进程可以创建多个线程,各线程协同工作,共同完成进程的任务。程序员编写源代码交给编译器,生成机器代码程序;用户运行程序,操作系统会自动为程序创建进程。一个进程一般有一个主线程。要使得进程可以建立多个线程并协同工作,需要程序员进行多线程程序设计。

计算机有 CPU、RAM、I/O 设备等资源可以共享。其中,RAM 较大便于分配,CPU 和 I/O 设备却极其有限,经常被抢占。好在 CPU 计算速度极快,一个线程占用 CPU 时,其他线程可以等待或进行 I/O 传输。在单 CPU 的情况下,这些线程是不可能并行使用 CPU 的,只能轮流使用。但是,从进程创建到结束,这些线程实际上已经“同时”运行起来了。因此,虽

图 6.3　一列行进中的列车

然从计算机内部执行的角度看，这些线程是串行的，从进行或用户的角度看，这些线程却是并行的。

业界把这种运行模式称为并发模式，相应地，把多线程程序设计称为并发程序设计。

6.1.3　信号量

火车的运行不是孤立的。为避免交通事故，火车在行进的过程中，需要与相关方进行沟通。例如，铁路两侧或上方安装有用于火车运行指挥的信号机等，如图 6.4 所示。

图 6.4　信号灯

铁路线上,两列火车相向而行,在通过一段只有一条铁轨的线路时,有信号灯指挥,同一时刻只能有一列通过,另一列等待。十字路口,红灯停绿灯行,车来人往,攘攘熙熙,却秩序井然。铁路线上那一段线路是列车竞争的资源,十字路口处那两条道路是人车竞争的资源。计算机是现实世界的映射,资源竞争在所难免。与生活中一样,用信号灯可以很方便地解决进程之间竞争资源的问题。

在内存中同时运行的当然不止一个进程,有系统服务进程,也有用户使用的应用进程。系统进程与应用进程在相对独立的内存空间运行,一般不会发生什么冲突。但应用进程与其他应用进程之间占用的空间相对来说比较近。有的进程甚至还共享有存储区以进行数据交换等。在这些进程之间同样需要一些机制来进行约束。其中一种约束机制就是用于控制进程间抢占资源的信号灯或信号量。

例如,如果只有一台打印机,就必须约束需要打印资料的进程。一个进程使用打印机,其他进程就只能等待。这时可以设置一个共享变量(就是信号量),初值为1。当打印机被占用时,变量减1,变为0,其他进程就不能打印了。如果要解决打印排队问题,可以设计一个队列结构,用来记录需要打印的进程信息。

当然,一个进程内部关系密切的多个线程之间同样面临进程之间遇到的问题。较为经典的有生产消费问题、读写问题、哲学家用餐问题等。用信号量可以较为方便地解决这些问题。后面几节将用信号量等技术解决这些经典问题。

6.2 怎样出售机票

现在,在互联网上购买机票非常方便。不过,开发飞机售票系统却不是一个简单的事情,要考虑的事情很多。姑且不论顾客分析、折扣策略等复杂需求的实现,即使是简单的航班剩余机位数,也不是简单的加(订票)减(退票)问题。例如,某航班只剩下最后一张机票,剩余机位数为1。如果有3个售票点同时售出这张机票,显然机位数是不够的,且剩余机位数会出现负数的情况。这就是机票资源争抢问题。那么该如何解决这样的问题呢?这显然是一个多线程设计问题(每个售票点的售票流程就是一个线程)。本节以一个飞机售票系统为例,从简单实现到解决机票资源争抢问题,逐步引入多线程程序设计技术。

6.2.1 串行式销售模式

视频6.2 串行式销售模式

串行式销售模式是把任务分派给各销售点,销售点一个接着一个地售票,即一个销售点完成销售任务后,下一个销售点再接着售票。依次销售,直到售完所有的票。

例如,某艺术家按计划先在北京,再去上海,最后到广州等巡回演出。每个城市计划售出一定数量的门票。由于人力有限,只能顺序售票,即先在北京售票,售完后再去上海售票,售完后再去广州售票,如图6.5所示。

设计的程序流程如图6.6所示。

相应实现代码如下:

```
int main()            // 主函数
{
    int n=3;          // 售票点总数
```

```
    int x=12;// 总票数
    for(int i=1;i<=n;i++)// 3 个售票点按序售票
    {
        sell(i,x/n);// 第 i 个售票点售票,分摊销售 4 张票
    }
}
void sell(int p,int num)// 销售函数:p 是售票点,num 是售票点总票数
{
    while(num>0)
    {
        printf("售票点#%d 售出 1 张票。\n",p);
        num--;
    }
    printf("售票点#%d 售罄。\n",p);
}
```

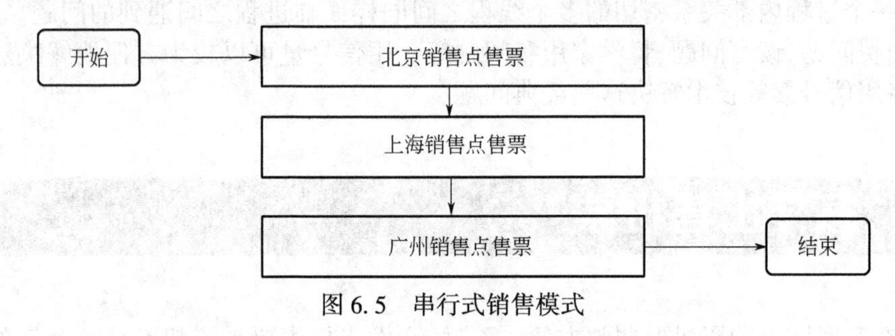

图 6.5 串行式销售模式

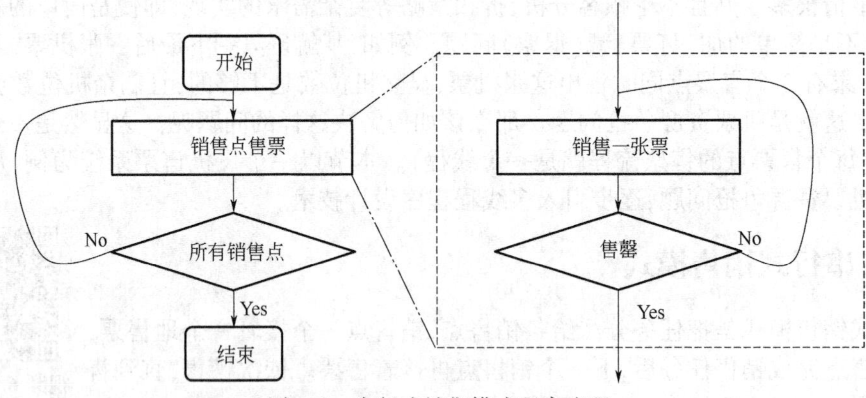

图 6.6 串行式销售模式程序流程

编译并运行这个程序,结果如图 6.7 所示。

这个程序安排所有售票点按顺序售票。一个售票点完成销售任务后,下一个售票点才能售票。当所有销售点的任务完成后,总的销售任务结束。为与后面改进的程序进行对比分析,该程序的需求和实现都极尽简化。这里之所以显示其运行结果,也是为了与后面改进后的程序运行结果进行直观的比较。

这个程序虽然简单,但却是一个很好的起点。下面以此设计为基础,进行改良,逐步解决机票资源竞争问题,最终模拟出现实生活中实际的飞机售票过程。

图 6.7　串行式售票程序运行结果

6.2.2　并行式销售模式

视频 6.3　并行式销售模式

串行式销售模式的思路比较适合某些时间不固定的情况,例如有些只有在满员后才发车的班车。但是在大多数情况下,串行销售模式都会引起排在后面的销售点的不满,效率也不高。所以,一种可以想到的改进办法是打乱各销售点的顺序,即把任务分派完后,大家自己独立销售。这就是并行销售模式,如图 6.8 所示。

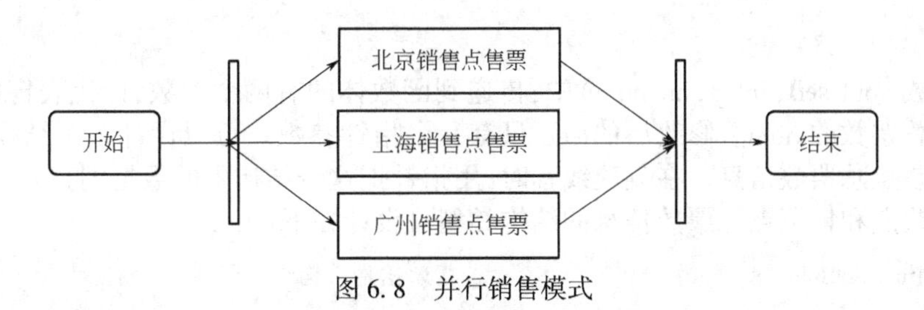

图 6.8　并行销售模式

在串行式销售程序的基础上进行改良,主要要解决的就是售票的随机性。顾客来买票是随机的,顾客买票过程所用的时长也是随机的。由于 CPU 有限(一般只有一个),哪个售票点先卖一张票(占用 CPU),哪个售票点后卖一张票,这是随机的。假如一个售票点开始卖一张票(占用 CPU),何时完成这张票的售票也是未知的(提前没法确定这次占用 CPU 多长时间)。因此,要模拟真实的售票过程,还需要一些技术进行辅助。

在现实生活中,出售一张票期间,顾客要付款,销售点要找零钱、把票给顾客等。这些时间都是随机的。函数代码需要 CPU 来执行。在售票过程中,CPU 主要要做的是计算剩余票数。至于售票点与顾客的交互过程则不需要 CPU 来"操心"。这段时间,CPU 可以去执行其他销售点的售票代码。因此,售票点与顾客的交互过程可以用 sleep 或 usleep 函数来模拟,即让函数休眠一段时间。至于休眠多长时间,可用 srand 和 rand 生成的随机数来决定。例如,用"rand( )%120"可生成 0 至 129 之间的随机数。

当然,最关键的是如何模拟各售票点的随机售票情况。我们知道,售票点虽然不同,但其售票过程(sell 函数)则是一样的。那么如何才能让系统随机调用 sell 函数呢?

C 语言的函数库 pthread 提供的函数可以帮助我们实现对函数的随机调用。利用其中的 pthread_create 可以把普通函数变成线程，实现普通函数的随机调用。例如：

```
pthread_create(&a,NULL,sell,p);
```

这条语句就把 sell 函数变成了一个线程。其中，p 是传递给 sell 的参数，NULL 表示默认优先级，a 是该线程的名字。线程的名字要像声明普通变量那样事先声明，例如：

```
pthread_ta=0;                                    // 定义线程 a
pthread_create 函数创建线程后就开始运行相关 sell,运行结束退出线程。
```

另一个常用的是 pthread_join。它可以挂起当前线程，一般用于阻塞式地等待线程结束，如果线程已结束则立即返回。例如：

```
pthread_join(a,NULL);
```

现在要做的就是按照 pthread_create 的函数原型对 sell 进行改良：

```
pthread_create 的函数原型如下：
intpthread_create(
pthread_t * tid,                               // 所创建线程的名字
pthread_attr_t * attr,                         // 设定线程的属性
void * ( * fun)(void),                         // 普通函数
void * arg                                     // 传递给线程的参数
);
```

可见，这几个参数都是指针，第三个参数和第四个参数都是指向 void 的指针，用的是第三章提到的通用函数设计机制。

基于第三个参数的形式 void * (* fun)(void)，sell 函数原型可修改如下：

```
void * sell(void * v);
```

在原函数 void **sell**(int p,int num)中，传递到函数体的有两个参数，即代表售票点的 p 和代表售票点总票数的 num。修改后的 sell 只有一个指针参数。可以设计一个结构类型，包含售票点和售票点总票数信息。在创建线程时，用指针把这个结构中的数据“打包”传递过去。

包含售票点和售票点总票数信息的结构类型可设计如下：

```
typedef struct SellInfo                       // 售票信息结构
{
  int id;                                     // 销售点
  int num;                                    // 销售点总票数
}sellInfo;
```

做好了这些准备工作，下面来改写 sell 函数，代码如下：

```
void * sell(void * v)                        // 参数 v 指向包含有销售点和销售点总售票数的信息
{
sellInfo * p=(struct SellInfo * )v;          // 把数据转换为销售信息结构类型
while(p->num>0)                              // 可售票数大于 0
{
        printf("售票点#%d 售出 1 张票。\n",p->id);   // 显示谁卖的
        p->num--;                            // 剩余票数减 1
        usleep(rand()%120);                  // 休眠一段时间,模拟销售点与顾客的交互过程
  }
   printf("售票点#%d 售罄。\n",p->id);// 卖完本销售点的最后一张票
```

```
free(p);
}
```

经过改写的 sell 函数可以很方便地创建为线程加以执行。修改后的主函数代码如下：

```
int main()
{
    int n=3;                                    // 售票点总数
    int x=12;                                   // 总票数
srand(time(NULL));                              // 初始化随机函数,time 用于取机器当前时间
pthread_t th[3]={0};                            // 定义 3 线程,分别代表 3 个售票点的销售过程
    for(int i=0;i<n;i++)
    {                                           // 下面三条语句对要传递到线程的参数进行"打包"
sellInfo * p=(struct SellInfo * )malloc(sizeof(struct SellInfo));
p->id=i+1;                                      // 代表销售点编码
p->num=x/n;                                     // 代表销售点总票数
                                                // 此时的 p 指向了"打包"销售点和销售点总票数后的
                                                   信息结构
pthread_create(&th[i],NULL,sell,p);             // 创建线程
    }
    for(int i=1;i<=n;i++)
pthread_join(th[i],NULL);                       // 线程等待
    return 0;
}
```

编译这个程序,如果出现编译或链接问题,请检查以下文件是否忘了引用：

stdlib. h,含有 NULL 的定义；

malloc. h,含有 malloc、free 的原型；

time. h,含有 time 的原型；

unistd. h,含有 usleep 的原型；

pthread. h,含有线程函数的原型。

通过编译后,多运行几次,比较各销售点随机售票的情况。例如,图 6.9 所示的是两次运行的结果。请注意体会这种模式的实现方式。

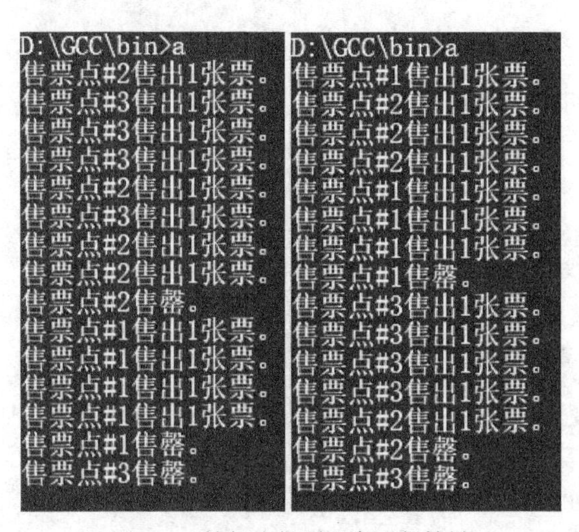

图 6.9　并行式售票程序运行结果

再次提醒:现实生活中,三个售票点的售票是真的并行操作的(可以在同一时刻售不同的票)。但是,计算机中代表三个销售点的线程,是否并行运行与 CPU 的个数有关。如果有 3 个 CPU,每个 CPU 可以执行一个线程。此时,三个线程是并行的。但实际上 CPU 是有限的,通常只有一个,不可能同时执行三个线程。此时,三个线程是串行执行的。执行一个线程,另外两个就得等待。因此,从进程的角度看,三个线程是并行的(该进程同时创建了三个线程且启动了它们),而从 CPU 的角度看,三个线程是串行的。可以理解为宏观上并行,微观上串行。为与真正的并行区别开来,称这种模式为并发的。

6.2.3 竞争式售票模式

视频 6.4 竞争式销售模式

一般来说,真实的飞机售票系统是不会为各售票点下发任务的。对于一个航班来说,机票可由各售票点竞争销售,先卖先得。不管哪个售票点售出一张票,剩余机位数都减 1,退一张票,剩余机位数加 1。既然销售机票存在竞争,剩余机位数就是共享的,会出现各售票点因同时售票退票而同时增减剩余机位数的情况。这种情况下,需要一种机制对剩余随机数变量进行保护,即当一个销售点在增减剩余随机数变量时,其他要改写该值的要等待。这种机制称为互斥。这就像各教学班利用教室授课一样,一个班在授课,其他班就不能在这一时间使用该教室。一个较为简单的解决办法是为教室设置锁定机制,即有人使用时加锁,使用完毕解锁。一般来说,把需要保护的资源称为临界资源,操作临界资源的程序代码段称为临界区。

C 语言的函数库 pthread 提供的函数可以帮助我们实现这种互斥操作。利用其中的 pthread_mutex_t 系列可以设置互斥锁,实现对共享资源的加锁和解锁操作。这个系列包括:

pthread_mutex_t 是互斥锁数据类型,用于声明互斥锁变量;

pthread_mutex_init(&互斥锁变量,NULL)用于初始化互斥锁;

pthread_mutex_destroy(&互斥锁变量)用于撤销互斥锁;

pthread_mutex_lock(&互斥锁变量)用于加锁;

pthread_mutex_unlock(&互斥锁变量)用于解锁。

一般来说,加锁操作放在临界区入口,解锁操作放在临界区出口。

利用互斥锁实现竞争式销售模式的完整代码如下:

```
#include<stdio.h>
#include<stdlib.h>
#include<malloc.h>
#include<time.h>
#include<unistd.h>
#include<pthread.h>
typedef struct SellInfo                    // 售票信息结构
{
    int id;                                // 销售点编码
    int num;                               // 销售点最大可售票数
} sellInfo;
// 下面将机位数定义为全局变量,所以销售点(即线程)都可访问
int total=120;                             // 这是临界资源,需要保护或互斥使用
pthread_mutex_t mutex;                     // 定义互斥锁
void * sell(void * v)
```

```
{
    sellInfo * p=(struct SellInfo * )v;
    int cur;                                    // 用于当前票数
    while(1)
    {
        pthread_mutex_lock( &mutex) ;           // 加锁
        // 从这里开始操作临界资源,是临界区的入口,需要加锁
        cur=total;
        if(cur<=0)
        {
            printf("售票点#%d 售罄。\n");
            pthread_mutex_unlock( &mutex); // 这是临界区出口,解锁
            break;
        }
        printf("当前票数为:%d,",cur);
        usleep(rand()%90000);
        printf("售票点#%d 售出 1 张票。\n",p->id);
        cur--;
        total=cur;
                                                // 这是临界区的出口,需要解锁
        pthread_mutex_unlock(&mutex);           // 解锁
    }
    free(p);
}
int main()
{
    int n=20;                                   // 售票点总数
    pthread_t th[20]={0};                       // 定义线程
    srand(time(NULL));                          // 初始化随机函数
    pthread_mutex_init( &mutex,NULL) ;          // 初始化互斥锁
    for(int i=0;i<n;i++)
    {
        sellInfo * p=(struct SellInfo * )malloc(sizeof(struct SellInfo));
        p->id=i+1;
        p->num=0;
        pthread_create(&th[i],NULL,sell,p);  // 创建线程
    }
    for(int i=0;i<n;i++)
        pthread_join(th[i],NULL);               // 线程等待
    pthread_mutex_destroy( &mutex) ;            // 最后销毁互斥锁
    return 0;
}
```

编译并运行这个程序,结果如图 6.10 所示。注意:为体验演示效果,增加了销售点和总票数。

```
D:\GCC\bin>a
当前票数为: 120, 售票点#1售出1张票。
当前票数为: 119, 售票点#7售出1张票。
当前票数为: 118, 售票点#3售出1张票。
当前票数为: 117, 售票点#1售出1张票。
当前票数为: 116, 售票点#2售出1张票。
当前票数为: 115, 售票点#5售出1张票。
当前票数为: 114, 售票点#7售出1张票。
当前票数为: 113, 售票点#4售出1张票。
当前票数为: 112, 售票点#6售出1张票。
当前票数为: 111, 售票点#10售出1张票。
当前票数为: 110, 售票点#8售出1张票。
当前票数为: 109, 售票点#3售出1张票。
当前票数为: 108, 售票点#9售出1张票。
当前票数为: 107, 售票点#11售出1张票。
当前票数为: 106, 售票点#12售出1张票。
当前票数为: 105, 售票点#14售出1张票。
当前票数为: 104, 售票点#15售出1张票。
当前票数为: 103, 售票点#13售出1张票。
当前票数为: 102, 售票点#17售出1张票。
当前票数为: 101, 售票点#18售出1张票。
当前票数为: 100, 售票点#16售出1张票
```

图 6.10 竞争式售票程序运行结果

6.3 生产者—消费者问题

在计算机领域,生产者—消费者问题(也称为有界缓冲问题)是多进程同步问题中最为经典的例子之一。它假定有一个固定大小的缓冲区(如库房),生产者向缓冲区添加数据(产品入库),消费者从缓冲区删除数据(产品出库)。存在的问题是,如果缓冲区已填满,生产者可能丢弃数据(因缓冲区有界,数据无处可放),消费者也不可能从空缓冲区取得数据。一种解决方案是,在满缓冲区状态,生产者休息,消费者从缓冲区删除数据时通知生产者继续填充缓冲区;反之,在空缓冲区状态,消费者休息,生产者将数据存入缓冲区时通知消费者继续取走数据。这种解决方案同样可以用信号灯实现。

视频 6.5 生产与消费

6.3.1 生产与消费

实际生活中,厂商生产产品,顾客购买产品。一般来说,厂商的生产活动和顾客的购买活动是相互独立的,两者之间通过中间商发生联系。因此,生产和消费涉及三方,如图 6.11 所示。

下面编写程序模拟生产和消费过程。当然,程序不关注三者的具体活动,为简化编程,用缓冲区代表中间商。另外,生产活动和消费活动所用的时长不同,用含有随机数的函数进行模拟。

图 6.11 生产与消费

6.3.1.1　缓冲区的设计

缓冲区可代表任何中间环节,如中间商、库房等。缓冲区的大小是固定的,一般用它能接纳产品的最大数量来表示。

缓冲区可表示如下:

```
#define N 4              // 设计的缓冲区大小
int buf[N]={0};          // buf 为缓冲区,初始化为 0,表示开始时没有任何产品
int putin=0;             // 存入位置指示器:指向在缓冲区存入产品的位置
int takeout=0;           // 取出位置指示器:指向在缓冲区取出产品的位置
```

6.3.1.2　时延函数的设计

产品的生产和购买活动都是随机的,这里设计一个时延函数用来模拟这种随机性。代码如下:

```
void delay(int len)                  // len 参数为参数随机数的界限
{
    int i=rand()% len;           // 生成一个随机数
    int x;
    while(i>0)
    {
        x=rand()%len;            // 生成一个随机数
        while(x>0)
        {
            x--;
        }
        i--;
    }
}
```

这个函数的执行时间是随机的,可根据传入参数的实际大小控制活动的时长范围,实参值越大,程序执行时间可能越长。

6.3.1.3　生产者函数的设计

设计生产者时,可用时延函数模拟生产过程,然后将生产的产品存入 buf 缓冲区 putin 所指向的位置处。存入的"产品"可用一个随机数来模拟。代码如下:

```
void producer()
{
    while(1)
    {
        // 模拟正在生产
        delay(50000);
        int d=1+rand()%100;
        // 产品入库"登记"
        buf[putin]=d;  // "产品"入库
        printf("Put %d to the buffer at %d. \n",d,putin);  // 调试用
        putin++;  // 指示器指向下一个位置
        if(putin==N)      // 如果指示器的值超出范围
```

```
            putin=0;  // 重新指向首位置处
        }
}
```

6.3.1.4 消费者函数的设计

设计消费者时,可用时延函数模拟消费过程,然后将消费的产品从 buf 缓冲区 takeout 所指向的位置处取出。"取出"表示此处已无"产品",可用-1 模拟。代码如下:

```
void consumer()
{
    while(1)
    {
        // 模拟正在办手续等活动
        delay(50000);
        // 产品出库"登记"
        printf("Take out %d from the buffer at %d. \n",buf[takeout],takeout);
        buf[takeout]=-1;        // 表示此处产品已被取出
        takeout++;              // 指示器指向下一个位置
        if(takeout==N)          // 如果指示器的值超出范围
            takeout=0;          // 重新指向首位置处
    }
}
```

6.3.1.5 主函数的设计

由于生产者和消费者的活动是相互独立的,可用线程来模拟。代码如下:

```
int main()
{
    pthread_t manufacturer;        // 声明厂商线程
    pthread_t customer;            // 声明顾客线程
    // 用 producer 和 consumer 创建线程
    pthread_create(&manufacturer,NULL,(void *)producer,NULL);
    pthread_create(&customer,NULL,(void *)consumer,NULL);
    // 阻塞当前线程,直到 t1 和 t2 线程执行结束
    pthread_join(manufacturer,NULL);
    pthread_join(customer,NULL);
}
```

在主函数中,创建了厂商和顾客两个线程。两个线程各自独立运行。由于缓冲区是两者共用的资源,在没和任何协调的情况下,就可能出现问题。例如厂商"丢失"产品或顾客取不到产品等。特别是在双方速度不匹配的情况下更容易出错。例如,把生产者调用 delay 的实参设置为比消费者调用 delay 的实参小,表示生产速度大于消费速度的可能性更大。编译并运行,结果分别如图 6.12 所示。可见,出现了产品"丢失"现象。

把生产者调用 delay 的实参设置为比消费者调用 delay 的实参大,表示生产速度小于消费速度的可能性更大。编译并运行,结果分别如图 6.13 所示。可见,消费者没法及时获得产品。

```
D:\GCC\bin>a
Put 42 to the buffer at 0.
Put 51 to the buffer at 1.
Put 45 to the buffer at 2.
Put 83 to the buffer at 3.
Put 24 to the buffer at 0.
Put 81 to the buffer at 1.
Put 80 to the buffer at 2.
Put 75 to the buffer at 3.
Take out 24 from the buffer at 0.
Put 72 to the buffer at 0.
Put 17 to the buffer at 1.
Put 56 to the buffer at 2.
Put 56 to the buffer at 3.
Put 17 to the buffer at 0.
```

图 6.12　生产速度大于消费速度的可能性大的情况

```
D:\GCC\bin>a
Take out 0 from the buffer at 0.
Take out 0 from the buffer at 1.
Take out 0 from the buffer at 2.
Take out 0 from the buffer at 3.
Put 42 to the buffer at 0.
Take out 42 from the buffer at 0.
Take out -1 from the buffer at 1.
Take out -1 from the buffer at 2.
Take out -1 from the buffer at 3.
Put 96 to the buffer at 1.
Take out -1 from the buffer at 0.
Take out 96 from the buffer at 1.
Take out -1 from the buffer at 2.
Take out -1 from the buffer at 3.
Take out -1 from the buffer at 0
```

图 6.13　生产速度小于消费速度的可能性大的情况

图 6.14 所示是生产者调用 delay 的实参与消费者调用 delay 的实参相同时,也就是无法比较二者速度的运行结果。注意:参数相同不表示运行时长相等。

```
D:\GCC\bin>a
Take out 0 from the buffer at 0.
Put 42 to the buffer at 0.
Put 96 to the buffer at 1.
Take out 96 from the buffer at 1.
Take out 0 from the buffer at 2.
Put 16 to the buffer at 2.
Put 29 to the buffer at 3.
Take out 29 from the buffer at 3.
Take out 42 from the buffer at 0.
Put 47 to the buffer at 0.
Take out -1 from the buffer at 1.
Take out 16 from the buffer at 2.
Take out -1 from the buffer at 3.
Take out 47 from the buffer at 0.
Put 17 to the buffer at 1.
```

图 6.14　无法比较生产速度和消费速度大小的情况

6.3.2　协调生产和消费进度

视频 6.6　协调生产与消费进度

一般来说,在共用有限资源的情况下,合作各方是需要进行协调的。生产者向缓冲区写入数据,如果缓冲区已满,就应该进入等待或休眠状态,等有了空位置再写。消费者从缓冲区读取数据,如果缓冲区已空,也应该进入等待或休眠状态,等有了数据再读。生产者向空缓冲区写入数据,应“告知”(唤醒)处于等待状态的消费者,可以读取数据了;同样,消费者从满缓冲区读取数据,亦应“告知”(唤醒)处于等待状态的生产者,可以写入数据了。这样一来,双方的步伐就得到了协调,不再出现丢失数据、读不到数据等现象。这种机制称为同步。

C 语言的函数库 semaphore 提供的函数可以帮助我们实现这种同步操作。利用其中的 sem_wait 和 sem_post 函数可以操作信号量,实现线程的休眠和唤醒功能。具体做法是:

(1)设置信号量。

C 语言中,信号量的数据类型为 sem_t 结构。它本质上是一个长整型的数。设置信号相当于声明变量,例如:

```
sem_t sign;
```

(2)初始化信号量。

对简单变量,一般用“=”赋初值。对信号量,需要用特殊函数 sem_init 赋初值。

sem_init 函数原型为：

```
int sem_init (sem_t * sem,int pshared,unsigned int value);
```

其中，参数 sem 指定要初始化的信号量，如前面声明的 sign；参数 pshared 表示信号量的类型，0 表示进程中的线程共享的信号量，非 0 表示进程之间共享的信号量；value 为信号量的初值。

(3)操作信号量，协调线程之间的同步。

信号量一般是某种资源的数量。当有线程使用（占用）该资源时，该资源的可用数要减 1；当占用该资源的线程不再使用它时，该资源的可用数要加 1。对简单变量，一般用++、--进行加 1 和减 1 操作。对信号量，则需要用特殊函数 sem_post 和 sem_wait 进行加 1 和减 1 操作。这两个函数都是“原子操作”。所谓原子操作，是指其运行不能被中断的操作。

sem_post 和 sem_wait 函数原型如下：

```
int sem_post(sem_t * sem);
int sem_wait(sem_t * sem);
```

当使用某资源时，调用 sem_wait 使得其对应的信号量的值减 1。不过，只有该信号量的值非零时才做减法。例如，对值为 3 的信号量调用 sem_wait()，线程会继续执行，信号量的值减为 2；对值为 0 的信号量调用 sem_wait，线程会停止执行，进入阻塞状态，等待其他线程增加该信号量的值。占用资源的线程释放资源时，调用 sem_post 使得其对应的信号量的值加 1。当有其他线程在等待使用这个信号量对应的资源时，唤醒其中一个线程执行。

(4)释放信号量。

最后，要用 sem_destroy 函数释放信号量，其原型如下：

```
int sem_destroy (sem_t * sem1);
```

在生产者—消费者问题中，写入数据与缓冲区是否有空位置有关，读出数据与缓冲区是否有数据有关。可以用 sem_t 声明两个变量，即设置两个信号量，一个代表缓冲区中已有数据的个数，一个代表缓冲区中空的位置数。例如：

```
sem_t unoccupied;     // 空位个数，满缓冲区时，其值为 0，阻止生产者存入产品
sem_t occupied;       // 产品个数，空缓冲区时，其值为 0，阻止消费者取出产品
```

① 改写生产者函数。

在写入数据前，调用 sem_wait(&unoccupied)，空位个数减 1；在写入数据后，调用 sem_post(&occupied)，产品个数加 1。

② 改写消费者函数。

在读出数据前，调用 sem_wait(&occupied)，产品个数减 1；在读出数据后，调用 sem_post(&unoccupied)，空位个数加 1。

两者关系如图 6.15 所示。

③ 改写主函数。

创建线程之前，初始化同步信号量：

```
sem_init(&unoccupied,0,N);     // 使得 unoccupied=N，刚开始时空位个数为 N
sem_init(&occupied,0,0);       // 使得 occupied=0，刚开始时数据个数为 0
```

线程执行结束后，撤销同步信号量：

```
sem_destroy(&unoccupied);
sem_destroy(&occupied);
```

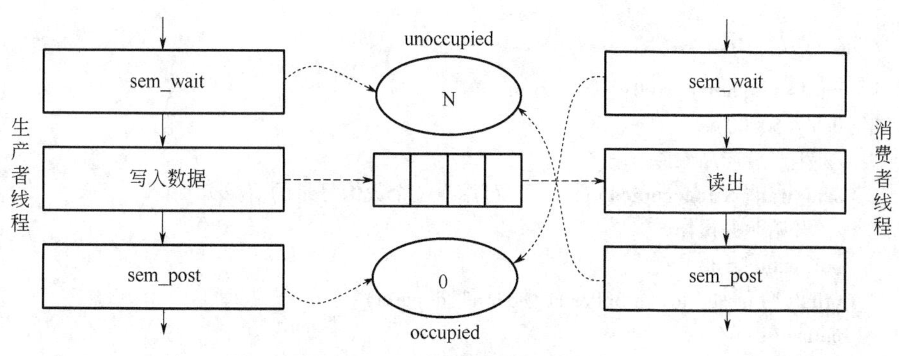

图 6.15　生产者与消费者协同

下面是利用信号量解决生产者—消费者问题的完整代码（粗体为改写部分）：

```
#include<stdio.h>
#include<stdlib.h>
#include<malloc.h>
#include<time.h>
#include<unistd.h>
#include<pthread.h>
#include<semaphore.h>
// 设计缓冲区
#define N 4                  // 缓冲区大小
int buf[N]={0};              // 缓冲初始化为0,开始时没有产品
int putin=0;                 // 数据入区位置
int takeout=0;               // 数据出区位置
// 设置信号量
sem_t unoccupied ;           // 空位个数,满缓冲区时,其值为0,阻止生产者存入产品
sem_t occupied;              // 产品个数,空缓冲区时,其值为0,阻止消费者取出产品
// 设计时延函数
void delay(int len)          // 自定义延迟函数,不可使用 sleep
{
    int i=rand() % len;
    int x;
    while(i>0)
    {
        x=rand() % len;
        while (x>0)
        {
            x--;
        }
        i--;
    }
}
// 设计可唤醒消费者的生产者
void producer()
{
    while(1)
```

```
    {
        // 模拟正在生产
        int d=1+rand()%100;
        delay(50000);
        // 生产后产品入库
        sem_wait(&unoccupied);        // 可用空位个数信号量的值减 1
        // 开始业务操作
        buf[putin]=d;
        printf("Put %d to the buffer at %d. \n",d,putin);
        putin++;
        if(putin==N)putin=0;
        sem_post(&occupied);          // 可取数据个数信号量的值加 1
    }
}
// 设计可唤醒生产者的消费者
void consumer()
{
    while(1)
    {
        // 模拟正在取值
        delay(50000);
        sem_wait(&occupied);          // 可取数据个数信号量的值减 1
        // 开始业务操作
        printf("Take out %d from the buffer at %d. \n",buf[takeout],takeout);
        buf[takeout]=-1;
        takeout++;
        if(takeout==N)takeout=0;
        sem_post(&unoccupied);        // 可用空位个数信号量的值加 1
    }
}
// 设计主函数
int main()
{
    srand(time(NULL));                // 初始化随机函数
    // 声明信号量
    pthread_t manufacturer;           // 声明厂商线程
    pthread_t customer;               // 声明顾客线程
    // 初始化信号量
    sem_init(&unoccupied,0,N);
    sem_init(&occupied,0,0);
    // 创建线程
    pthread_create(&manufacturer,NULL,(void *)producer,NULL);
    pthread_create(&customer,NULL,(void *)consumer,NULL);
    // 阻塞当前线程,直到 t1 和 t2 线程执行结束
    pthread_join(manufacturer,NULL);
    pthread_join(customer,NULL);
  // 撤销信号量
```

```
    sem_destroy(&unoccupied);
    sem_destroy(&occupied);
}
```

编译并运行这个程序，结果如图6.16所示。

```
D:\GCC\bin>a
Put 42 to the buffer at 0.
Put 51 to the buffer at 1.
Take out 42 from the buffer at 0.
Put 45 to the buffer at 2.
Put 83 to the buffer at 3.
Put 24 to the buffer at 0.
Take out 51 from the buffer at 1.
Put 81 to the buffer at 1.
Take out 45 from the buffer at 2.
Put 80 to the buffer at 2.
Take out 83 from the buffer at 3.
Put 75 to the buffer at 3.
Take out 24 from the buffer at 0.
Put 72 to the buffer at 0.
```

图6.16　协调生产和消费进度的程序

习题六

1. 对于生产者—消费者问题，如果不止一个生产者和不止一个消费者，如何实现众多参与者的同步问题，请写出相关代码。

2. 抽油机是开采石油的一种机器设备，俗称“磕头机”。在地底石油正在枯竭的老油井，由于石油渗透能力弱，油井里的油量相对较少，磕头机做周期运动。同样的耗电量，每个周期捞的油量不足，投入产出比例越来越小。现计划在油井的满量位置安装一个传感器，并设计一个智能程序，自动判断油井里的石油是否已经到达满量位置。如果到达满量位置，再让磕头机运行把油捞走。这样既可以节省耗电量，也可以减少磕头机的损耗。请编写产油—取油程序。

3. 另一个经典的并发问题涉及一些哲学家。他们聚坐在一张圆桌旁吃通心粉，餐叉数和哲学家人数一样，每两位哲学家之间仅摆放一个叉子，即每位哲学家左右各有一个叉子。这些哲学家要做的事情就是思考、吃面、再思考、再吃面，如此循环。一位哲学家安静地坐着思考一段时间后，就会感到饥饿。哲学家必须拿起左右两把餐叉才能吃面。吃饱后把餐叉同时放回原处，并继续其思考过程（类似的问题还有程序员聚餐：一些程序员聚坐在圆桌旁吃寿司，每两名程序员之间仅有一根筷子）。如果允许哲学家随意地拿餐叉，有可能出现死锁状态。例如，如果没有人正在吃面，但每人都拿起了自己左边的餐叉，都在等着右边的餐叉以便进食，就会出现这种情况。一种解决方案是限制想同时进餐的人数。例如，有n位哲学家，同时进餐的人数限制在$n-1$位，就不会发生死锁现象。这只要在提供面食时每次少供应一点即可实现。限制竞争是避免死锁采用的主要技术。请编程模拟哲学家就餐问题。

第七章

函数式程序设计范式

7.1 函数式程序设计简介

视频 7.1 函数式程序设计简介

函数式程序设计(functional programming)也是一种范式,用于构建程序的结构和元素,其计算就是数学函数求值,避免状态变更和数据可变。与传统用语句实现程序设计不同,它是用表达式或声明来完成程序设计,因而属于声明式程序设计范式。函数代码是幂等的(idempotent),即函数的输出值只取决于传递给它的参数。这就意味着,对于带有一个参数 x 的函数 f,只要参数值相同,每次条用 f 都会产生相同的结果 f(x)。相对来说,取决于局部或全局状态的过程(procedures),只要程序状态不同,即使参数相同,每次调用它都可能会产生不同的结果。消除副作用(side effects),即不依赖函数输入的状态的改变,可更容易理解和预测程序的行为,这是函数式程序设计发展的主要目标之一。

函数式程序设计源于 λ 演算(lambda calculus)。λ 演算是一套形式化系统,于 20 世纪 30 年代得到发展,研究可计算性(computability)、判定性问题(Entscheidungsproblem)、函数定义、函数应用和递归等。大多数函数式程序设计语言都是基于 λ 演算的。另一个有名的声明式程序设计范式——逻辑式程序设计,则是基于关系的。

前面学习的命令式程序设计使用源码中的命令改变状态,例如赋值命令。命令式程序设计子程序(subroutine)函数,但这不是数学意义上的函数。它们可能会改变程序状态的值,从而产生副作用,因而,没有返回值的函数也是可以理解的。正因如此,它们缺乏引用透明性,即同样的语言表达式会因为可执行程序的状态不同而产生不同的值。

相对于业界,学术界更重视函数式程序设计语言。但是,很多著名的程序设计语言,如 Common Lisp、Scheme、Clojure、Wolfram(也称为 Mathematica)、Racket、Erlang、OCaml、Haskell、F# 等,也支持函数式程序设计,被许多组织用于工业和商业应用开发。JavaScript,世界上应用最广泛的语言之一,既支持命令式和面向对象范式,也具有动态类型函数语言的性质。在一些特定领域取得成功的语言,如 R(统计学)、J、K 和来自 K 系列(财务分析)的 Q、XQuery/XSLT(XML)、Opal 等,函数式程序设计都起着关键的作用。广泛使用的特定领域声明式语言,如 SQL 和 Lex/Yacc,也使用了一些函数式程序设计的元素,特别是在避免易变值方面。

以函数的方式进行程序设计也可以用非函数式程序设计语言来实现。例如,某本书就描述了如何在命令式程序设计语言 Perl 中使用函数式程序设计的概念。PHP 程序设计语言同样可以。C++11、Java 8、C#3.0 等都增加了使用函数方式的结构。Julia 语言也提供了函数式程序设计的能力。另一个值得一提的是 Scala,经常用函数方式编写,但又具有副作用和可变状态,因此,它是介于命令式和函数式之间的语言。

综上所述,函数式程序设计类似数学。现在,你最好忘记之前的一些程序设计思想,因为这个程序设计范式的思维模式与前面介绍的非常不同。

7.1.1 发展历史

λ 演算提供了一个理论框架,用于描述函数及函数求值。λ 演算是一种数学抽象,虽然不是一种程序设计语言,但却是当今几乎所有函数式程序设计语言的基础。在此之前发明的组合逻辑,比 λ 演算更加抽象。这两者最初都是为了更清楚地表达数学基础知识而发展起来的。

早期具有函数式特征的语言是 Lisp。20 世纪 50 年代末,John McCarthy 在麻省理工学院(MIT)为 IBM 700/7000 系列科学计算机开发了该语言。早期的 Lisp 是一种多范式的语言,随着新范式的出现,它支持的程序设计风格越来越多,函数式程序设计的许多特征都是它首次引入的。后来的分支(如 Scheme、Clojure)和衍生物(如 Dylan、Julia),都试图以一个简洁的函数式核心来精简 Lisp,其中,Common Lisp 就是这样一种语言,它保存和更新它所取代的许多老分支的范式特征。

1956 年的 IPL(信息处理语言)据称是首个基于计算机的函数式程序设计语言。它是一种汇编格式的语言,用于操作符号列表。IPL 有一个生成器,其概念相当于一个函数,该函数接受一个函数作为参数。由于它是一种汇编级别的语言,代码可以是数据,因此 IPL 可视为有了高阶函数。但是,它在很大程度上依赖于可变的列表结构和类似命令式的特征。

Kenneth Iverson 于 20 世纪 60 年代初开发了 APL。1962 年,他在其书《一种程序设计语言》中描述了 APL。APL 影响了 John Backus 的 FP。20 世纪 90 年代初,Iverson 和 Roger Hui 创建了 J 语言。90 年代中期,与 Iverson 共过事的 Arthur Whitney 创建了 K 语言。该语言和其衍生的 Q 语言应用于金融业。

1977 年,John Backus 提出了 FP。他把函数式程序定义为,以层次结构、用许可“程序代数”的“组合形式”建立的程序;在现代化语言中,这意味着函数式程序遵循组合性原理。尽管 Backus 的论文强调的是函数级别的程序设计而不是与现在的函数式程序设计相关的 λ 演算,但却普及了对函数式程序设计的研究。

1973 年,Robin Milner 在爱丁堡大学创建了 ML 语言,David Turner 在圣安德鲁斯大学开发 SASL 语言。也是在那个时代,在爱丁堡的 Burstall 和 Darlington 开发了函数式语言 NPL。NPL 基于 Kleene 递归方程,并首次应用在他们的程序转换工作中。此后,Burstall、MacQueen 和 Sannella 结合了 ML 的类型检查,开发了 Hope 语言。后来,ML 发展成几种流派,其中最为常见的是现在的 OCaml 和 Standard ML。

同一时期,还开发和发展了 Scheme 语言。Scheme 语法简单,是 Lisp 的函数分支。在 1985 年出版的经典教科书《计算机程序的构造和解释》以及一些流行的 Lambda 论文中对 Scheme 进行了介绍,使得更多的使用程序设计语言的人意识到了函数式程序设计的能力。

20 世纪 80 年代,Per Martin-LoF 开发了直观类型理论(也称构造类型理论)。该理论将函数程序与表示为依赖类型的推定检验联系起来,出现了交互式理论检验的新方法,并影响了以后函数式程序设计语言的发展。1985 年,David Turner 开发了惰性函数式语言 Miranda,该语言对 Haskell 产生了很大的影响。1987 年,鉴于 Miranda 的专有性,Haskell 致力于就函数式程序设计研究的开放标准达成共识。1990 年后,陆续发行了多个版本。

7.1.2 相关概念

本节的许多概念和范式是特定于函数式程序设计的,一般与命令式程序设计(包括面向对象程序设计)无关。不过,程序设计语言常常支持几种程序设计范式,使用“命令式”语言的程序员可能已经涉及了其中的一些概念。

7.1.2.1 一等和高阶函数(first-class and higher-order functions)

高阶函数是一种可以把其他函数作为参数或把函数作为结果返回的函数。例如,微积分中的微分算子 d/dx 就是高阶函数,它返回函数 f 的导数。

高阶函数与一等函数密切相关,因为两者都允许用函数作为参数和其他函数的返回值。两者也有一些小的差别:“高阶”是一个数学概念,描述的是“在其他函数上操作的函数”;“一等”是一个计算机科学术语,描述的是没有使用限制的程序设计语言实体。因此,一等函数可以出现在程序中其他一等实体(如数字)可以出现的任何地方,包括作为其他函数的参数及其返回值。

高阶函数许可柯里化(currying)或偏应用(partial application)技术,即函数每次只用一个参数,每个应用程序只返回一个新函数,该新函数再接受下一个参数。利用这种技术,可以简洁地编写程序。例如,后继函数可以作为加法运算的一部分应用于自然数 1。

7.1.2.2 纯函数(pure functions)

纯函数(或表达式)没有副作用(内存或 I/O),即纯函数有一些有益的特性,其中的大部分特性可用于优化代码:

(1)如果不用纯表达式的结果,删除该表达式不会影响其他表达式。

(2)如果用不产生副作用的参数来调用纯函数,对于该参数来说,调用结果是不变的(有时称为引用透明度)。也就是说,用相同的参数调用纯函数,每次返回的结果都相同。这使得诸如备忘(memoization)等缓存优化成为可能。

(3)如果两个纯表达式之间没有数据依赖,其顺序可以随意,或可以并行地执行且不会相互干扰。也就是说,任何纯表达式的求值是线程安全的。

(4)如果整个语言不允许副作用,任何求值策略都可以使用。这使得编译器可以随意重排或组合程序中表达式的求值,例如使用伐林法(deforestation)。伐林法也称聚变(fusion),是一种程序转换技术,目的是消除程序创建即时使用的中间列表或树结构。

大多数命令式程序设计语言可检查纯函数,为纯函数调用执行公共表达式消元,但有时不一定做得到。例如,对于预编译库,由于通常不对外公开信息,可阻止相关外部函数的优化。有些编译器,如 GCC,提供了额外的关键字给程序员,可将外部函数显式地标记为纯函数,以实现这样的优化。Fortran 95 也可以把函数指定为纯函数。C++11 则提供了类似语义的 constexpr 关键字。

7.1.2.3 递归(recursion)

函数式语言里的迭代(循环)常常通过递归来实现。递归函数调用自己,一直重复,直到基本情况(一种简单到不需要递归调用就可以直接解决的情况)为止。有些递归需要维护一个堆栈,但编译器可以识别尾递归并优化为相同代码以在命令式语言实现迭代。Scheme 语言标准就需要实现识别和优化尾递归。在其他方法中,可在编译过程中将程序转换为连续传递方式来实现尾递归优化。

递归的公共模式可使用高阶函数进行抽象,例如 catamorphism(一种变形)和 anamorphism(与 catamorphism 相反的变形),也称“折叠”和“展开”。这种递归方式对命令式语言中诸如

lloop 这样的内建控制结构起着关键作用。

多数通用函数式程序设计语言允许无限递归且是图灵完备的，使得停机问题不可判定、等式推理不健全，并在语言的类型系统表达的逻辑中导致不一致。有些特定目的的语言，如 Coq，仅允许进行合理的递归，有很强的规范性（非终结计算仅用称为 codata 的无限的值流来表达）。因此，这些语言不是图灵完备的，不可能在其中表示某些函数，但它们依然能够在避免无限递归问题的同时进行多种类型的计算。限于少量其他约束合理递归的函数式程序设计称为完全函数式程序设计。

7.1.2.4　严格与非严格求值（strict versus non-strict evaluation）

函数语言可以通过使用严格（急性）还是非严格（惰性）求值进行分类。这些概念是指在计算表达式时如何处理函数参数。技术差异体现在表达式计算失败或有分歧时的指称语义上。在严格求值时，包含失败子项的任何计算项的求值都是失败的。例如，下面的表达式：

```
print length([2+1,3*2,1/0,5-4])
```

在严格求值的情况下是失败的，因为列表中的第三个元素除数为零。在惰性求值的情况下，length 函数会返回值 4（即列表中求值项的数目），因为在计算时，它"懒得"计算构成列表的那些项。简言之，急性求值在调用函数之前总会完全计算函数参数；惰性求值则不会计算函数参数，除非函数调用自己时需要参数的值。

在函数式语言中，懒散求值的常用实现策略是图规约法。在 Miranda、Clean、Haskell 等一些纯函数语言中，默认情况下使用的是惰性求值。

1984 年，Hughes 提出，惰性求值作为改善程序模块化的机制，可通过分离关注点来实现，即简化数据流中生产者和消费者的非依赖实现。1993 年，Launchbury 描述了惰性求值的一些困难，特别是在分析程序的存储需求，并提出了一种操作语义用于辅助此类分析。2009 年，Harper 建议在同一种语言中同时实现严格和懒惰求值，并使用语言的类型系统来进行区分。

7.1.2.5　类型系统（type systems）

20 世纪 70 年代，Hindley-Milner 提出类型推断以来，函数式程序设计语言倾向于使用类型化的 λ 演算，拒绝编译期间的所有无效程序，冒 FP 错误的风险。相对来说，使用在 List 及其变体（如 Scheme）的非类型化的 λ 演算，接受在编译期间所有有效程序，冒 FN 错误的风险。它们拒绝运行期间所有的无效程序，但是信息足够时不会拒绝有效程序。代数数据类型的使用易于操作复杂的数据结构；在缺乏诸如测试驱动开发等其他可靠性技术的情况下，强大的编译期类型检查的出现使程序更可靠，同时类型推断使得大多数情况下程序员不再需要手工为编译器声明类型。

诸如 Coq、Agda、Cayenne、Epigram 等面向研究的函数式语言是基于直观类型理论的，这些类型称为依赖类型。这种类型系统没有类型推理且难以理解和编程。但它们却可以在谓词逻辑中表示任意命题。通过 Curry-Howard 同构，这些语言中的具有良好类型的程序可以变成编写形式化数学证明的工具，编译器可以从中生成经过验证的代码。这些语言主要用在学术研究领域（包括形式化数学），但也已开始在工程领域有所应用。Compcert 编译器用于 C 程序设计语言的子集，它是用 Coq 编写并经过了形式化验证。

一种称为泛化代数数据类型（GADT）的有限形式的依赖类型可以通过提供一些非独立的类型化程序设计优势来实现，且可避免其大部分的问题。GADT 在 Glasgow Haskell 编译器、OCaml（4.00 版以后）和 Scala（作为"case classes"）得到了实现，并被提议附加在包括 Java 和 C#等其他语言中。

7.1.2.6 引用透明(referential transparency)

函数式程序没有赋值语句,即在函数式程序中,一个变量的值一旦定义就不会再变。因为在任何执行处都可用变量的实际值替换变量,这就消除所有的副作用。所以,函数式程序是引用透明的。

考虑用 C 语言写的赋值语句:

```
x=x*10;
```

它会改变分配给变量 x 的值。假定 x 的初始值是 1,该语句连续执行 2 次,x 的值分别为 10 和 100。很明显,用 10 或 100 替换 x=x*10,会给同一个程序不同的含义。因此,该表达式不是引用透明的。而事实上,赋值语句是不可能引用透明的。

现在来考虑另一个函数:

```
int plusone(int x){
   return x+1;
}
```

这是透明的。因为它没有暗地里修改 x,所以不存在那样的副作用。函数式程序只使用这种类型的函数就一定是引用透明的。

7.1.2.7 非函数式语言中的函数式程序设计(functional programming in non-functional languages)

在传统意义上认为不是函数式语言的程序设计语言也可进行函数式程序设计。例如,D 和 Fortran 95 都明确支持纯函数。

JavaScript 和 Python 一开始就有一等函数。1994 年,Python 已经支持“lambda”、“map”、“reduce”和“filter”,Python 2.2 还支持闭包,Python 3 把“reduce”归类到标准库模块。其他诸如 PHP 5.3、Visual Basic 9、C#3.0、C++11 等主流语言也引入了一等函数。

PHP 完全支持匿名类、闭包和 λ。PHP 为不变数据结构开发的库和语言扩展可用于辅助函数式程序设计。

Java 语言的匿名类有时可用于模拟闭包,但由于功能有限,匿名类并不总是适合替换闭包。Java 8 支持的 λ 表达式可用于替换部分匿名类。Java 的异常检查使得它不便于进行函数式程序设计,因为它有必要捕获检查的异常并抛出异常。这个问题在没有异常检查(如 Scala)的其他 JVM 语言中不会出现。

C#完全支持闭包和 λ,匿名类没有必要存在。C#为不变数据结构开发的库和语言扩展可用于辅助函数式程序设计。

许多面向对象的设计模式也可表达为函数式程序设计术语。例如,策略模式就是简单地使用了高阶函数,访问者模式大致对应于 catamorphism 或 fold。

类似地,来自函数式程序设计中的不可改变数据的概念,通常包含在命令式程序设计语言中,例如 Python 中的元组就是一个不可改变的数组。

7.1.2.8 数据结构(data structures)

纯函数式数据结构常常被表示为与其命令式不同的方式。例如,具有持续访问和更新时间的数组是大多数命令式语言的基本构件,许多命令式数据结构都是基于数组的,如哈希表和二进制堆。数组可被许多纯函数式实现的 map 或随机访问列表替代,且具有更好的访问和更新时间。纯函数数据结构具有持续性,即维持未修改数据结构前面的版本。在 Clojure 中,持续性数据结构被用作函数以替代其命令式数据结构。例如,持续化的向量使用树结构进行局部更新。调用 insert 方法将导致部分节点被创建。

7.2 Scheme

Lisp 是计算机程序设计语言之一,历史悠久,地位独特。发端于 1958 年的 Lisp 是当今广泛使用的高级编程语言中第二古老的语言,只有 Fortran 早它一年“出生”。Lisp 从早期就发生了演化,在其历史长河中出现了许多的支流。现在最著名的通用 Lisp 分支有 Clojure、Common Lisp 和 Scheme。其中,Scheme 于 1975 年由 MIT 的 Gerald J. Sussman 和 Guy L. Steele Jr. 实现。Scheme 是一种支持函数和命令的多范式程序设计语言。与 Common Lisp 不同的是,Scheme 遵循一种极简主义设计哲学,由一个小的标准核心和强大的语言扩展工具组成。Scheme 的一些程序设计思想已经渗透到其他程序设计语言中,特别是函数式程序设计思想。接触这些函数式程序设计语言,对在实际工作中解决一些具体问题会有较大的帮助。本节学习 Scheme 的 Kawa 实现,体验函数式程序设计理念的精髓。

7.2.1 Kawa 简介

Kawa 是 Scheme 的一个扩展,有许多有用的特性。它也是在 Java 平台上实现其他程序设计语言的一个有用的框架,有许多有用的实用工具类。Kawa 结合了动态脚本语言的优点(带有较少模板的精简代码,快速且易于启动,不需要编译环节)与传统编译型语言的优点(执行速度快,静态错误检查,模块化,零开销 Java 平台集成)。

学习 Scheme 的第一步,当然是安装和配置运行环境。

(1)首先,Kawa 运行在 Java 平台上,所以要先检查计算机系统中是否安装了 JRE。JRE 是 Java Runtime Environment 的首字母缩写,即 Java 运行平台。在该平台可以运行 Java 应用程序。JRE 包括 Java 虚拟机(简称 JVM)、Java 核心类库和支持文件,但不包括含有编译器、调试器等开发工具的 JDK。JDK 是 Java Development Kit 的缩写,译为 Java 开发工具包。如果系统中安装了 JDK,自然就已经安装了 JRE。那么如何检查系统是否已经安装了 JRE 或 JDK 呢?如果当前使用的是 Windows 操作系统,可以通过检查其环境变量来查看是否已经安装 JRE 或 JDK。下一节以 Windows 10 为例,介绍 JRE 或 JDK 的检测和安装方法。

(2)JRE 或 JDK 安装好后,要下载 Kawa 程序。Kawa 的下载地址为:www. gnu. org/software/kawa。打开网站后,首页如图 7.1 所示。

(3)在左边的菜单列表中单击“Getting and installing Kawa”,再单击“Getting Kawa”,出现如图 7.2 所示的下载页面。

(4)单击“ftp:// ftp. gnu. org/pub/gnu/kawa/kawa-3. 0. zip”,下载 kawa-3. 0. zip 文件。

(5)下载完毕后,解压 kawa-3. 0. zip 文件到某目录,进入其 bin 目录,双击 kawa. bat。如果系统已经正确安装 Java 平台,将出现如图 7.3 所示的 Kawa 运行界面。

(6)在命令行“#|kawa:1|#”后边就可以输入各种 Scheme 函数进行求值运行。例如,输入“+1 1”,系统会计算出 2 并显示出来,如图 7.4 所示。

7.2.2 安装 Java 运行环境

如果系统已经安装了 Java 运行环境且在 Kawa 命令行顺利实现了“1+1=2”,可跳过这部分内容,学习后面的内容。

The Kawa Scheme language

KAWA (λ)

Kawa is a general-purpose programming
- the benefits of dynamic scripting lang
- the benefits of traditional compiled la

The Kawa Scheme language
News - Recent Changes
Features
The Kawa Community
Getting and installing Kawa
Kawa Scheme Tutorial
Reference Documentation
Index
Table of Contents

It is an extension of the long-establishe
Kawa is also a useful framework for imp
This manual describes version 3.0, upda
The Kawa tutorial is useful to get statec
For copyright information on the softwar
Various people and orgnizations have cc
This package has nothing to do with the

- News - Recent Changes
- Features
- The Kawa Community
- Getting and installing Kawa
- Kawa Scheme Tutorial
- Reference Documentation
- Index
- Table of Contents

图 7.1　Kawa 官网首页

GETTING KAWA

You can compile Kawa from the source distribution. Alternatively, you can install the pre-compiled bi
You can get Kawa sources and binaries from the Kawa ftp site ftp://ftp.gnu.org/pub/gnu/kawa/, or fro
The current release of the Kawa source code is ftp://ftp.gnu.org/pub/gnu/kawa/kawa-3.0.tar.gz. (To u
Software.)
The corresponding pre-compiled release is ftp://ftp.gnu.org/pub/gnu/kawa/kawa-3.0.zip. The most re
Instructions for using either are here.

Getting the development sources using Git

The Kawa sources are managed using a git repository. If you want the very latest version grab a git c

图 7.2　Kawa 下载页

```
C:\WINDOWS\system32\cmd.exe
警告: Unable to create a system terminal, creating a dumb terminal (enable debug loggi
ng for more information)
#|kawa:1|#
```

图 7.3　Kawa 运行界面

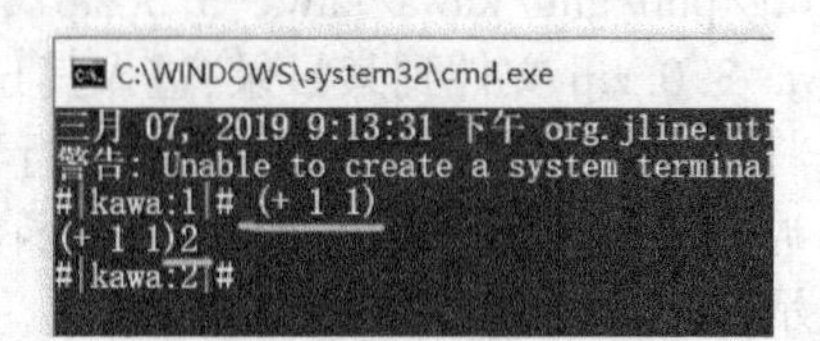
C:\WINDOWS\system32\cmd.exe
三月 07, 2019 9:13:31 下午 org.jline.uti
警告: Unable to create a system terminal
#|kawa:1|# (+ 1 1)
(+ 1 1)2
#|kawa:2|#

图 7.4　计算 1+1 的函数

Java 是一种并发、基于类、面向对象、尽可能独立的通用程序设计语言，旨在让应用程序开发人员 WORA(write once, run anywhere)，即编写一次，到处运行，也就是在不重新编译的情况下，Java 代码可以在所有支持 Java 的平台运行。Java 应用程序通常被编译为“字节码(bytecode)”。这种字节码可以在任何 JVM(java virtual machine,Java 虚拟机)上运行,而不用管底层的计算机体系结构。Java 的许多原始特性来自于 SmallTalk,语法类似于 C 和 C++,但底层特性却比它们要少。Java 是当前最流行的程序设计语言之一,特别是在开发 web 应用程序方面。

Java 最初由加拿大人 James Gosling 在 Sun Microsystems(后被 Oracle 收购)开发并于 1995 年作为 Sun Microsystems Java 平台的核心构件发布出来。原始和参考实现的 Java 编译器、虚拟机和类库最初是作为专有许可证由 Sun 发布。2007 年 5 月,依据 JCP(Java Community Process)规范,Sun 遵循 GNU 通用公共许可证重新授权了大部分的 Java 技术。同时,这些 Sun 技术的替代实现也被开发出来,例如,GNU 的 Java 编译器(字节码编译器)、GNU Classpath(标准库)、IcedTea-Web(Applet 的浏览器插件)。

2018 年 9 月 25 日,Oracle 发布了当前支持 LTS(long-term support,长期支持)的 Java 11 版。由于不再支持 Java 9,Oracle 建议用户“立即转换”到 Java 11。2019 年 1 月,Oracle 发布了商业免费使用的遗留 Java 8 LTS 的最后一次公开更新。供个人使用的 Java 8 的公开更新则至少支持到 2020 年 12 月。扩展了的对 Java 6 的支持也于 2018 年 12 月结束。由于尚未解决的安全问题而带来的严重风险,Oracle 和相关方“强烈建议你卸载老版本的 Java”。

综上可知,在安装 Java 平台时一定要注意其版本。这里假定你的计算机尚未安装 Java 平台,如何安装最新版本的 Java 平台呢?

(1)首先要到 Oracle 官网下载 JDK,在网页的地址栏中输入:https:// www. oracle. com/index. html。进入 Oracle 官网,如图 7.5 所示。

图 7.5 Oracle 官网(局部界面)

(2)把光标移动到图 7.5 所示的“Menu(菜单)”图标上,会显示一个下拉列表。在下拉列表中,找到“Products(产品)”,会显示产品下拉列表。在产品下拉列表中,找到“Java”,会显示 Java 下拉列表。这个过程如图 7.6 所示。

(3)单击图 7.6 中的 Java 下拉列表中的“Java Overview(Java 概览)”,会显示 Java 概览信息。向下滚动,找到“Get Started”,如图 7.7 所示。

(4)单击“Download Java for Developers(为开发者下载 Java)”,显示界面如图 7.8 所示。

(5)单击图 7.8 的下载按钮即,显示如图 7.9 所示的下载选项。根据自己的操作系统单击相应链接按钮,即可下载最新版本的 Java 平台。例如,如果操作系统是 Windows,单击 jdk-11.0.2_windows-x64_bin. exe,可下载能直接双击安装的 Java 平台程序。注意:单击下载链接前,先点选“Accept License Agreement(接受许可协议)”。

(6)从官网下载 Java 平台程序后,双击下载的文件,按默认设置安装即可。Java 平台被默认安装在“C:\Program Files\Java\jdk-x. y. z”目录。其中,x. y. z 是 Java 平台的版本号,因下载的版本而异。

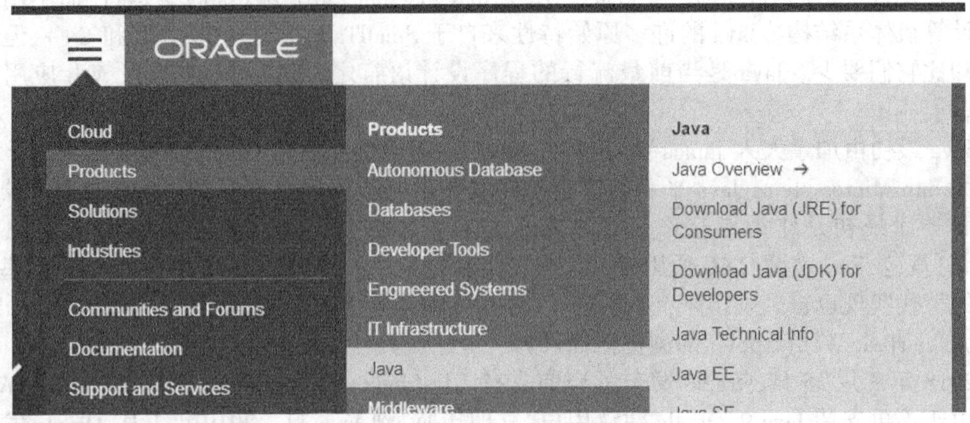

图 7.6 找到 Oracle 的 Java 产品

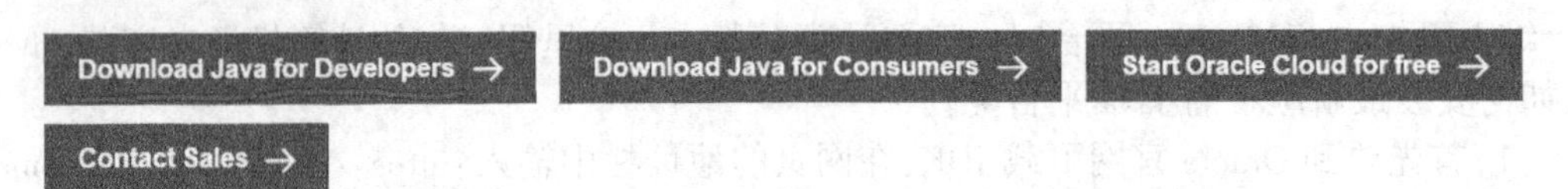

图 7.7 下载链接

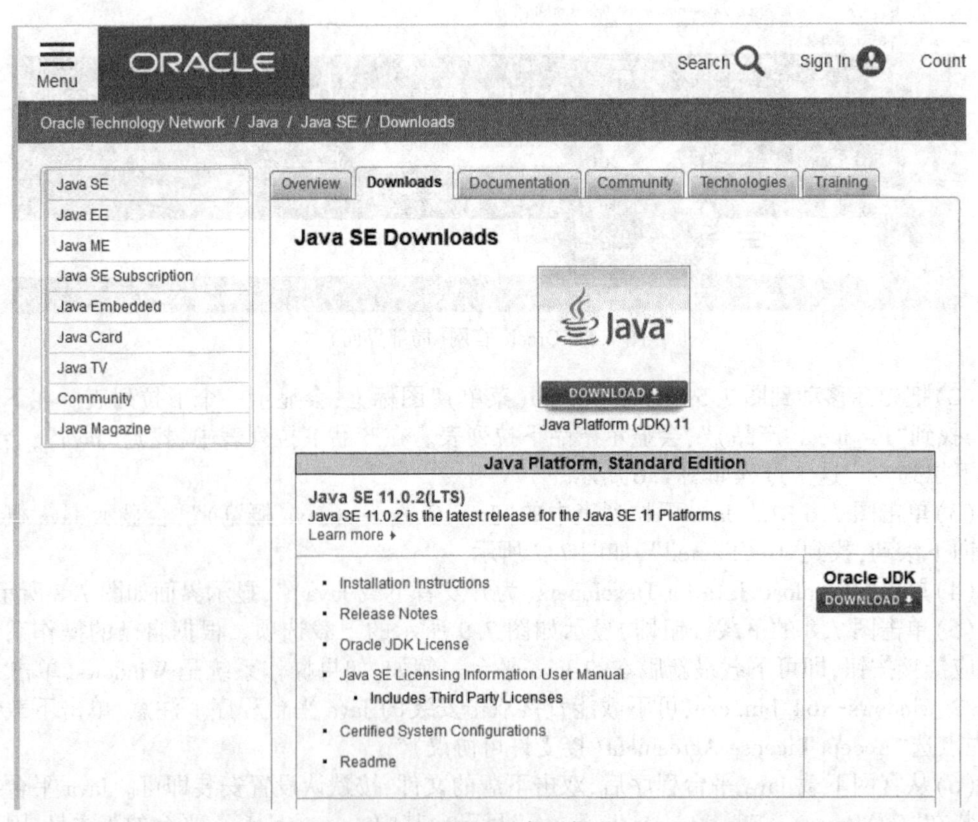

图 7.8 Java 平台下载页

Java SE Development Kit 11.0.2

You must accept the Oracle Technology Network License Agreement for Oracle Java SE to download this software.

○ Accept License Agreement　◉ Decline License Agreement

Product / File Description	File Size	Download
Linux	147.28 MB	jdk-11.0.2_linux-x64_bin.deb
Linux	154.01 MB	jdk-11.0.2_linux-x64_bin.rpm
Linux	171.32 MB	jdk-11.0.2_linux-x64_bin.tar.gz
macOS	166.13 MB	jdk-11.0.2_osx-x64_bin.dmg
macOS	166.49 MB	jdk-11.0.2_osx-x64_bin.tar.gz
Solaris SPARC	186.78 MB	jdk-11.0.2_solaris-sparcv9_bin.tar.gz
Windows	150.94 MB	jdk-11.0.2_windows-x64_bin.exe
Windows	170.96 MB	jdk-11.0.2_windows-x64_bin.zip

图 7.9　Java 平台下载选项

Java 平台可执行文件在其安装目录下的 bin 子目录中。为了让 Windows 操作系统"知道"Java 平台可执行文件的位置,要设置相应的环境变量:

(1)单击桌面的"此电脑",弹出如图 7.10 所示的菜单。

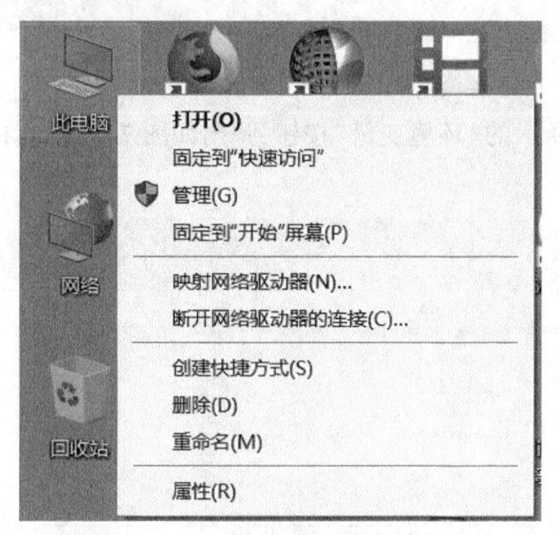

图 7.10　Windows 操作系统属性菜单项

(2)单击如图 7.10 所示的"属性"菜单,出现如图 7.11 所示界面。

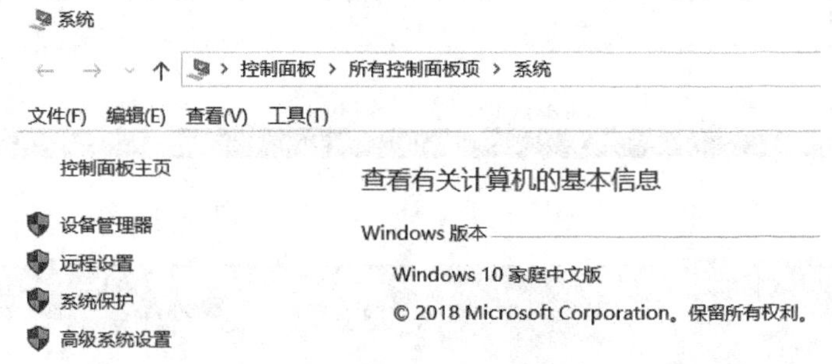

图 7.11　Windows 系统页面

(3)单击如图 7.11 所示的"高级系统设置"菜单,选择"高级"页,弹出如图 7.12 所示的系统属性对话框。

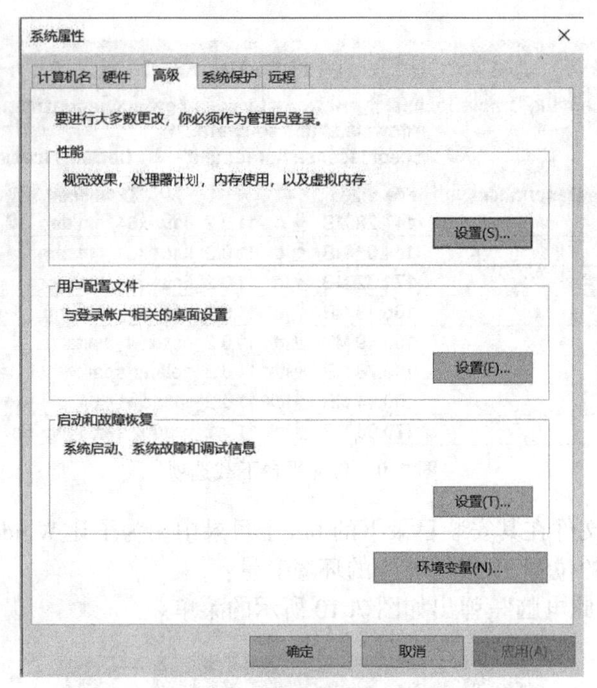

图 7.12　Windows 系统属性对话框

(4)单击如图 7.12 所示的“环境变量”按钮,弹出如图 7.13 所示的环境变量设置对话框。

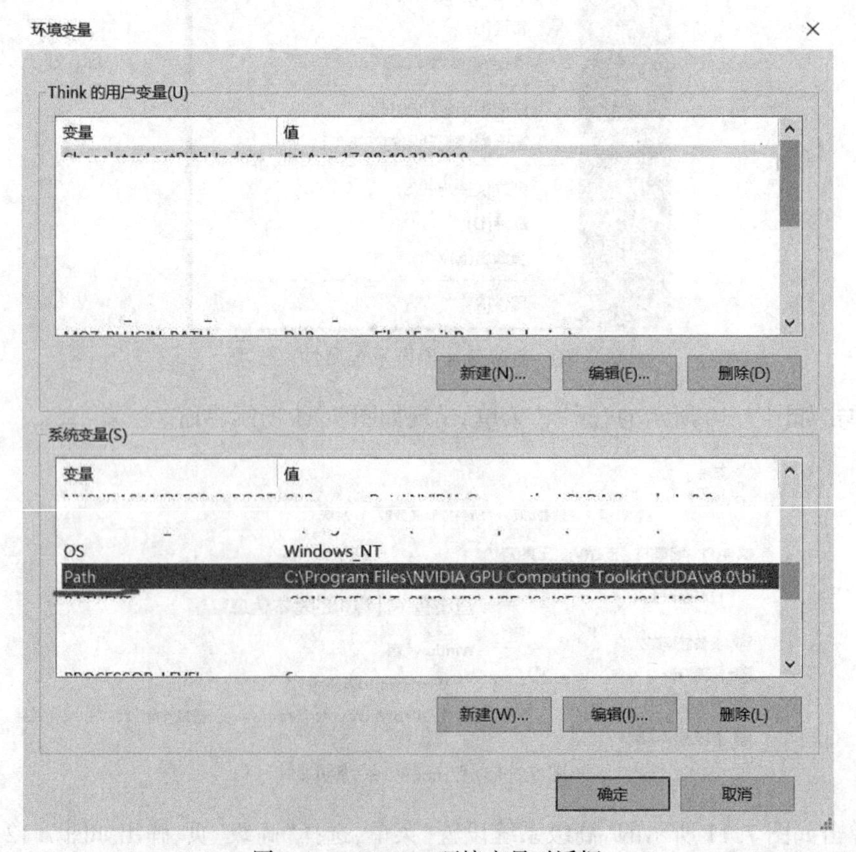

图 7.13　Windows 环境变量对话框

（5）滚动图7.13“系统变量”下面显示的变量窗口，找到“Path”变量，单击下方的“编辑”按钮，弹出如图7.14所示的“编辑环境变量”对话框。

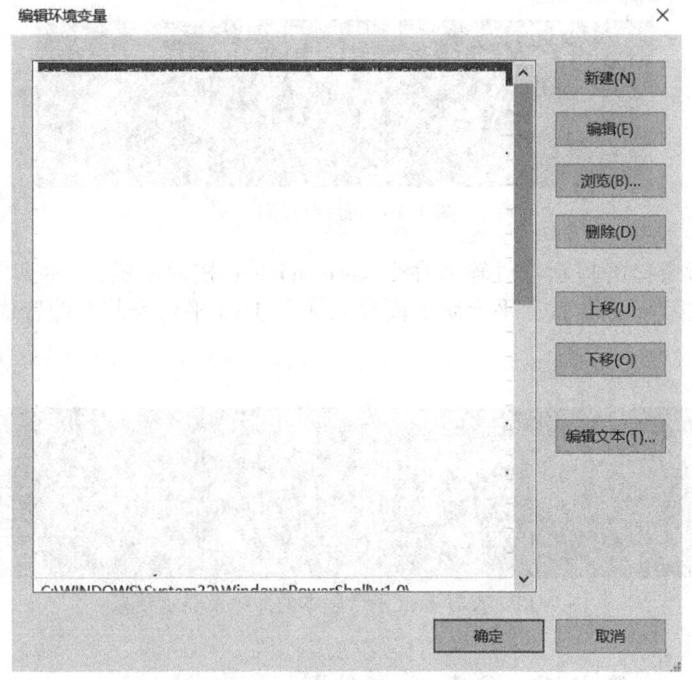

图7.14　编辑环境变量对话框

（6）单击图7.14中的“新建”按钮，在弹出的对话框中输入Java平台可执行文件所在的目录，如C：\Program Files\Java\jdk-11.0.2\bin，此时，如图7.14所示的对话框中会显示刚才添加的目录。

（7）单击图7.14中的“确定”按钮，单击图7.13中的“确定”按钮，单击图7.12中的“确定”按钮，完成环境变量的设置。

下面来测试Java平台是否安装正常以及环境变量是否设置成功：

（1）单击如图7.15所示“开始”按钮，找到“Windows系统”菜单中的“命令提示符”菜单项。

图7.15　运行命令行程序

（2）单击图 7.15 中的“命令提示符”，出现如图 7.16 所示的命令行窗口。

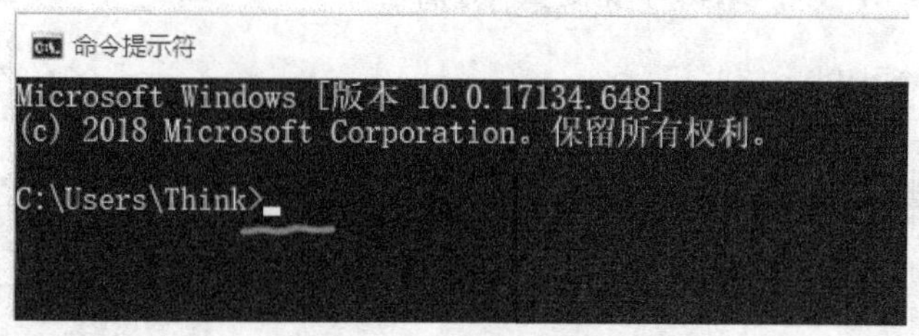

图 7.16　命令行窗口

（3）在命令行窗口的提示符处输入命令 java-version，按回车键，显示如图 7.17 所示的版本信息（版本信息因所安装 Java 平台版本而异），表示 Java 平台安装并配置成功。

```
命令提示符

C:\Users\Think>java -version
java version "11.0.2" 2019-01-15 LTS
Java(TM) SE Runtime Environment 18.9 (build 11.0.2+9-LTS)
Java HotSpot(TM) 64-Bit Server VM 18.9 (build 11.0.2+9-LTS, mixed mode)

C:\Users\Think>
```

图 7.17　查看 Java 平台版本的命令及显示结果

视频 7.2　Scheme 体验

7.2.3　Scheme 体验

下面接着 7.2.1 来体验函数式程序设计范式。

7.2.3.1　表达式

先来看看如何实现 3 乘以 7 的乘法操作，代码如下：

```
#( * 3 7)
```

执行代码，结果显示 21。注：这行命令中，“#”表示命令行提示符。

Scheme 的语法是一致的。它的表达式被放在一对圆括号里，括号里面第一个位置放前缀符号，随后跟两个参量。这是表达式的典型结构或格式。在这个例子中，符号“ * ”表示乘号，“3”和“7”表示被乘数和乘数。在 Kawa 环境执行这个表达式，会显示 3 乘以 7 的结果，即 21。

7.2.3.2　表达式嵌套

如何实现(3+8) * (8-3)计算呢？代码如下：

```
#( * (+3 8)(-8 3))
```

执行代码，结果显示为 55。

Scheme 表达式允许嵌套。这条命令相当于建立了一个树状结构。Scheme 代码的这种括号密集（parenthesis-heavy）型风格也称为 S 表达式（s-expressions）。这种语法更为简洁，编写的程序代码比其他语言要简单得多。

7.2.3.3　内建函数

如何实现密码长度的判断，如果小于给定长度，显示重新输入？代码如下：

```
# (if(<(string-length "psw11111")8)(display "Please input password again!"))
```

执行代码,结果显示 Please input password again!

和面向对象不同的是,Scheme 抽象的主要手段不是类和对象,而是函数和函数操作的数据。它所做的每件事情,实质上都是调用一些带有参数且能够返回计算结果的函数。Scheme 有许多内建的函数,用它们可非常方便地用 S 表达式操作数据。例如,命令中的 if 用于判断,string-length 用于计算字符串长度,display 用于显示字符串信息等。这些内建函数以同样的机理工作。

7.2.3.4　自定义函数

如何把“ * ”符号替换成文字形式呢?代码如下:

```
#(define(multiply a b)( * a b))
```

利用 define 关键字可以自定义函数。这里定义了一个 multiply 函数,接收名为 a、b 的两个参数,函数体执行乘法(*)运算后返回计算结果。

函数被定义后,就可以在 REPL 中调用它了。例如:

```
#(multiply 3 8)
```

执行结果与执行(* 3 8)的结果一样,都是 24。

7.2.3.5　数据迭代

如何使一个列表中的值翻三倍呢?

首先,定义一个函数,该函数接收一个参数,使其值乘以 3,即:

```
#(define(triple a)( * a 3))
```

其次,定义一个列表,列出要翻三倍的值,即:

```
#(define mylist(list 3 7 11 21 60 120))
```

最后,用 triple 函数遍历 mylist 列表,即可实现该列表中的所有值都翻三倍。

```
#(maptriple mylist)
```

执行上述函数,结果显示(9 21 33 63 180 360)。

在 Scheme 世界,函数是一等公民。上面的 list 函数用于定义数据列表,map 函数用于遍历数据列表。map 函数的参数包括函数参数和列表参数。它遍历列表参数中的每个元素,每次将其中一个元素作为参量调用函数参数,最后将所得结果组成一个新的列表。显然,这是实现了 for 循环的函数化方法。

另外要注意的是,Scheme 没有静态的类型声明,只有运行时才检查数据的类型。

7.2.3.6　lambda

实现 7.2.3.5 的三条命令可以合并为一条命令吗?代码如下:

```
#(map(lambda(a)( * 3 a))(list 3 7 11 21 60 120))
```

执行代码,显示结果同 7.2.3.5。这里利用 lambda 关键字定义了一个匿名函数。

再如:

```
#(define(myfun a)(lambda(b)( * a b)))
```

这里定义了一个名为 myfun 的函数。它接收参数 a,返回一个带有参数 b 的匿名函数。调用时,匿名函数将求 a 和 b 之积。

再如:

```
#(myfun 5)
```

执行(myfun 5)，表示给我一个函数，可以把传给它的参量翻5番。执行这条代码时，REPL会显示一些代码，也就是把lambda过程作为一个字符串打印出来。例如：<procedure gnu. expr. CompiledProc>。

下面来使用myfun函数：

```
#(definemul(myfun 5))
#(mul 6)
```

执行这两行代码，显示结果为30。

这里值得指出的是lambda是作为一个闭包执行的。它被"封装"起来，保持它被创建时对作用范围内变量的引用。(myfun 5)调用后，作为返回结果的lambda持有a的值，当执行(mul 6)时，它计算5 * 6，返回预期的30。

7.2.3.7 macros

在Scheme里，对集合进行迭代，可以使用map或递归函数调用。另外就是用do命令实现循环。例如：

```
#(do((i 0(+i 1)))((=i 3)#t)(display"Hello,World!"))
```

执行这行代码，结果会显示三次"Hello,World!"，即用do命令执行一个循环，把给定字符串重复显示指定次数。这条do命令中定义了一个索引变量i，并初始化为0，迭代增量为1。当表达式(=i 3)的值为真时，返回#t(相当于布尔值true)，中止循环。

可否用更为简洁的方式，例如(mydo 3(display"Hello,World!"))，来实现循环呢？答案是macro(宏)。利用macro，可以建立与编译器的关联，重新定义语言本身。Scheme用define-syntax实现macro。

例如，define-syntax自定义语法，可以把mydo等的特殊语法加入语言中：

```
#(define-syntax mydo(syntax-rules()((mydo n cmd)(do((i 0(+i 1)))((=i n)#t)cmd))))
```

自定义语法后，就可以很方便地使用它了。例如：

```
#(mydo 3(display"Hello,World!"))
```

执行效果与直接执行do命令相同。

自定义mydo，就是告诉系统对mydo的调用要特别对待，即用自定义的语法规则匹配一个模式，在将命令送入编译器前要将它展开。也就是说，模式(mydo n cmd)要被转换为标准的do循环。

那么，实现这样的功能必须要使用macro吗？可否用一个常规函数来实现这件事情呢？对函数的任何调用，在开始之前会触发对该函数所有参数的求值操作。这些求值需要延迟，只有macro才可以实现。

另外，在macro里用了变量i，如果在cmd表达式中有一个变量取了相同的名字，会不会产生冲突呢？Scheme的macro以"卫生"著称，其编译器会自动检测并知道如何处理这样的命名冲突，这对程序员是完全透明的。

在C#等语言中像这样添加自己的循环结构，几乎不可能。当然，像Java这样语言，其编译器是开源的，可以免费下载和使用，不过要添加自己的语法也不太现实。一些动态语言提供的闭包可以让你对语言做一改动，但也没有足够灵活和强大到可以让我们随便调整语法的程度。由此可知，Scheme这一特性的重要性。当语言本身可以被调整到适当的问题领域时，会减少许多的程序设计障碍。

7.2.3.8　Scheme 源程序的编辑、装入和运行

作为一门新的语言，如何用它编写"Hello, World!"程序呢？可以用记事本编写一个 hello.scm 文件（scm 为 Scheme 源程序的扩展名）：

```
;The first program
(begin
  (display "Hello, World!")
  (newline)
)
```

在这个程序中，第一行是注释语句。Scheme 会忽略带分号的行。begin 是 Scheme 中用来标明语句段开始的语句。这段代码有两个子语句段。其中，第一段调用 display 过程在控制台输出其参数"Hello, World!"字符串；第二段调用 newline 过程输出一个回车换行。

加载 hello.scm 源文件的命令如下：

```
#(load "d:\\hello.scm")
```

Kawa 平台会装入 D 盘根目录下的 hello.scm 文件并运行该程序，输出 Hello, World! 和回车换行。

7.3　程序设计的基本元素

强大的程序设计语言不只是指示计算机执行任务的一种手段，也可以作为人们组织过程想法的框架。因此，学习一种语言的时候，要特别关注语言提供的用简单想法形成复杂思想的手段。每种强大的语言都有三种机制来实现这一点：一是原子表达式（表示语言所涉及的最简单实体），二是组合手段（用简单实体构成复合元素），三是抽象机制（为复合元素命名并以单元的形式进行操作）。程序设计处理两种基本元素：过程和数据。数据是要操作的"事物"，过程是对操作数据规则的描述。因此，任何强大的编程语言都应该能够描述原子数据和原子过程，也应该有形成并抽象过程和数据的方法。本节学习构建过程的规则。

7.3.1　表达式

开始进行程序设计的简单方法是使用 Scheme 解释器体验一些常见的人机交互。也就是坐在电脑前，输入表达式，解释器显示该表达式的计算结果做出响应。

输入的一种原子表达式是数字。例如，输入：

```
2008
```

解释器会显示：

```
2008
```

表示数字的表达式可以和表示诸如"+、-、*、/"这样的原子过程的表达式组合，形成表示过程对数字进行运算的复合表达式。例如：

```
(+2000 8)
2008
(-8 3)
5
```

```
(*4 3)
12
(/28 2)
14
(+12.7 15.7)
28.4
```

这种通过在圆括号内界定表达式列表以表示过程应用而形成的表达式,称为组合(combination)。列表最左边的元素称为运算符(operator),除此之外的其他元素称为操作数(operand)。组合的值是将运算符所指定的过程应用于作为操作数的值参而获得的。

将操作符置于操作数左边的形式称为前缀表示法(prefix notation)。这与传统的数学表达形式非常不同,刚接触时可能容易产生混淆。但前缀表示法有一些好处。例如,可以容纳任意数量的参数:

```
(+2008 5 12 14 28 4)
2071
(*2008 5 12 14 28 4)
188912640
```

由于运算符总是在最左边,整个组合由圆括号界定,就不会出现二义性。

前缀表示法的另一个好处是以一种直观的方式进行扩展以允许嵌套的组合,即组合的元素也是组合:

```
(+(*200 10) (- 10 2))
2008
```

原则上,这种嵌套的深度和解释器能求值的表达式的总复杂度是没有限制的。人们有时会被一些解释器易于计算的相对简单的表达式搞糊涂。例如:

```
(+(*2008(+(*5 12)(+14 28)))(+(-4 9)4))
```

解释器很容易就能计算出结果为204815。

为了更清晰,可以用一种缩进的形式来编辑这样的表达式:

```
(+
      (*2008
        (+(*5 12)(+14 28))
      )
      (+(-4 9)4)
)
```

遵循这种称为"优雅打印(pretty-printing)"的格式惯例编排长句组合以便操作数垂直对齐,使用缩进显示清楚地展现表达式的结构。

不管多么复杂的表达式,解释器都是以相同的方式工作:从终端读取表达式、对表达式求值、打印结果。这种工作模式通常称为REPL(read-eval-print loop)。要注意的是,没必要明确指示解释器显示表达式的值。

视频7.3 命名和环境

7.3.2 命名和环境

程序设计语言提供的一个重要手段是使用名字引用计算对象。名称标识了一个变量,变量的值就是对象。Scheme用define关键字来命名事物。例如：

```
(define year 2008)
```

解释器把数字 2008 与名称 year 关联起来，可以按名称来引用 2008 这个值。例如：

```
year
```

结果显示 2008。

```
(+year 10)
```

结果显示 2018。

下面再看一个使用 define 的例子：

```
(definePI 3. 1415926)
(define r 3)
( * PI( * r r))
```

结果显示 28. 2743334。再如：

```
(define circumference( * 2PI r))
circumference
```

结果显示 18. 849555600000002。

define 是语言中最为简单的抽象手段。它使我们可以用简单的名字来引用复合运算的结果，如前面圆周的计算。计算对象的结构一般都比较复杂，每次使用它们，要记住并重复它们的细节非常不方便。通常情况下，复杂程序都是通过逐步建立越来越复杂的计算对象建造起来的。由于“名字—对象”的关联可以在一系列的交互过程中逐步创建，解释器使得一步步构建程序变得非常方便。这一特性可促进程序的增量式开发和测试，并在 Scheme 程序通常由大量相对简单的过程组成中体现出来。

应该指出的是，把值与符号关联并在随后检索它们，意味着解释器需要一定数量的内存空间，以便跟踪“名字—对象”对。该内存空间称为环境(environment)，或全局环境(global environment)。

7.3.3　组合求值

视频 7.4　组合求值

本节的目标之一是把与过程化思维的问题抽离出来。考虑这样一种情况，在对组合进行求值时，解释器自己遵循下面这个过程：

(1)对组合的子表达式求值。

(2)把过程(最左边的运算符子表达式值)应用于参数(其他的操作数子表达式值)。

这个简单的规则大致说明了关于流程的一些要点。首先，看看第一个步骤，它说明了为了完成一个组合的求值过程，必须先对该组合中的每个元素执行求值过程。所以，求值规则实质上是递归的(recursive)，即它包括一个调用自己的步骤。

注意，用递归可以非常简洁地表达深度嵌套组合的情况，不然会是一个相当复杂的过程。例如，求值：

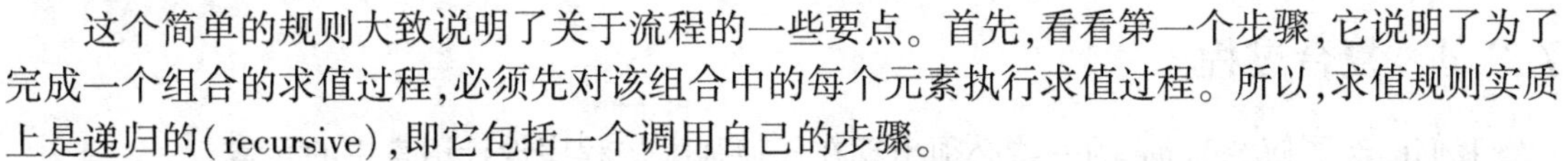

```
(+( * 5(+3 7))( * 2 4 8))
```

需要将求值规则应用到四个不同的组合。可以采用树形来表示该组合以图示其过程，如图 7. 18 所示。每个组合可表示为一个节点，该节点带有分支，这些分支就是组合的操作符和操作数。端节点(没有分支的节点)代表操作符或数字。从这棵树的角度来看求值,可以想象,操作数的值从端节点开始,一级一级地逐步向上进行组合。一般来说,递归可以被看成强大的处理树状对象这样的层次结构的技术。实际上,求值规则的“向上渗透值(percolate values upward)”形式是一种称为树积聚(tree accumulation)过程的例子。

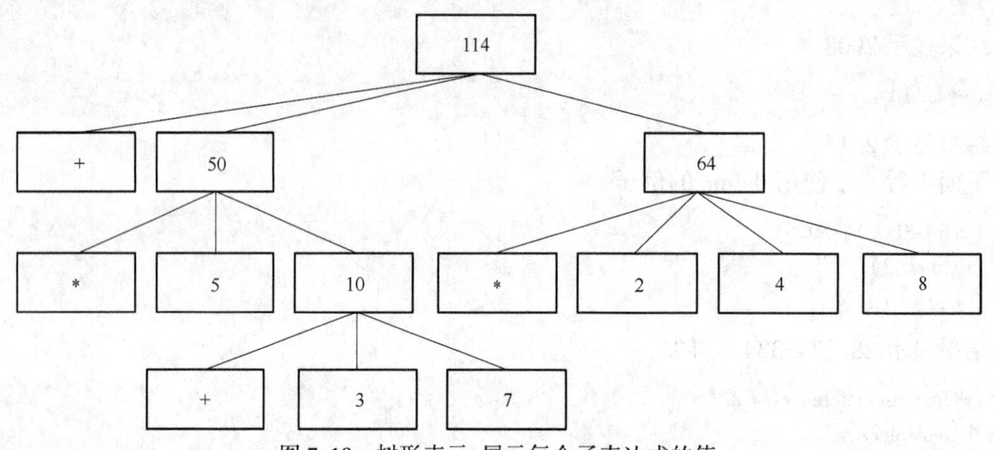

图 7.18 树形表示,展示每个子表达式的值

再来看看第二个步骤,就是重复应用第一个步骤,直到对原子表达式(非组合)求值,如数字、内置运算符或其他名字。对原子表达式,我们明确规定:

(1)数字的值是数字指定的数量。

(2)内置操作符的值是实施相应操作的机器指令序列。

(3)其他名字的值是与环境中的那些名字关联的对象。

第二条规则可看作是第三条规则的特例,即指定诸如“+”“*”这样的符号也包含在全局环境中,并与其机器指令序列“值”关联。要特别指出的是,环境在判断表达式中符号的含义所起的作用。在 Scheme 这样的交互式语言中,对于具有意义的符号 x,如果不指定环境相关的任何信息,诸如(+x 1)这样的表达式的值就没有任何意义。为求值提供上下文的环境在我们理解程序的执行方面起着重要作用。

注意前面给出的求值规则不处理定义。例如,(define x 5)不是把 define 用于两个参数(其中一个是符号 x 的值,另一个是 5),define 的目的仅是简单地把 x 与一个值关联起来,换句话说,(define x 5)不是组合。

相对于通常的求值规则,这种例外称为特殊形式(special form)。每种特殊形式都有自己的求值规则。各种表达式(每个都与其求值规则关联)构成了程序设计语言的语法。与大多数其他程序设计语言相比,Scheme 有非常简单的语法,即表达式的求值规则可以用简单的通用规则和部分特殊形式的特定规则进行描述。

7.3.4 复合过程

我们已经了解 Scheme 的一些必须出现在任何强大的程序设计语言中的元素:

(1)数字和算术运算是原子数据和过程;

(2)组合的嵌套提供了组合操作的手段;

(3)关联名字和值的定义提供了有限的抽象手段。

现在,来了解一种更强大的抽象技术——过程定义,即给复合运算一个名字,然后作为一个单元加以引用。

考虑如何表达"求平方"的想法。可以这样说,"对某些东西求平方,就是乘以它自身。"用已学习的语言,可以这样表达:

```
(define(square x)(*x x))
```

可以以如图 7.19 所示的形式来理解:

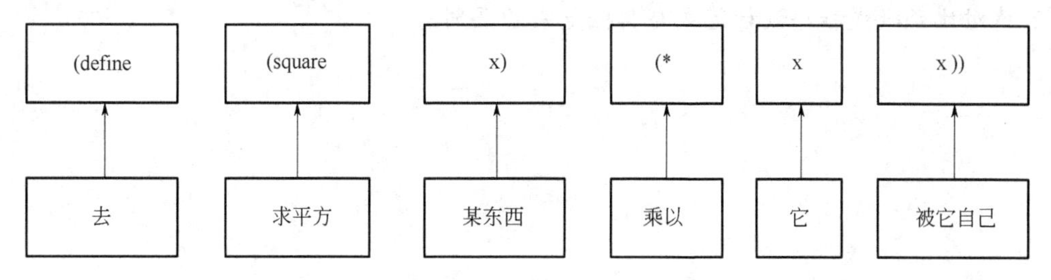

图 7.19　对于求平方表达式的理解

这就有了一个给定名字为 square 的复合过程,表示了某物乘以自身的运算。要被乘的东西被赋予了一个局部名字 x,起着与自然语言中代词这种角色相同的作用。对定义求值就会创建该复合过程,并将它与名字 square 关联起来。

一个过程定义的通用形式如下:

```
(define(<过程名字><形式参数>)<过程体>)
```

<过程名字>是与环境中的过程定义关联的符号。<形式参数>是与在过程体中使用的过程参数的名字。<过程体>是一个表达式,当形式参数被应用该过程的实际参数替换时,该表达式将产生过程应用的值。<过程名字>和<形式参数>像在实际调用要定义的过程那样被分组在括号内。定义了 square,就可以使用它了。例如:

```
(square 53)
结果显示 2809。
(square(*2 5))
结果显示 100。
(square(square 9))
结果显示 6561。
```

在定义其他过程时,可以把 square 作为构造块(building block)。例如,求 a^2+b^2,可表示为:

```
(+(square a)(square b))
```

可以很容易地定义求平方和的过程,即给定任意两个参数的值,产生它们的平方之和:

```
(define(sum-of-squares x y)   (+(square x)(square y)))
(sum-of-squares 5 12)
```

结果显示 169。

现在可以用 sum-of-squares 作为构造块进一步构造过程:

```
(define(f x)   (sum-of-squares(+x 5)(*x 12)))
(f 14.28)
```

结果显示 29735.967999999997。

复合过程的使用方式与原子过程完全相同。事实上,你没法判断 sum-of-squares 定义中的 square 到底是像“+”和“ * ”那样内建在解释器中，还是被定义的复合过程。

习题七

1. 安装 Java 平台，下载 Kawa 程序，调试本章中的程序。
2. 请对比函数式程序设计范式与其他范式的区别。

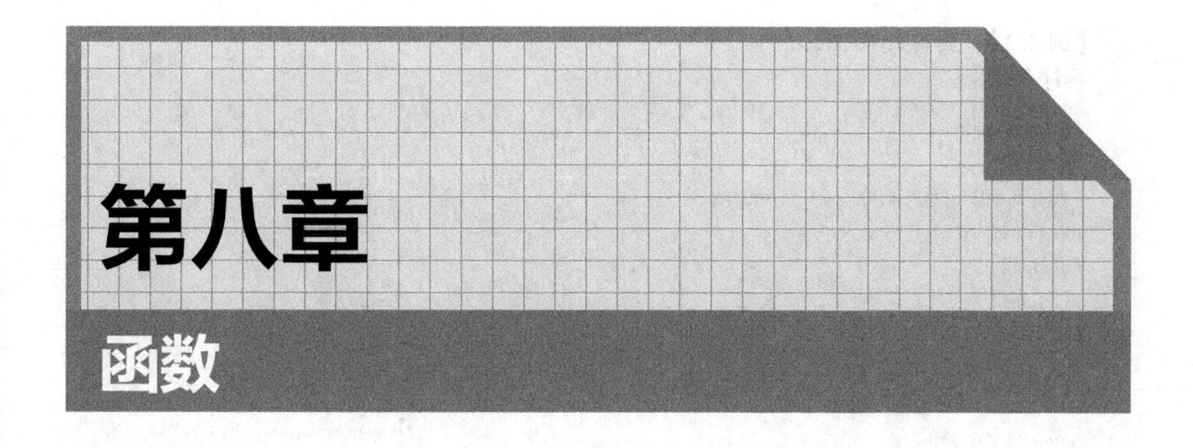

第八章 函数

8.1 函数的定义

软件能够完成许多功能,包含的程序段很多。从组成上看,各个功能模块彼此具有一定的联系,而功能上各自独立;从程序开发过程上看,不同的模块可能由不同的程序员开发。在C语言中,函数就是这些程序模块,函数是构成C程序的基本单位。

8.1.1 概述

函数是一个能够独立完成某种功能的程序块,其中封装了程序代码和数据,实现了更高级的抽象和数据隐藏。一个C程序由一个主函数和若干个子函数组成,通过函数之间的相互调用来实现函数之间的数据访问。

从用户的使用角度,函数分为两种,即标准函数(或库函数)和用户自定义函数:

(1)标准函数,是系统已经编译好的函数,一个函数实现一种特定的功能。在调用标准函数时要使用include命令。例如在调用数学函数abs(),sqrt()等时,要使用命令"#include<math.h>";在使用字符串函数strcpy(),strlen()等时,要使用命令#include<string.h>。

(2)用户自定义函数,是用户自己编写的,用以实现某种功能的函数。本章将介绍的都是用户自定义函数。

8.1.2 函数的种类

函数与变量一样,在使用前需要对其进行定义,用以说明函数的结构和特点。

8.1.2.1 无参数函数

无参数函数定义的一般格式如下:

```
类型标识符函数名()
{
    函数体语句;
}
```

其中,类型标识符表示函数值的类型,即函数的返回值类型。

【例 8.1】 打印钻石图形。

程序如下：

```
#include<stdio.h>
main()
{void function1(),function2(),function3();
function1();
function2();
function3();
}
void function1()
{
puts(" * ");
}
void function2()
{
puts(" *** ");
}
void function3()
{
puts(" * ");
}
```

输出：

```
 *
***
 *
```

8.1.2.2 有参数函数

有参数函数定义的一般格式如下：

```
类型 标识符 函数名(形式参数表列)
{
函数体语句
}
```

其中，类型标识符表示函数值的类型，即函数的返回值类型。

【例 8.2】 输入两个整数，输出加、减、乘、除结果。

程序如下：

```
#include<stdio.h>
main()
{int num1,num2,num3,a,b;
int add(int x,int y),sub(int x,int y),mul(int x,int y);
float num4;
float div(int x,int y);
printf("Input two numbers:\na=");
scanf("%d",&a);
printf("b=");
scanf("%d",&b);
```

```
num1=add(a,b);
num2=sub(a,b);
num3=mul(a,b);
num4=div(a,b);
printf("%d+%d=%d\n",a,b,num1);
printf("%d-%d=%d\n",a,b,num2);
printf("%d * %d=%d\n",a,b,num3);
printf("%d/%d=%.2f\n",a,b,num4);
}
int add(int x,int y)
{int z;
z=x+y;
return(z);
}
int sub(int x,int y)
{int z;
z=x-y;
return(z);
}
int mul(int x,int y)
{int z;
z=x * y;
return(z);
}
float div(int x,int y)
{float z;
if(y==0)
z=0;
else
z=x/y;
return(z);
}
```

输入：

```
Input two numbers:
a=6↙
b=3↙
```

输出：

```
6+3=9
6-3=3
6 * 3=18
6/3=2.00
```

8.1.2.3　空函数

C 语言中允许定义空函数，其一般格式如下：

```
函数名()
{
}
```

在C语言中,空函数什么工作也不做,没有实际作用,它只是程序设计的一个技巧。在软件开发过程中,模块化设计将程序分解为不同的模块,由不同的开发人员设计,也可能某些模块暂时空缺,等待后续的开发工作完成。

【例8.3】 求两个字符串的和。

程序如下:

```
#include<stdio.h>
#include<stdlib.h>
void add1(int x,int y)
{int z;
z=x+y;
printf("%d+%d=%d\n",x,y,z);
}
void add2()
{
}
main()
{ char s1[10],s2[10];
int i,j,flag;
flag=0;
printf("Input two numbers:\n");
printf("s1=");
gets(s1);
printf("s2=");
gets(s2);
for(i=0,j=0;s1[i]!='\0'||s2[j]!='\0';i++,j++)
if(s1[i]>='0'&&s1[i]<='9'&&s2[j]>='0'&&s2[j]<='9')
flag=1;
else
{
flag=0;
break;
}
if(flag==1)
add1(atoi(s1),atoi(s2));
else
add2();
}
```

输入:

```
Input two numbers:
s1=123↙
s2=321↙
```

输出：

```
123+321=444
```

输入：

```
Input two numbers:
s1=123↙
s2=qwe↙
```

输出：

```
□
```

程序中首先输入两个字符串，然后判断它们是否为整型数据，如果为整型数据，则执行子函数 add1，计算并输出结果；否则执行子函数 add2，由于子函数 add2 是空函数，因而什么也不执行。

程序中 atoi( )的作用是将字符串转换成整型数据，如将字符串“12”转换成整型数据 12。由于库函数 atoi( )包含在预处理文件“stdlib. h”中，因而在程序开始要使用命令#include<stdlib. h>。

8.2 函数的参数及返回值

在 C 语言中，采用参数、返回值和全局变量 3 种方式进行数据传递。主函数与子函数之间双向传递数据，当调用函数时，通过函数的参数，主函数为形式参数提供数据；调用结束时，子函数通过返回语句将函数的运行结果返回到主函数中。函数之间还可以通过使用全局变量，在某个函数中使用其他函数中的某些变量的结果。

8.2.1 函数的参数

在 C 语言中，函数有两种类型的参数，即形式参数和实际参数。形式参数（简称形参）是指在定义函数时函数名后面圆括号中的变量名称；实际参数（简称实参）是指在主函数中调用一个函数时，函数名圆括号中的参数。

【例 8.4】 输入一段英文文字，将其中的所有字母变成大写形式。

程序如下：

```
#include<stdio. h>
void function( char c)
{if(c>='A'&&c<='Z')
c+=32;
else if(c>='a'&&c<='z')
c-=32;
printf("%c",c);
}
main( )
{char c;
printf("Input a string(with end of #):");
loop:
while((c=getchar())! ='#')
```

```
{
function(c);
}
}
```

输入：

```
Input a string(with end of #):heal the world. #↙
```

输出：

```
HEAL THE WORLD。
```

关于形参和实参应注意以下几点：

(1)形参在子函数中定义，而实参在主函数中定义。

(2)形参和实参是单向的值传递，即实参的值传给形参，因而形参与实参的数据类型、参数个数必须相同，且一一对应。

(3)形参是形式上的参数，定义后编译系统并不为其分配存储空间；在函数调用时，只临时分配存储空间，函数调用结束后，内存空间自动释放。

(4)实参可以是变量名、表达式，也可以是数组，但在函数调用时，必须有确定的值。

8.2.2 返回值

函数调用后的结果称为函数的返回值，通过返回语句返回到主函数中。函数返回语句的一般格式如下：

```
return(表达式)或 return 表达式
```

其功能是把表达式的值返回到主函数中。

【例 8.5】 输入 10 个整型数据，求其中的最大数。

程序如下：

```
#include<stdio.h>
int function(int x,int y)
{if(x<y)
x=y;
return(x);
}
main()
{int i,num,max;
i=2;
printf("Input 10 numbers:\n");
printf("number1=");
scanf("%d",&max);
loop:
while(i<=10)
{
printf("number%d=",i++);
scanf("%d",&num);
max=function(max,num);
}
printf("The max number is %d\n",max);
}
```

输入：

```
Input 10 numbers:
number1 = 12↙
number2 = 32↙
number3 = 12↙
number4 = 32↙
number5 = 12↙
number6 = 43↙
number7 = 21↙
number8 = 32↙
number9 = 21↙
number10 = 21↙
```

输出：

```
The max number is 43
```

return 语句的使用应注意以下几点：

(1)return 语句中表达式的值就是返回到主函数中的值。

(2)函数返回值必须与函数定义的类型一致。

(3)一个子函数中可以包括多个 return 语句,但是一次子函数的调用,只有一个 return 语句被执行。当程序执行 return 语句后,就立即退出子函数并返回到主函数中。

(4)return 语句可以不使用任何表达式,此时它的作用是使流程返回到主函数中,但不返回具体的值。如果函数不需要返回值,则在定义时,使用 void 类型定义子函数。

8.3 函数的调用

C 语言中函数调用的一般格式如下：

```
函数名(实参列表);
```

其中,实参列表必须与定义函数时的形参列表个数相同、类型一致,如果实参列表包含多个实参,则各参数之间用逗号隔开;如果是调用无参数函数,则实参列表可以没有,但是圆括号不能省略。

8.3.1 函数的调用方式

按照函数在程序中的位置,函数调用可以分为 3 种形式。

8.3.1.1 函数语句

函数语句是把函数的调用作为一条语句,并不返回值,只是要求函数完成一定的操作。

【例 8.6】 函数语句实例。

程序如下：

```
#include<stdio.h>
void function()
{printf("Hello,World! \n");
}
```

```
main()
{function();
}
```

输出：

```
Hello,World!
```

8.3.1.2 函数表达式

函数出现在一个表达式中，则这个表达式称为函数表达式，此时函数必须返回一个确定的值参与表达式的计算。

【例 8.7】 求 1！+2！+3！+…+n！。

程序如下：

```
#include<stdio.h>
int function(int x)
{int i,y;
y=1;
for(i=1;i<=x;i++)
y*=i;
return(y);
}
main()
{int i,n,sum;
sum=0;
printf("Input the number n=");
scanf("%d",&n);
for(i=1;i<=n;i++)
sum+=function(i);
printf("1! +…+%d! =%d\n",n,sum);
}
```

输入：

```
Input the number n=6↙
```

输出：

```
1! +…+6! =873
```

本程序中函数 function(i)是表达式的一部分，它的值与 sum 的值之和再次赋给 sum。

8.3.1.3 函数参数

函数的返回值作为函数再次调用的参数，实际上是函数表达式形式调用的一种。

【例 8.8】 输入 3 个整型数据，求出其中的最大数和最小数。

程序如下：

```
#include<stdio.h>
int max(int x,int y)
{return(x>=y? x:y);
}
int min(int x,int y)
{return(x>=y? y:x);
```

```
}
main()
{int a,b,c;
int num1,num2;
printf("Input 3 numbers. \n");
printf("a=");
scanf("%d",&a);
printf("b=");
scanf("%d",&b);
printf("c=");
scanf("%d",&c);
num1=max(a,max(b,c));
num2=min(a,min(b,c));
printf("The biggest number is %d. \n",num1);
printf("The smallest number is %d. \n",num2);
}
```

输入：

```
Input 3 numbers.
a=12↙
b=32↙
c=21↙
```

输出：

```
The biggest number is 32。
The smallest number is 12。
```

本程序中 max(a,max(b,c))是函数嵌套,其中 max(b,c)是函数调用,返回值作为函数再次调用的参数,并返回 3 个数中的最大数。

8.3.2 函数的声明

在 C 语言中,编译调用程序中的函数时,如果不知道该函数的参数个数及类型,则编译系统无法检测形参和实参是否匹配。为了保证函数调用时,编译系统能够检测出形参与实参是否满足类型及个数匹配,必须为编译系统提供该函数的返回值类型、参数类型和参数个数。

在主函数调用子函数之前,必须对子函数进行声明,其声明格式如下:

```
函数类型 函数名(形参类型 1 形参名 1,形参类型 2 形参名 2,…,形参类型 n 形参名 n)
```

【例 8.9】 求小于等于 n 的全部质数之和。

程序如下:

```
#include<stdio.h>
#include<math.h>
main()
{int function(int x);                    /*函数的定义*/
int i,j,n,sum;
sum=0;
j=0;
printf("Input n=");
```

```
scanf("%d",&n);
printf("Primes from 2 to %d are\n",n);
for(i=2;i<=n;i++)
{
sum+=function(i);
if(function(i)! =0)
{
printf("%4d",function(i));
if(++j%5==0)
printf("\n");
}
}
printf("The result is %d\n",sum);
}
int function(int x)/＊函数的声明＊/
{
int i,k,flag;
flag=1;
k=sqrt(x);
for(i=2;i<=k;i++)
if(x%i==0)
flag=0;
if(flag==1)
return(x);
else
return(0);
}
```

输入：

```
Input n=100↙
```

输出：

```
Primes from 2 to 100 are
 2   3   5   7  11
13  17  19  23  29
31  37  41  43  47
53  59  61  67  71
73  79  83  89  97
The result is 1060
```

函数的声明与函数的定义虽然在形式上很相似，但二者在本质上是有区别的，具体表现在以下两点：

(1)函数的声明是对编译系统的一个说明，不含具体的操作；而函数的定义是编写一段程序，包含功能语句。

(2)在程序中函数的定义只能有一次；而函数的声明可以有多次，即调用几次子函数，就有几次函数声明。

8.4 数组作函数的参数

数组是相同类型有序数据的集合。数组作函数的参数有两种情况,即数组元素作函数的参数和数组名作函数的参数。

8.4.1 数组元素作函数的参数

由于函数的形参是在函数定义时定义的,并无具体的值,因此数组元素只能在函数调用时作为函数的实参。

【例 8.10】 求一个二维数组中的最大值。

算法为:利用随机函数 rand,产生一个二维数组 array[5][5],然后将第一个元素作为 num,调用子函数进行逐个判断,最后输出最大值。

程序如下:

```
#include<stdio.h>
#include<time.h>
main()
{int max(int x,int y);
int i,j,num,array[5][5];
srand(time(NULL));
for(i=0;i<5;i++)
for(j=0;j<5;j++)
array[i][j]=rand()%90+10;
printf("\nThe matrix is\n");
for(i=0;i<5;i++)
{
for(j=0;j<5;j++)
printf("%4d",array[i][j]);
printf("\n");
}
num=array[0][0];
for(i=0;i<5;i++)
for(j=0;j<5;j++)
num=max(num,array[i][j]);
printf("The max number is %d\n",num);
}
int max(int x,int y)
{
return(x>=y? x:y);
}
```

输出:

```
The matrix is
28  18  64  57  10
59  35  32  66  17
```

```
58  10  80  34  83
74  44  60  91  27
52  71  76  35  41
The max number is 91
```

当数组中的元素作为函数的实参时,必须在主函数中定义数组,并使之存在具体的元素,即函数调用之前,数组已有了初值,当调用函数时,将该数组元素传递给对应的函数形参。

8.4.2 数组名作函数的参数

在C语言中,不仅数组元素可以作为函数的参数,数组名也可以作为函数的参数。

【例 8.11】 某班期中考试科目为数学、英语和物理,该班学生人数不超过50人。为了统计这次考试,要求输出学号、各科成绩、总分和平均分,并标出优秀学生(每门功课都在90分以上)。

算法为:首先把学生学号和学生的3门成绩分别用一个一维整型数组和一个二维实型数组表示,然后计算每个学生的总分和平均分;其次判断每个学生成绩是否都在90分以上,如果都在则输出Y,否则输出N,最后输出整个结果。

程序如下:

```
    #include<stdio.h>
    /*输入学号及成绩,返回值为学生人数*/
    int function1(int num[],float grade[][3])
    {int i,n;
    printf("Input the total of students:");
    scanf("%d",&n);
    printf("Input informations of students.\n");
    for(i=0;i<n;i++)
    {
    printf("No.=");
    scanf("%d",&num[i]);
    printf("Maths=");
    scanf("%f",&grade[i][0]);
    printf("English=");
    scanf("%f",&grade[i][1]);
    printf("Physics=");
    scanf("%f",&grade[i][2]);
  }
  return(n);
}
/*计算成绩的总分、平均分,判断是否为优秀,没有返回值*/
void function2(float grade[][3],int sum[],float average[],char c[],int n)
{int i,j;
    for(i=0;i<n;i++)
    {
    sum[i]=0;
    for(j=0;j<3;j++)
    sum[i]=sum[i]+grade[i][j];
    average[i]=(float)(sum[i]/3);                /*强制类型转换*/
```

```
        if(grade[i][0]>=90&&grade[i][1]>=90&&grade[i][2]>=90)
            c[i]='Y';
        else
            c[i]='N';
        }
}
/*输出相关信息,没有返回值*/
void function3(int num[],float grade[][3],int sum[],float average[],char c[],int n)
{int i,j;
printf("The result is\n");
printf("No.\tMaths\tEngLish\tPhysics\tSum\tAverage\t>90\n");
for(i=0;i<n;i++)
{
    printf("%4d\t",num[i]);
    for(j=0;j<3;j++)
    printf("%4.2f\t",grade[i][j]);
printf("%4d\t%4.2f\t%4c\n",sum[i],average[i],c[i]);
    }
}
main()
{int n,num[50],sum[50];
    float average[50],grade[50][3];
    char c[50];
    n=function1(num,grade);
    function2(grade,sum,average,c,n);
    function3(num,grade,sum,average,c,n);
}
```

输入:

```
Input the total of students:4↙
Input informations of students.
No. =1001↙
Maths=95↙
English=90↙
Physics=85↙
No. =1002↙
Maths=90↙
English=94↙
Physics=93↙
No. =1003↙
Maths=97↙
English=88↙
Physics=87↙
No. =1004↙
Maths=95↙
English=93↙
Physics=91↙
```

输出：

```
The result is
No.   Maths   EngLish   Physics   Sum   Average   >90
1001  95.00   90.00     85.00     270   90.00     N
1002  90.00   94.00     93.00     277   92.00     Y
1003  97.00   88.00     87.00     272   90.00     N
1004  95.00   93.00     91.00     279   93.00     Y
```

数组名作为函数参数时，必须遵循以下原则：

(1)必须在主调函数和被调函数中分别定义数组。

(2)实参数组和形参数组类型必须相同，形参数组可以不指定长度。

(3)如果形参是数组形式，则实参必须是该类型的数组名；如果实参是数组名，则形参可以是同类型的数组名，也可以是指向该类型数组的指针。

(4)数组名除了可以作函数的参数外，也可以作该数组在内存中的起始地址。

8.5 变量的作用范围

在C语言中，变量有局部变量和全局变量之分，其区别在于作用范围不同，局部变量的作用范围只在被定义的函数内部有效；全局变量的作用范围是从该变量定义开始到程序结束。

8.5.1 局部变量

局部变量是指定义在函数内部且只在该函数内部有效的变量。

【例8.12】 从键盘输入一个字符，如果是整型数据则进行奇偶数判断，如果是字符则进行大小写转换；反之输出其ASCII码。

算法为：功能是在主函数中输入字符，编写3个子函数，分别用于实现奇偶数判断、大小写转换、ASCII码求解。

程序如下：

```
#include<stdio.h>
void function1(char c)
{int x;
x=c-'0';                                    /*把数字字符转换成数字*/
printf("The number %d is",x);
if(x%2==0)
        printf("even number.\n");           /*偶数*/
    else
        printf("prime number.\n");          /*奇数*/
}
void function2(char c)
{
printf("%c----->",c);
    if(c>='a'&&c<='z')
        printf("%c\n",c-32);
    else
        printf("%c\n",c+32);
}
```

```
void function3( char c)
{
        printf( "%c----->%d" ,c,c);
}
main( )
{ char c;
printf( "Input a char:" );
c=getchar( );
if( c>='0'&&c<='9')
function1( c);
else if( c>='a'&&c<='z'||c>='A'&&c<='Z')
function2( c);
else
function3( c);
}
```

输入:

```
Input a char:a↙
```

输出:

```
a----->A
```

输入:

```
Input a char:7↙
```

输出:

```
The number 7 is prime number.
```

输入:

```
Input a char:#↙
```

输出:

```
#----->35
```

对于局部变量,应注意以下几点:

(1)形式参数是一种特殊的局部变量。

(2)C 语言允许在不同函数中使用同名变量,它们分别代表不同的含义,互不影响。

(3)在函数内部的复合语句中可以定义变量,此时变量的作用范围仅在复合语句中有效。

8.5.2 全局变量

全局变量又称为全程变量,它定义在所有函数外部,其作用范围是从变量的定义开始到程序结束。

【例 8.13】 输入年、月、日,计算并输出该日是该年的第几天。

程序如下:

```
#include<stdio.h>
int day_volume[12]={31,28,31,30,31,30,31,31,30,31,30,31};
int function1( int x,int y)
{int i;
```

```
for(i=0;i<x-1;i++)
y=y+day_volume[i];
return(y);
}
int function2(int x)
{int y;
y=x%4==0&&x%100! =0||x%400==0;
return(y);
}
main()
{int year,month,day,days;
printf("Input date(like this:1982.06.17):\n");
scanf("%d.%d.%d",&year,&month,&day);
printf("%d/%d/%d",year,month,day);
days=function1(month,day);
if(function2(year)&&month>=3)
days++;
printf("is the %dth day in the %d.\n",days,year);
}
```

输入:

```
Input date(like this:1982.06.17):
2005.10.1↙
```

输出:

```
2005/10/1 is the 274th day in the 2005.
```

本程序定义了一个全局整型一维数组变量 day_volume[ ],用以存放平年中每个月的天数。主函数 main()接收从键盘输入的日期,然后调用 function1()函数,计算该天是第几天(默认为平年),最后调用 function2()函数,判断该年是否为闰年,如果是闰年则 2 月份的天数加 1,反之不做任何变化。

【例 8.14】 编写程序实现以下功能:(1)输入 n 个职工的姓名和职工号(n 由键盘输入);(2)按职工号从小到大的顺序排列;(3)输入一个职工号,查出该职工的姓名。

程序如下:

```
#include<stdio.h>
#include<string.h>
int num[80];
char name[80][8];
/*插入职工信息*/
void function1(int n)
{int i;
for(i=0;i<n;i++)
{
printf("No.:");
scanf("%d",&num[i]);
printf("Name:");
getchar();
```

```
gets(name[i]);
}
}
/*根据职工号排序并输出排序结果*/
void function2(int n,int num[],char name[][8])
{int i,j,k,m;
char c[8];
for(i=0;i<n-1;i++)
{
k=i;
for(j=i+1;j<n;j++)
if(num[k]>num[j])
k=j;
if(i! =k)
{
m=num[i];
strcpy(c,name[i]);
num[i]=num[k];
strcpy(name[i],name[k]);
num[k]=m;
strcpy(name[k],c);
}
}
printf("Result is\n");
for(i=0;i<n;i++)
printf("%5d%10s\n",num[i],name[i]);
}
/*根据职工号查询职工姓名*/
void function3(int n,int number,int num[],char name[][8])
{int i,flag;
flag=0;
printf("The No. %d is ",number);
for(i=0;i<n;i++)
if(number==num[i])
{
printf("%s\n",name[i]);
flag=1;
}
if(flag==0)
printf("not find. \n");
}
main()
{int number,n,flag;
char ch;
flag=1;
printf("Input the number of workers:");
scanf("%d",&n);
```

```
function1(n);
function2(n,num,name);
while(flag)
{
printf("Input a number to get the name:");
scanf("%d",&number);
function3(n,number,num,name);
printf("Continue to search(Y/N)?");
getchar();
ch=getchar();
if(ch=='n'||ch=='N')
flag=0;
}
}
```

输入:

```
Input the number of workers:4↙
No.:1001↙
Name:Jim↙
No.:1002↙
Name:Jack↙
No.:1003↙
Name:Lucy↙
No.:1004↙
Name:Mary↙
```

输出:

```
Result is
1001    Jim
1002    Jack
1003    Lucy
1004    Mary
```

输入:

```
Input a number to get the name:1003↙
```

输出:

```
The No. 1003 is Lucy
Continue to search<Y/N>?
```

本程序中定义了两个全局变量 num[ ]和 name[ ],分别用于存储职工号和职工姓名。主函数 main( )接收键盘输入的职工号,然后分别调用 function1( )函数(接收键盘输入的职工号和职工姓名)和 function2( )函数(利用选择排序法对接收的职工信息进行排序,并输出排序结果),最后从键盘接收职工号,接着调用 function3( )函数来查询并输出职工姓名。

对于全局变量,应注意以下几点:

(1)由于全局变量在整个作用范围内均占用内存,因此增加了内存负担。

(2)当全局变量与局部变量发生冲突时,局部变量优先。

(3)全局变量破坏了程序的结构,且不利于数据保护。

8.6 函数的作用范围

在C语言中,根据函数能否被其他函数调用,将函数分为内部函数和外部函数,其区别在于作用范围不同。

8.6.1 内部函数

内部函数又称为静态函数,是指只能被本文件函数调用,而不能被其他文件函数调用的函数。其定义格式如下:

```
static 类型标识符 函数名(形参列表)
```

8.6.2 外部函数

在定义函数时,如果在函数的最左端加关键字 extern,则表示此函数是外部函数,可供其他函数调用。一般格式如下:

```
extern 函数名(形式列表)
```

【例 8.15】 输入两个整数,在外部函数中计算并输出两数的和与差。

程序如下:

```
/*文件 file1.c 中的程序:*/
#include<stdio.h>
main()
{extern function1(int x,int y);
extern function2(int x,int y);
int num1,num2;
printf("Input two numbers:\n");
printf("num1=");
scanf("%d",&num1);
printf("num2=");
scanf("%d",&num2);
function1(num1,num2);
function2(num1,num2);
}
/*文件 file2.c 中的程序:*/
function1(int x,int y)
{int z;
z=x+y;
printf("%d+%d=%d\n",x,y,z);
}
/*文件 file3.c 中的程序:*/
function2(int x,int y)
{int z;
```

```
z=x-y;
printf("%d-%d=%d\n",x,y,z);
}
```

输入:

```
Input two numbers:
num1=8↙
num2=5↙
```

输出:

```
8+5=13
8-5=3
```

本程序分别存放在 file1. c、file2. c、file3. c 三个文件中。由于 file1. c 中的主函数 main()先调用 file2. c 中的函数 function1,然后调用 file3. c 中的函数 function2,因而需要在 file1. c 中对外部函数先声明后调用。如果在定义 function1 和 function2 时,在其前面加关键字 static,则不能被 file1. c 中的主函数 main()调用。

外部函数是函数的默认类型,一般没有关键字 static 声明的函数都是外部函数。

8.6.3 多文件程序的运行

在 C 语言中,程序可以由一个或者多个函数组成,也可以由多个源文件组成。下面介绍在 Turbo C 环境下运行例 8.15 的程序。

(1)首先选择"File"→"New"命令,输入代码如下:

```
#include<stdio.h>
main()
{extern function1(int x,int y);
extern function2(int x,int y);
int num1,num2;
printf("Input two numbers:\n");
printf("num1=");
scanf("%d",&num1);
printf("num2=");
scanf("%d",&num2);
function1(num1,num2);
function2(num1,num2);
}
```

然后选择"File"→"Write to"命令,输入文件名"F:\file1. c";同理创建"F:\file2. c"和"F:\file3. c"。

(2)编译程序,生成目标文件。编译文件如图 8.1 所示。

(3)选择"File"→"New"命令,创建工程(注意要指定路径)并输入如图 8.2 所示的语句。然后选择"File"→"Write to"命令,输入文件名"F:\NUMBER. PRJ"。

(4)运行生成目标文件,生成可执行程序"NUMBER. EXE"。

(5)运行可执行程序"NUMBER. EXE"。

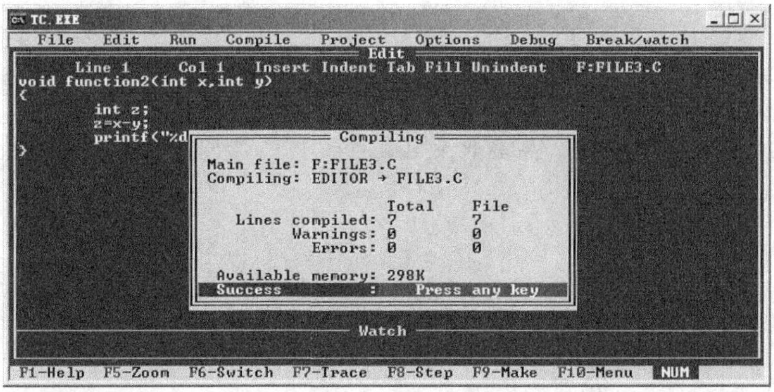

图 8.1　文件的编译

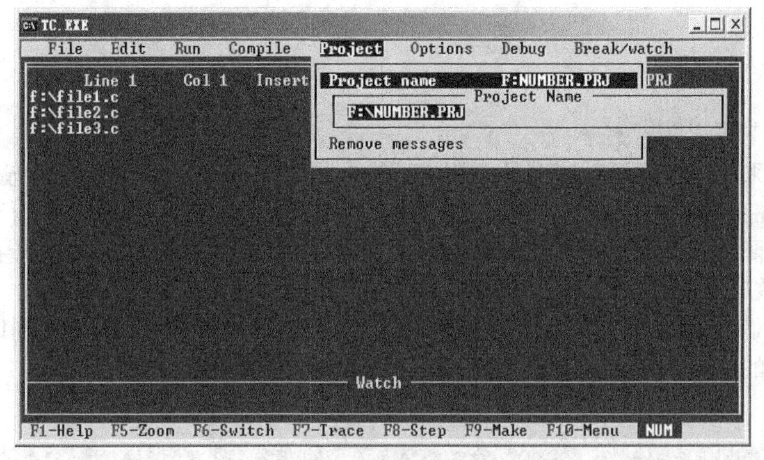

图 8.2　工程的创建

8.7　函数的嵌套调用

函数的嵌套调用是指在调用一个函数的过程中,同时又调用了其他函数。在整个调用与被调用的过程中,每个函数从定义位置来说是平行和独立的,不允许出现一个函数内部定义另一个函数的情况。

【例 8.16】　输入一个整数 n,求 12+22+32+…+n2 的值。

程序如下:

```
#include<stdio.h>
int function2(int x)
{int y;
y=x*x;
return(y);
}
void function1(int x)
{int i;
```

```
long sum;
sum=0;
for(i=1;i<=x;i++)
sum=sum+function2(i);
printf("1 * 1+2 * 2+…+%d * %d=%ld\n",x,x,sum);
}
main()
{int n;
printf("n=");
scanf("%d",&n);
function1(n);
}
```

输入：

```
n=10↙
```

输出：

```
1 * 1+2 * 2+…+10 * 10=385
```

本程序中采用了3个函数嵌套的调用方式，在主函数 main()中，提示用户输入 n 的值，通过调用函数 function1()进行公式计算和结果输出，在函数 function1()中，只进行数值的累加，数值的平方在函数 function2()中进行计算。在整个过程中，函数 function1()被主函数 main()调用一次，函数 function2()被函数 function1()调用 n 次。

需注意的是：不管函数之间的调用处于哪个层次，其调用规则、被调用规则以及调用完毕后返回主函数的规则，都与该函数的调用和返回规则基本一致。

8.8 函数的递归调用

函数的递归调用是指在调用一个函数的过程中又直接或间接调用该函数自身的情况。不管递归调用发生多少次，最终应该有一个终点，即当调用到某一层时，由于满足某一条件而停止继续递归下去，从而产生一个转折点，开始逐级返回过程。因此递归过程中一定要包含相关的判断语句，作为递归调用的结束标志。

【例 8.17】 汉诺塔问题。在一个铜板上有3根杆，最左边的杆上自上而下、由小到大顺序串着由64个圆盘构成的塔。游戏的目的是将最左边A杆上的圆盘，借助最右边的C杆，全部移到中间的B杆上，条件是一次仅能移动一个盘，且大盘不能放在小盘上面，如图8.3所示。

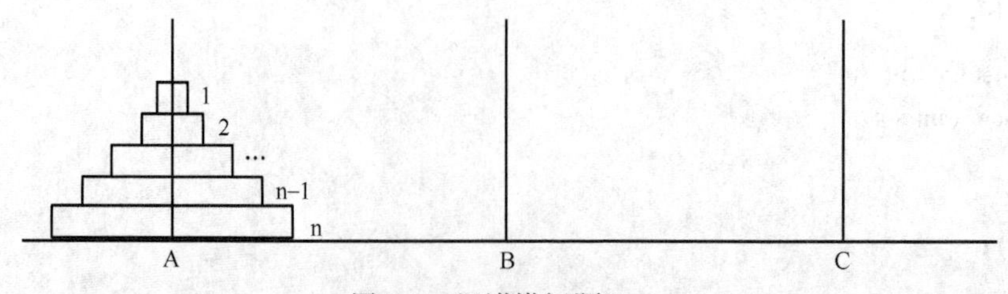

图 8.3 汉诺塔问题(一)

算法为:设汉诺塔有 N 个圆盘,对 A 杆上的全部 N 个圆盘从小到大顺序编号,依次分别为 1,2,…,n。解决汉诺塔问题应从以下 3 步着手。

第 1 步,先将问题简化,假设 A 杆上只有一个圆盘,即 n=1,则只须将 1 号圆盘从 A 杆移到 B 杆即可。

第 2 步,对于有 n(n>1)个圆盘的汉诺塔,将 n 个圆盘分为两部分,即上面的 n-1 个圆盘和最下面的第 n 个圆盘。

第 3 步,首先将上面的 n-1 个圆盘(即第 1,2,…,n-1 号圆盘)看成一个整体,然后按如下方法操作:

(1)把 A 杆上的 n-1 个圆盘借助 B 杆,移到 C 杆上,如图 8.4 所示。

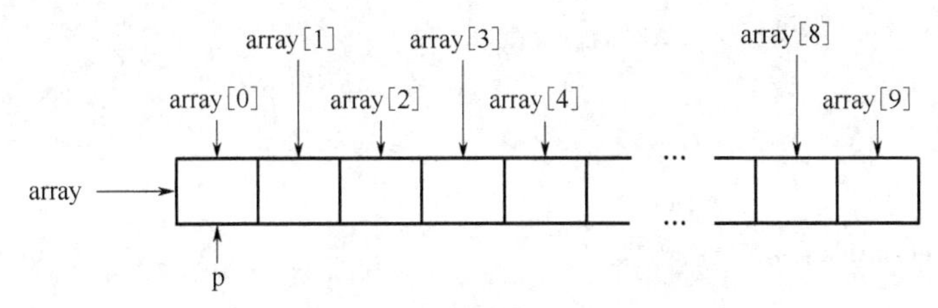

图 8.4 汉诺塔问题(二)

(2)把 A 杆上的第 n 个圆盘移到 B 杆上,如图 8.5 所示。

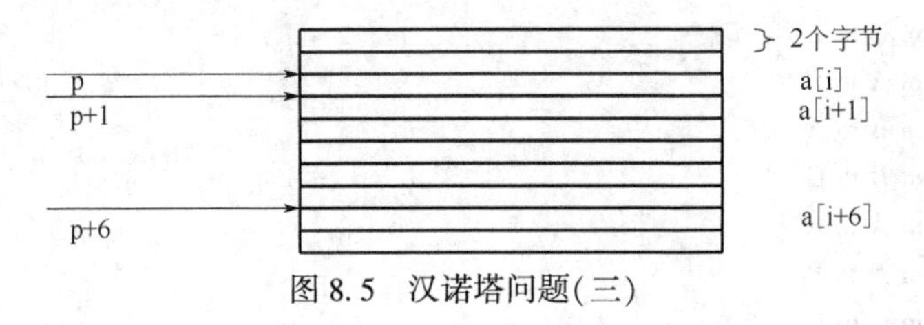

图 8.5 汉诺塔问题(三)

(3)把 C 杆上的 n-1 个圆盘借助 A 杆,移到 B 杆上,如图 8.6 所示。

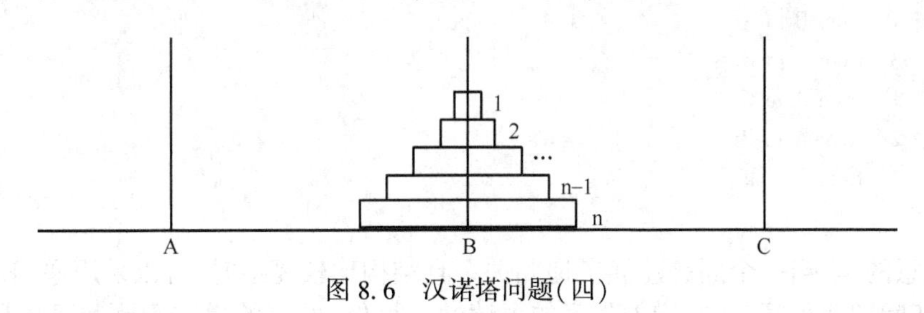

图 8.6 汉诺塔问题(四)

依据前面的分析,把第 1 步中简化问题的条件作为递归结束的条件,第 3 步中的分析作为递归算法,得到如下程序:

```
#include<stdio. h>
int i=0;                              /*圆盘移动计数器*/
/*把 c1 上的 n 个盘子借助 c3 移到 c2 上*/
void function(int n,char c1,char c2,char c3)
{if(n==1)
printf("%2d:disc %2d from %c to %c\n",++i,n,c1,c2);
else
{
```

```
function(n-1,c1,c3,c2);
printf("%2d:disc %2d from %c to %c\n",++i,n,c1,c2);
function(n-1,c3,c2,c1);
}
}
main()
{int n;
printf("Input the number of discs:");
scanf("%d",&n);
function(n,'A','B','C');/*把A杆上的n个盘子借助C杆移到B杆上*/
printf("\tTimes:%d\n",i);
getch();
}
```

输入:

```
Input the number of discs:4↙
```

输出:

```
 1:disc  1  from A to C
 2:disc  2  from A to B
 3:disc  1  from C to B
 4:disc  3  from A to C
 5:disc  1  from B to A
 6:disc  2  from B to C
 7:disc  1  from A to C
 8:disc  4  from A to B
 9:disc  1  from C to B
10:disc  2  from C to A
11:disc  1  from B to A
12:disc  3  from C to B
13:disc  1  from A to C
14:disc  2  from A to B
15:disc  1  from C to B
Times:15
```

需要注意的是:当一个问题蕴涵了递归关系且结构比较复杂时,可以采用递归调用的程序设计思想,使问题变得简单,并增加程序的可读性。另外,所有的递归问题都可以用非递归的算法来实现。

8.9 预编译处理

C语言与其他高级语言的一个重要区别在于它支持预处理命令。使用预处理命令可以改进程序设计环境,提高程序的可读性、可修改性、可移植性,易于模块化。常见的预处理命令有宏定义、文件包含和条件编译。

对于预处理命令,应注意以下两点:

(1)预处理命令可以出现在程序中任何位置。

(2)为了区别于一般C语句,预处理命令在使用时,应以“#”开头,末尾不加分号“;”。

8.9.1 宏定义

宏定义是指用指定的一个标识符来代替一个字符串,即替换。宏定义有两种形式,即不带参数的宏定义和带参数的宏定义。

8.9.1.1 不带参数的宏定义

不带参数的宏定义是指用一个字符串替换程序中指定的标识符,其一般格式如下:

```
#define 标识符字符串
```

其中,标识符是宏名;字符串是宏替换。在编译前,预处理将程序中该宏定义后出现的所有标识符用指定的字符串替换。

【例 8.18】 给出半径,求圆面积。

程序如下:

```
#include<stdio.h>
#define PI 3.1415927
main()
{float r,s;
printf("Input radius:");
scanf("%f",&r);
s=PI*r*r;
printf("area=%.4f*%.2f*%.2f=%.2f\n",PI,r,r,s);
}
```

输入:

```
Input radius:2.4↙
```

输出:

```
area=3.1416*2.40*2.40=18.10
```

本程序是已知圆半径求圆的面积。程序首先宏定义圆周率PI,然后由主函数main()从键盘接收输入的圆半径,计算并输出圆面积。

使用宏定义时,应注意以下几点:

(1)一般情况下,宏名用大写字母表示,以便与变量区别。

(2)宏定义只是符号替换,不属于语句,因而不需要语法检查。

(3)程序中双撇号内的宏名不替换。

(4)如果程序中需要提前结束宏名使用,则应加#undefine 命令。

8.9.1.2 带参数的宏定义

带参数的宏定义的一般格式如下:

```
#define 标识符(形参列表)形参表达式
```

其中,标识符是宏名,形参表达式是宏替换。在编译时,预处理将程序中出现的所有带实参的宏名展开成由实参组成的表达式。

【例 8.19】 给出半径,求圆面积。

程序如下:

```
#include<stdio.h>
#define PI 3.1415927
#define area(r)PI * r * r
main()
{float r,s;
printf("Input radius:");
scanf("%f",&r);
s=area(r);
printf("area=%.4f * %.2f * %.2f=%.2f\n",PI,r,r,s);
}
```

输入:

```
Input radius:3.4↙
```

输出:

```
area=3.1416 * 3.40 * 3.40=36.32
```

本程序是对例8.18的另一种求解。程序首先定义了一个不带参数的宏PI,然后定义了一个带参数的宏area(r),最后主函数main()接收从键盘输入的圆半径r,通过宏处理计算并输出结果。

带参数的宏定义与函数类似,都是通过形参和实参传递数据,但二者之间也存在着本质区别,具体体现在以下几点:

(1)函数中实参与形参的类型要保持一致,而带参数的宏不要求。

(2)函数中形参占用临时内存空间,影响程序的运行速度;而宏定义在编译前进行,影响编译速度。

(3)调用函数只能得到一个返回值,而使用宏定义可以得到多个结果。

8.9.2 文件包含

文件包含是指一个源文件可以将另外一个源文件的全部内容包含进来,其一般格式如下:

```
#include"文件名"或#include<文件名>
```

其功能是用指定文件名的内容代替预处理命令。例如,在使用系统库函数中的时间函数前,应在程序开始使用#include<time.h>,表示将文件time.h的内容嵌入到当前程序中。

【例8.20】 输入两个整型数据,求出其加、减、乘和除的结果。

程序如下:

```
/ * 创建 file1.h * /
int add(int x,int y)
{int z;
z=x+y;
return(z);
}
/ * 创建 file2.h * /
int sub(int x,int y)
{int z;
z=x-y;
return(z);
}
```

```
/ * 创建 file3. h * /
int mul(int x,int y)
{int z;
z=x * y;
return(z);
}
/ * 创建 file4. h * /
int div(int x,int y)
{int z;
if(y==0)
z=0;
else
z=x/y;
return(z);
}
/ * 创建 file. c * /
#include"file1. h"
#include"file2. h"
#include"file3. h"
#include"file4. h"
main()
{int a,b;
printf("Input two numbers:\n");
printf("a=");
scanf("%d",&a);
printf("b=");
scanf("%d",&b);
printf("%d+%d=%d\n",a,b,add(a,b));
printf("%d-%d=%d\n",a,b,sub(a,b));
printf("%d * %d=%d\n",a,b,mul(a,b));
printf("%d/%d=%d\n",a,b,div(a,b));
}
```

输入:

```
Input two numbers:
a=5↙
b=3↙
```

输出:

```
5+3=8
5-3=2
5 * 3=15
5/3=1
```

本程序创建了 4 个文件,分别用于进行加、减、乘、除运算。在主程序 file. c 中,首先进行文件包含处理,然后接收从键盘输入的两个整数 a 和 b,最后分别调用创建的 4 个文件,计算并输出结果。

使用文件包含时,应注意以下 3 点:

(1)被包含文件必须是文本文件,不能是可执行程序或其他文件。

(2)一个#include 命令只能包含一个文件。

(3)文件包含可以嵌套使用。例如,如果文件 1 包含文件 2,而文件 2 需要用到文件 3 的内容,则可以在文件 1 中定义两个#include 命令(文件 3 在文件 2 之前),即在 file1. c 中定义:

```
#include<file3. c>
#include<file2. c>
```

8.9.3 条件编译

一般情况下,C 语言中每行语句都会被编译。如果需要某部分语句不被编译,或者只有在一定的条件下才能被编译,则就是条件编译。常见的条件编译有 3 种,即#ifdef、#ifndef 和#if。

8.9.3.1 #ifdef

#ifdef 的作用是若指定的宏定义标识符已被#define 定义,则编译程序段 1,否则编译程序段 2。其一般格式如下:

```
#ifdef<宏定义标识符>
```

程序段 1 为:

```
#else
```

程序段 2:

```
#endif
```

【例 8.21】 条件编译#ifdef 实例。

程序如下:

```
#include<stdio. h>
#define PI 3. 1415927
#define FLAG 1
main()
{int area,r;
printf("radius:");
scanf("%d",&r);
area=PI * r * r;
#ifdef FLAG
printf("area=%d\n",area);
#else
printf("%d\n",area);
#endif
}
```

输入:

```
radius:12↙
```

输出:

```
area=452
```

本程序宏定义 FLAG 用于调试输出信息。当程序调试完成时,就使用宏定义#define 直接输出结果,这样可以增加程序的灵活性,便于维护。

8.9.3.2 #ifndef

#ifndef 的作用是若指定的宏定义标识符没有被#define 定义，则编译程序段 1，否则编译程序段 2。其一般格式如下：

```
#ifndef<宏定义标识符>
```

程序段 1 为：

```
#else
```

程序段 2 为：

```
#endif
```

【例 8.22】 条件编译#ifndef 实例。

程序如下：

```
#include<stdio.h>
#define PI 3.1415927
main()
{int area,r;
printf("radius:");
scanf("%d",&r);
area=PI*r*r;
#ifndef FLAG
printf("area=%d\n",area);
#else
printf("%d\n",area);
#endif
}
```

输入：

```
radius:12↙
```

输出：

```
area=452
```

本程序中没有宏定义 FLAG，在程序开始运行时将显示一些调试信息；当调试完成后，只需在程序开头加宏定义#define FLAG 1 命令，则调试信息就会被屏蔽，直接输出结果。

8.9.3.3 #if

#if 的作用是若指定表达式的值为真，则编译程序段 1，否则编译程序段 2。其一般格式如下：

```
#if<表达式>
```

程序段 1 为：

```
#else
```

程序段 2 为：

```
#endif
```

【例 8.23】 条件编译#if 实例。

程序如下：

```
#include<stdio.h>
#define PI 3.1415927
#define FLAG 1
main()
{int area,r;
printf("radius:");
scanf("%d",&r);
area=PI * r * r;
#if FLAG
printf("area=%d\n",area);
#else
printf("%d\n",area);
#endif
}
```

输入：

```
radius:12↙
```

输出：

```
area=452
```

虽然3种条件编译都可以通过if语句实现,但是条件编译与if语句之间存在着本质的区别:使用if语句时,所有语句都要被编译,不仅增加了目标文件的长度,而且增加了程序的运行时间;而使用条件编译时,不仅缩短了目标程序的长度,减少了运行时间,而且大大提高了程序的可移植性,增强了程序的灵活性。

8.10 程序举例

【例8.24】 用牛顿迭代法求方程ax3+2x2+cx+d=0的根,其中a、b、c、d的值依次从键盘输入,求x在1附近的一个实根。

算法为:牛顿迭代法的公式是$x=x_0-f(x)/f'(x)$,设迭代到$|x-x_0|\leqslant 10-5$时结束。

程序如下：

```
#include<stdio.h>
#include<math.h>
float function(float a,float b,float c,float d)
{float x,x0,f,f1;
x=1;
do
{
x0=x;
f=((a * x0+b) * x0+c) * x0+d;
f1=(3 * a * x0+2 * b) * x0+c;
x=x0-f/f1;
}
```

```
while(fabs(x-x0)>1e-5);
return(x);
}
main()
{float a,b,c,d;
printf("Input\ta=");
scanf("%f",&a);
printf("\tb=");
scanf("%f",&b);
printf("\tc=");
scanf("%f",&c);
printf("\td=");
scanf("%f",&d);
printf("x=%.4f\n",function(a,b,c,d));
}
```

输入：

```
Input     a=1↙
      b=2↙
      c=3↙
      d=4↙
```

输出：

```
x=-1.6506
```

【例 8.25】 使用宏定义判断某年是否为闰年。

程序如下：

```
#include<stdio.h>
#define LEAP(year)((year%400==0)||(year%4==0)&&(year%100!=0))
#define NUM(year)((year>=1000)&&(year<=9999))
#define PR printf
main()
{int year;
PR("Input a year:");
loop:
scanf("%d",&year);
if(!NUM(year))
{
PR("Input error,please again:");
goto loop;
}
else
{
PR("The year %d is",year);
if(LEAP(year))
PR("a leap year.\n");
```

```
else
PR("not a leap year.\n");
}
}
```

输入：

```
Input a year:198↙
Input error,please again:1982↙
```

输出：

```
The year 1982 is not a leap year.
```

程序中定义了一个不带参数的宏定义，用于格式化输出；还定义了两个带参数的宏定义，分别用于判断某年是否为闰年和判断某个数是否为4位数。

在C语言中，程序体是由主函数main()和用户自定义子函数组成的，本章首先介绍了子函数的定义格式和调用方法，并结合实例介绍了函数的嵌套调用和递归调用；然后介绍了C语言特有的预编译功能，预编译处理是在编译前进行的特殊处理，主要是为了改进程序设计环境，提高编程效率。

习题八

1. 编写一个水仙花数的函数，求100～999之间所有的水仙花数。所谓水仙花数，是指一个三位数，其各位立方和等于该数，例如153＝13+53+33。

2. 编写函数，根据整型参数m的值，计算公式 $t=1-\frac{1}{2\times2}-\frac{1}{3\times3}-\cdots-\frac{1}{m\times m}$ 的值。

第九章

C++的面向对象机制

9.1 面向对象概念

面向对象程序设计相对于结构化程序设计增加了许多新的概念。透彻理解和掌握这些概念是学习面向对象程序设计思想最基本的要求。

9.1.1 对象

在现实世界中,可以将客观存在的任何实体看作一个对象,如一个家庭、一个学校、一个社会、一个人、一粒沙子等。各个对象之间都存在着一定的不同点,也正是这种不同点使我们很容易区分每一个对象,同时它们之间也存在着联系,虽然有些联系看起来很牵强。如一个家庭与一个社会,一个个家庭组成了一个社会大家庭。

对象的属性有静态的,如一个人的性别,从出生开始其性别就是不可改变的。还有一些属性是动态的,即随着条件的变化对象的这种属性也在变化,如一个人的身高随着年龄的增长,身高也在不断地增长。动态属性与静态属性之间在一定条件下可以转换,如人的身高在达到一定年龄时,就成为一个定值,即人的身高作为动态属性转换成静态的属性。

现实世界具体实体抽象化便构成了计算机世界里的对象,即抽象的对象。如利用计算机画板工具画一幅画,这幅画也属于一个对象,具有一定的属性,但只能看到,摸不着。还有一些更为抽象的对象,如数据结构、计算机算法中的进制等。

现实世界中的对象和抽象的对象存在一定的联系,如把利用计算机画的一幅画打印出来,抽象的一幅画就变成实实在在的一幅画了。

总之,无论是现实世界的对象,还是计算机中抽象的对象。它们都具有以下特点:

(1)每个对象的名称具有唯一性,用于唯一标志一个对象。

(2)每个对象都包含一组操作,每个操作与对象的一种行为或功能相对应。

(3)每个对象都包含一组状态,对象的特征由它们来描述。

(4)每个对象所包含的操作可能是自身的也可能是外来的。

9.1.2 类

类是一组具有相同属性和方法的对象的集合,即定义了其所属对象的共有属性与方法,而对象是类的一个实例。

9.1.3 消息

消息用于实现对象与对象之间数据共享和信息传递。消息具有以下3个性质:同一个对象可以接受多条不同的消息;同一条消息可以发送给多个不同的对象;消息可以发送给任意对象,但对象可以不响应消息。

C++是一种真正意义上的面向对象的编程语言,具有面向对象编程语言的共性。

(1)封装性与隐蔽性。类是实现数据封装的工具,而对象是数据封装的实现。用户可以通过自定义类型支持数据的封装与隐蔽。在C++面向对象程序设计中,数据与对数据的操作封装在一起,形成一个类。对象是一个具体类的变量。每个类可以包含自定义的公有成员(public)、私有成员(private)和保护成员(protected)。类建好后,使用者不必知道类中数据之间算法的具体实现,只需知道用它可以做什么即可。

(2)继承与重用性。C++语言允许在一个类的基础上声明一个新类,这种操作称为继承与重用,该类被称为基类,声明的新类被称为派生类。派生类可以继承其基类的公有成员与保护成员,作为自己的成员使用。

(3)多态性。所谓多态性,是指当类的一个对象接收一条信息时,对象的表现是动态的、可变的。

9.2 类与对象

类的定义仅仅是一种数据类型的定义,对于类的操作需要通过类来定义对象。因此对象是类的具体实现,即对象是类的实例。

9.2.1 对象的定义

通过某个类来定义一个对象,即在创建一个对象时指明所属的类。对象的定义方式有两种形式,即直接方式和间接方式。

9.2.1.1 直接方式

直接方式是在程序中直接通过类定义其变量——对象。

例如,利用对象的直接定义方式为类A定义一个对象a1和一个对象数组a2[10]。代码如下:

```
class A{
public:
    int x;
private:
    fun1(){
        int i=0
        for(;i<5;i++)
            cout<<"I am in china!"<<endl;
    }
};
A a1,a2[10];
```

9.2.1.2　间接方式

通过间接方式定义的对象又称为动态对象,它是指用关键字 new 在程序运行阶段定义的对象。如果要撤销动态对象需要使用关键字 delete,通常使用指针标识动态对象。

例如,动态对象的创建与撤销。创建类 B 的一个动态对象 p1 和一个动态对象数组 p2[6],并将其撤销。代码如下:

```
class B{
public:
    int x,y;
protected:
    char str[20]={0};
};
B * p1, * p2;
p1=new B;
p2=new B[6];
delete p1;
delete [ ]p;
```

使用关键字 delete 删除对象数组时“[ ]”不能省略,否则只删除对象数组的第一个元素。

创建或撤销动态对象或对象数组还可以使用 C++的库函数 malloc( ) 和 free( )。但 malloc( )函数不调用对象的构造函数对其进行初始化;free( )函数也不调用对象的析构函数进行对象撤消后的处理工作。

如果使用 malloc( )函数和 free( )函数来创建和撤销对象 p1,代码为:

```
p1=(A * )malloc(sizeof(A));
free(p1);
```

如果使用 malloc( )函数和 free( )函数来创建和撤销对象数组 p2,代码为:

```
p2=(A * )malloc(sizeof(A) * 6);
free(p2);
```

9.2.2　对象的操作

可以使用运算符“.”或“->”来调用对象所从属的类中的成员,其访问权限受类中成员类型限制。一般只允许访问类中的公有成员(public)。例如:

```
class A{
private:
    int x,y;
public:
    void change(int a,int b){
        cout<<"unchanged:"<<endl;
        cout<<a<<endl;
        cout<<b<<endl;
        x=b;
        y=a;
    }
    void out(){
        cout<<"changed:"<<endl;
```

```
            cout<<x<<endl;
            cout<<y<<endl;
        }
};
void main(){
        A a;
        int x,y;
        cin>>x>>y;
        a.change(x,y);
        a.out();
}
```

本程序首先定义了一个类A的变量即对象a，接着定义了两个整型变量x和y，x和y的值由键盘输入。对象a的成员函数change()接收到两个参数值，在函数体内，利用输出流输出两个参数的值，并把它们分别赋值给类A的两个数据成员x和y（注意：类中的两个数据成员x和y与主函数中定义的两个变量x和y的含义是不同的）。最后执行对象a的成员函数out()，在out()函数体中利用输出流输出类A的两个数据成员x和y。

9.2.3 this

类中定义的每个数据成员对该类的每个对象都有一个拷贝，要在内存中为其划分一块内存单元，分别存储从类中拷贝的数据成员，静态变量除外，因为类的每个对象都可以共享静态变量。而类的成员函数对该类的每个对象只有一个拷贝。对于该成员函数类来讲，它使用类辨别进行哪个对象的操作。因此C++语言引入了this指针。每个成员函数都隐含着一个常量指针类型的形参，即this指针。

例如，this指针的应用。把对象d2的值拷贝给对象d1，再把d1的值拷贝给d2，分别输出两个对象的值。代码如下：

```
class A{
private:
int a,b;
public:
        A(){
            a=1;
            b=2;
        }
        A(int i,int j){
            a=i;
            b=j;
        }
        void copy(A &temp){
            if(this==&temp)
                return;
            *this=temp;
        }
        void out(){
            cout<<a<<"-"
                <<b<<endl;
```

```
        }
};
void main(){
    A d1(3,4),d2(5,6);
    d1.copy(d2);
    d1.out();
    d2.copy(d1);
    d2.out();
}
```

this 指针是对成员函数 copy 对象地址进行的操作,语句 *this=temp;把对象 temp 所获得的对象值赋给 this 所指向的对象,即成员函数所属的对象。

语句 d1.copy(d2);把对象 d2 的值赋给对象 d1,此时对象 d1 的值为 d2 的值;语句 d2.copy(d1);把对象 d1 的值赋给 d2。需要注意的是,此时两个对象的值相等,所以第二次赋值无实际意义。

9.2.4 对象数组

类是一种数据类型,而对象是其所对应类的变量,因此同一类的对象,可以使用数组实现对象的存储和操作。例如:

```
#include<string.h>
class Str{
private:
    int n;
public:
    Str(char temp[]){
        n=strlen(temp);
    }
    int return_n(){
        return n;
    }
};
void main(){
    Str t[4]={"abc","abcd","abcde","abcdef"};
    for(int i=0;i<4;i++)
        cout<<t[i].return_n()<<endl;
}
```

9.3 对象的创建与撤销

给对象数据成员赋初值时,可以使用运算符"::",通过调用成员函数的方法来实现,也可以通过定义构造函数的方式来实现。

9.3.1 构造函数的定义

构造函数是一种特殊的函数,必须在类体内进行定义,而且与类同名。不能有返回值。这是构造函数与其他函数的主要区别。它一般在定义对象时自动被调用。构造函数有两种形式:一种是由编译器自动生成的缺省构造函数;另一种是用户自定义构造函数。

缺省构造函数用户不必定义函数体,编译器自动为对象进行初始化,即为每个数据成员赋值零或空值。而用户自定义构造函数的函数体需要用户自己定义,因此用户自定义构造函数不但可以初始化类中的数据成员,而且还可以设计一个程序段在对象创建时被执,如对象创建提示语句。

用户自定义构造函数的定义方式应用示例代码如下:

```
class Date{
private:
    int y,m,d;
public:
    Date(int a,int b,int c);
    void out();
};
Date::Date(int a,int b,int c){
    y=a;  m=b;  d=c;
    cout<<"调用构造函数"<<endl;
}
void Date::out(){
    cout<<m<<"月"<<d<<"日"<<y<<"年"<<endl;
}
void main(){
    int y,m,d;
    cin>>y>>m>>d;
    Date d(y,m,d);
    cout<<"当前日期为";
    d.out();
}
```

构造函数的定义可以在类中将说明部分与实现部分同时定义,也可以在类中将说明部分与实现部分分别定义。类 Date 成员函数 Date()就是其构造函数。构造函数中可以有输出语句,但不能有函数返回值。

9.3.2 构造函数的重载

构造函数与一般函数一样,也可以实现函数重载。例如:

```
class sum{
private:
    int x,y,z;
public:
    sum(int a,int b,int c){   x=a;  y=b;  z=c;  }
    sum(int a,int b){         x=a;  y=b;  z=0;  }
    sum(int a){               x=a;  y=0;  z=0;  }
```

```
        sum(){x=0;   y=0;   z=0;   }
        void out(){
            cout<<"sum="<<x<<'+'<<y<<'+'<<z<<'='<<x+y+z<<endl;
        }
    };
    void main(){
        int x,y,z;
        cin>>x>>y>>z;
        sum m0,m1(x),m2(x,y),m3(x,y,z);
        m0.out();
        m1.out();
        m2.out();
        m3.out();
    }
```

由输出结果可知,当无参数时,系统自动调用与之相对应的无参成员函数;当参数个数为1时,系统自动调用与之相对应的参数个数为1的成员函数;当参数的个数为2时,系统自动调用与之相对应的参数个数为2的成员函数;当参数个数为3时,系统自动调用与之相对应的参数个数为3的成员函数。

9.3.3　拷贝构造函数的定义

对象数据成员初始化除利用构造函数直接赋值外,还可以利用另外一个对象的数据成员对其进行初始化,即为对象建立一个拷贝构造函数。

拷贝构造函数的定义格式为:

```
<类名>::拷贝构造函数 const 类名 & 引用名
```

其中,拷贝构造函数需要与其所对应的类同名。关键字 const 是一个类型修饰符(可以省略),被它修饰的对象不能被更新。拷贝构造函数只能有一个参数。每个类都有一个拷贝构造函数,如果不加说明,编译器将自动生成一个缺省的拷贝构造函数。

拷贝构造函数的定义方法与用法示例代码如下:

```
class T{
private:
    int x,y;
public:
    T(int a,int b){   x=a;   y=b;   }
    T(T &t){          x=t.x;   y=t.y;   }
    void out(){
        cout<<x<<'-'<<y<<endl;
    }
};
void main(){
    T t1(4,5),t2(t1);
    t1.out();
    t2.out();
}
```

对象 t1 数据成员的初始化调用的是带有两个参数的构造函数 T(int a,int b),而对象 t2

数据成员进行初始化是利用对象 t1 进行的,且后者属于拷贝构造函数。需要注意的是,定义对象 t2 时,使用对象 t1 进行初始化。还可以表示为:(1)T t2=t1;(2)T t2=T(t1)。

9.3.4 析构函数的定义与使用

析构函数是构造函数的逆操作,它与构造函数恰好相反,其作用是用来完成删除前的清理工作。当一个对象消失时,或使用关键字 new 创建的对象利用 delete 删除时,编译器将自动调用类的析构函数。析构函数必须与类同名,析构函数不能有参数和返回值,而且一个类只能有一个析构函数,因此不能重载析构函数。为了标识析构函数与其他函数的区别,常在析构函数名前加"~"符号。

析构函数的定义方法与用法示例如下:

```
class myclass{
private:
    int n;
public:
    myclass(int num);
    void out();
    ~myclass(){
        cout<<"调用析构函数"<<endl;
    }
};
myclass::myclass(int num){  n=num;  }
void myclass::out(){  cout<<n<<endl;  }
void main(){
    myclass m0(1);
    myclass m1(2);
    m0.out();
    m1.out();
}
```

析构函数的调用次数只与建立对象的个数有关,本程序中建立了两个对象 m0 和 m1。因此程序共执行了两次析构函数。

9.4 静态成员和友元

静态成员是指在类体内定义使用关键字 static 修饰的成员,主要有静态数据成员和静态成员函数两种形式。静态数据成员与静态成员函数属于该类所定义的所有对象,因此在引用时,无须指出它与对象的从属关系。为了提高访问的效率常指定某个全局函数、另一个类或另一个类的成员函数访问该类的 private 成员和 protected 成员,把这些函数称为友元函数,这些类称为友元类。友元函数和友元类统称为友元。

9.4.1 静态数据成员

静态数据成员是指使用关键字 static 修饰的数据成员。静态数据成员与一般数据成员相比较具有以下两点特性：

(1)静态数据成员在定义时分配内存空间,它只能被定义一次,与定义对象的个数无关;一般数据成员每定义一次对象都要对其重新定义一次,再次分配一段内存空间。

(2)静态数据成员可以实现数据共享,类的每一个对象都可以访问它;一般数据成员只能被它所从属的对象访问。

静态数据成员的应用示例代码如下：

```
class A{
public:
    A(int n=0);
    A(A &t);
    int getnum(){  return num;  }
    void getcounts(){  cout<<counts<<endl;  }
protected:
    int num;
    static int counts;
};
A::A(int n){  num=n;    counts++;  }
A::A(A &t){  num=t.num;  counts++;  }
int A::counts=0;
void main(){
    A a1(1);  cout<<a1.getnum()<<"-";
    a1.getcounts();
    A a2(a1);  cout<<a2.getnum()<<"-";
    a2.getcounts();
}
```

9.4.2　静态成员函数

静态成员函数与静态数据成员的用法大致相同。但静态成员函数在实现时,不能直接引用该类中定义的静态成员。例如：

```
class A{
public:
    A(int a){  x=a;  y=a;  }
    static void fun(A t);
protected:
    int x;
    static int y;
};
void A::fun(A t){
    cout<<"x="<<t.x<<endl;
    cout<<"y="<<y<<endl;
}
int A::y=0;
void main(){
    A a1(1),a2(2);
    A::fun(a1);
```

```
        cout<<" ****** "<<endl;
        A::fun(a2);
    }
```

本程序对成员函数 fun()的引用并没使用对象,而是使用类名来直接调用。

9.4.3 友元函数

友元函数可以是另一个类的成员函数,也可以是一般函数(不从属于任何类),但不能是本类的成员函数。例如,用友元函数实现证明勾股定理,代码如下:

```
#include<math.h>
class A{
public:
    A(int a=0,int b=0){  x=a;  y=b;  }
    int getx(){  return x;  }
    int gety(){  return y;  }
    friend int fun(A &a);
private:
    int x,y;
};
int fun(A &a){
    int x=a.x;
    int y=a.y;
    cout<<a.getx()<<endl;
    cout<<a.gety()<<endl;
    return sqrt(x * x+y * y);
}
void main(){
    A t(3,4);
    cout<<fun(t)<<endl;
}
```

函数 fun()为类 A 的友元函数,但函数的实现部分没有指出与类 A 的关系(函数 fun()不是类 A 的成员函数)。函数 getx()与函数 gety()可以对类中的数据成员 x 和 y 进行访问。

由此可知,引用类中非公有数据成员有两种方法:一种是利用友元函数进行访问;另一种是利用该类中的函数进行访问。

9.4.4 友元类

友元类的声明与友元函数的声明没有太大差别,需要遵循的规则是如果类 B 是类 A 的友元类,则类 B 必须在类 A 中声明;如果函数 fun1()是类 C 的友元函数,则函数也必须在类 A 中声明。友元类与友元函数的声明用关键字 friend。定义友元类或友元函数的目的是访问类中非公有成员的成员。例如:

```
class A{
public:
    A(char a,int b){  name=a;  score=b;  }
    friend class B;
protected:
```

```
    char name;
    int score;
};
class B{
public:
    B(A &s){
        name1=s.name;
        score1=s.score;
        cout<<name1<<endl;
        cout<<score1<<endl;
    }
protected:
    char name1;
    int score1;
};
void main(){
    A s1('a',1);        B t(s1);
}
```

由程序可知,类 B 是类 A 的友元类,类 B 的成员可以像访问自身的成员一样,访问类 A 的成员。

使用友元时应注意以下几点:

(1)友元不具有传递性,若类 A 是类 B 的友元,类 B 又是类 C 的友元,则类 A 不一定是类 C 的友元。

(2)友元关系是单向的,若类 A 是类 B 的友元,则类 B 不一定是类 A 的友元。

(3)友元关系不能被继承。

9.5　继承与派生

C++语言中,为提高数据的安全性引入了类的概念,类的引入无形中增加了源程序代码的工作量。因此提高源程序代码的重用性是刻不容缓的问题。提高源程序代码重用性的途径有函数、类的继承等。

9.5.1　基类与派生类

继承即在定义新类时,使新类自动继承指定类中的成员。如已定义了类 A,再定义一个新类 B,使类 B 自动继承类 A 的成员,这样类 B 只须定义类 A 中没有定义的成员即可(即派生类的成员由两部分组成,一部分是从基类继承的成员,另一部分是在其体内新定义的成员)。类 B 继承类 A 的成员,称类 A 是类 B 的基类或父类,类 B 是类 A 的派生类或子类。一个派生类可以从一个基类继承成员,也可以从多个基类继承成员。从一个基类继承成员的方式称为单继承,从多个基类继承成员的方式称为多继承。单继承与多继承各类之间的关系,如图 9.1 所示。

图中类 B 只继承类 A 的成员,属于单继承;类 D 既作为子类继承类 B 的成员,又继承类 E 的成员,属于多继承。派生类也可以作为基类派生出其他新类,如类 B 既是类 A 的子类,又是类 D 的基类。

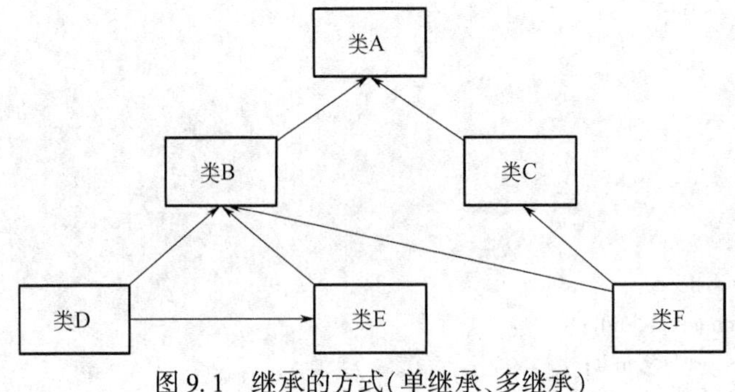

图 9.1 继承的方式(单继承、多继承)

9.5.2 继承的方式

9.5.2.1 公有继承(public)

基类的成员以公有方式继承时,它的成员访问权限不会改变。例如:

```
class A{
private:
    int x,y;
public:
    A(int a=0,int b=0){   x=a;   y=b;   }
    int getx(){   return x;   }
    int gety(){   return y;   }
};
class B:public A{
private:
    int x1,y1,x2,y2;
public:
    B(A &t,int a1=0,int b1=0){   x1=a1;   y1=b1;   x2=t.getx();   y2=t.gety();   }
    int movex(){   return x1+x2;   }
    int movey(){   return y1+y2;   }
};
void main(){
    A ta(3,4);   B tb(ta,5,6);
    cout<<tb.movex()<<endl;
    cout<<tb.movey()<<endl;
}
```

类 B 公有继承类 A 的成员,则类 B 中的成员可以像访问自身的成员一样,访问从类 A 中继承的成员,如类 A 中的函数 getx()与函数 gety()。而类 A 中的私有成员类 B 中的成员不能直接访问,本程序是通过类 A 的 getx()和 gety()两个函数实现的。需要注意的是,成员的继承不同于数据值的继承。此时所说的类的继承指的是类的成员结构的继承。

9.5.2.2 私有继承(private)

基类的公有成员和保护成员以私有方式继承时,其派生类所继承的成员作为其私有成员。例如:

```
class A{
private:
    float x,y;
public:
    void fun(float a=0,float b=0){  x=a;     y=b;  }
    void move(float a,float b){     x+=a;    y+=b;  }
    float getx(){     return x;  }
    float gety(){     return y;  }
};
class B:private A{
private:
    float x1,y1;
public:
    void fun1(float x,float y){  fun(x,y);     }
    void move(float a,float b){  A::move(a,b);      }
    float getx(){  return A::getx();  }
    float gety(){  return A::gety();  }
};
void main(){
    B b;
    b.fun1(2,3);
    b.move(3,2);
    cout<<"b(x,y):";
    cout<<b.getx()<<","<<b.gety()<<endl;
}
```

类 B 继承类 A 的成员，其继承方式为私有继承。在类 B 中为类 A 的成员进行初始化。函数 move()，getx()和 gety()在使用时并没有直接使用，而是通过成员运算符"::"来调用。

9.5.2.3　保护继承(protected)

基类的公有成员和保护成员以保护方式继承时，其派生类所继承的成员作为其保护成员。保护继承与私有继承的用法类似，采用保护继承方式从基类中继承的成员，可以被其成员函数或友元函数访问，而私有继承则不能。例如：

```
class A{
protected:
    int x;
public:
    void disp(){  x=5;  cout<<x<<endl;  }
};
class B:protected A{
public:
    void fun();
};
void B::fun(){  x=5;  cout<<x<<endl;  }
void main(){
    A a;
    a.disp();
```

```
    B b;
    b.fun();
}
```

依据基类、派生类中各成员的特性与继承方式的不同,可把它们归纳见表9.1。

表9.1　继承方式与特性

继承方式	基类成员特性	派生类成员特性
私有继承	public	private
	protected	private
	private	无访问权限
保护继承	public	protected
	protected	protected
	private	无访问权限
公有继承	public	public
	protected	protected
	private	无访问权限

9.5.3　单继承

单继承指的是派生类只有一个基类,而基类可以有多个派生类。如类B以单继承方式继承类A的成员,则说明类B中的成员只有两部分组成:一部分是从类A继承的;另一部分是自定义的,而不能含有第三个类中的成员。

9.5.3.1　成员访问权限的控制

派生类以公有继承方式继承基类中的成员时,派生类的所有成员函数都可以访问基类的公有成员和保护成员;而派生类的成员只能访问基类的公有成员。例如:

```
class A{
private:
    int a2;
protected:
    int a3;
public:
    A(){  cout<<"调用类A的构造函数"<<endl;  }
    A(int a){  a1=a;  a2=a;  a3=a;  }
    void out(){cout<<"类A的公有成员函数访问自身的公有成员:"<<a2<<endl;}
    int a1;
};
class B:public A{
public:
    B(){cout<<"调用类B的构造函数"<<endl;  }
    B(int i,int j,int k);
    void out1(){
        cout<<"类B的公有成员函数访问自身的私有成员:"<<b2<<endl;
        cout<<"类B的公有成员函数访问自身的保护成员:"<<b3<<endl;
    }
```

```
        void out2(){
            cout<<"类 B 的公有成员函数访问类 A 的公有成员:"<<a1<<endl;
            cout<<"类 B 的公有成员函数访问类 A 的保护成员:"<<a3<<endl;
            get1();
            get2();
        }
    private:
        int b2;
        void get1(){
            cout<<"类 B 的私有成员函数访问类 A 的公有成员:"<<a1<<endl;
            cout<<"类 B 的私有成员函数访问类 A 的保护成员:"<<a3<<endl;
        }
    protected:
        int b3;
        void get2(){
            cout<<"类 B 的保护成员函数访问类 A 的公有成员:"<<a1<<endl;
            cout<<"类 B 的保护成员函数访问类 A 的保护成员:"<<a3<<endl;
        }
    };
    B::B(int i,int j,int k):A(i),b2(j),b3(k){ }
    void main()
    {
        B b1(100,200,300);
        b1.out2();
        b1.out1();
        b1.out();
    }
```

9.5.3.2　派生类与构造函数和析构函数

派生类的成员由自身声明和从基类继承两部分组成。从基类继承的数据成员和操作所构成的封装体称为基类子对象,它的初始化由基类构造函数来实现。派生类除初始化其自身声明的数据成员外,还需要对从基类继承的数据成员进行初始化。

派生类不能继承基类的构造函数,但可以在创建派生类对象时,调用基类的构造函数初始化基类的数据成员。

派生类构造函数的格式为:

```
<派生类名>(<派生类构造函数总数表>):<基类构造函数>(<参数表>),<子对象名>(<参数表 2>)
{
    <派生类中数据成员初始化>
};
```

例如:

```
class A{
public:
    A(){    a=0;   cout<<"类 A 的默认构造函数"<<endl;   }
    A(int i){   a=i;   cout<<"类 A 的构造函数"<<endl;      }
    ~A(){    cout<<"类 A 的析构函数"<<endl;      }
    void out()const{   cout<<a<<",";   }
```

```
    int geta(){  return a;  }
private:
    int a;
};
class B:public A{
public:
    B(){  b=0;  cout<<"类 B 的默认构造函数"<<endl;  }
    B(int i,int j,int k);
    ~B(){  cout<<"类 B 的析构函数"<<endl;    }
    void out();
private:
    int b;
    A a1;
};
B::B(int i,int j,int k):A(i),a1(j){  b=k;  cout<<"类 B 的析构函数"<<endl;  }
void B::out(){  A::out();  cout<<b<<","<<a1.geta()<<endl;  }
void main(){
    B b1[2];
    b1[0]=B(1,2,3);
    b1[1]=B(4,5,6);
    for(int i=0;i<2;i++)
    b1[i].out();
}
```

构造函数的调用顺序示例代码：

```
class A{
protected:
    char c;
public:
    A(char ch){
        c=ch;
        cout<<"c="<<c<<endl;
        cout<<"类 A 构造函数被调用"<<endl;
    }
    ~A(){  cout<<"类 A 析构函数被调用"<<endl;  }
};
class B{
protected:
    int i;
public:
    B(int j){
        i=j;
        cout<<"i="<<i<<endl;
        cout<<"类 B 构造函数被调用"<<endl;
    }
    ~B(){  cout<<"类 B 析构函数被调用"<<endl;  }
};
```

```
class C:public A,B{
private:
    int k;
public:
    C(char ch,int ii,int kk):A(ch),B(ii),k(kk){
        cout<<"k="<<k<<endl;
        cout<<"类 C 构造函数被调用"<<endl;
    }
    ~C(){    cout<<"类 C 析构函数被调用"<<endl;  }
};
void main(){
    C A('B',10,15);
}
```

输出：

```
c=B
类 A 构造函数被调用
i=10
类 B 构造函数被调用
k=15
类 C 构造函数被调用
类 C 析构函数被调用
类 B 析构函数被调用
类 A 析构函数被调用
```

派生类构造函数的调用顺序如下：

(1)基类的构造函数是按其继承时声明的顺序进行调用。

(2)调用子对象的构造函数,顺序为在类中声明的顺序。

(3)派生类构造函数体内的语句也是按顺序先后执行的。

派生类的析构函数和构造函数都不能被继承。派生类的析构函数在执行时,基类的析构函数也将被调用。执行顺序为先执行派生类的析构函数,再执行基类的析构函数。

派生类析构函数的执行顺序示例代码如下：

```
class A{
public:
    A(int i){  cout<<"调用类 A 的构造函数"<<endl;  }
    ~A(){    cout<<"调用类 A 的析构函数"<<endl;  }
};
class B{
public:
    B(int j){  cout<<"调用类 B 的构造函数"<<j<<endl;  }
    ~B(){    cout<<"调用类 B 的析构函数"<<endl;    }
};
class C{
public:
    C(){  cout<<"调用类 C 的构造函数"<<endl;    }
    ~C(){  cout<<"调用类 C 的析构函数"<<endl;    }
};
```

```
class D:public B,public A,public C{
public:
    D(int a,int b,int c,int d):A(a),t2(d),t1(c),B(b){}
private:
    A t1;  B t2;  C t3;
};
void main(){
    D t(1,2,3,4);
}
```

输出：

```
调用类 B 的构造函数 2
调用类 A 的构造函数
调用类 C 的构造函数
调用类 A 的构造函数
调用类 B 的构造函数 4
调用类 C 的构造函数
调用类 C 的析构函数
调用类 B 的析构函数
调用类 A 的析构函数
调用类 C 的析构函数
调用类 A 的析构函数
调用类 B 的析构函数
```

9.5.4 多继承

多继承是指派生类的成员一部分是其自身定义的，另一部分是从多个基类继承的。

9.5.4.1 多继承的概念

多继承是相对于单继承而言的。多继承指的是一个派生类有多个基类，这样继承方式称为多继承。多继承可以看作是多个单继承的集合，即派生类与每个基类的关系都可以看作是单继承。多继承的定义格式为：

```
class <派生类名>:<继承方式 1><基类名 1>,<继承方式 2><基类名 2>…
{
    <派生类类体>
};
```

例如：

```
class A{    …  };
class B{    …  };
class C:public A,protected B{    …  };
```

作为派生类，类 C 有两个基类，分别为类 A 和类 B。类 C 中既包含类 A 的成员，同时也包含类 B 的成员，这种继承方式称为多继承。

多继承应用示例如下：

```
class A{
private:
    int a;
```

```
public:
    void setA(int x){  a=x;  }
    void outA(){  cout<<a<<endl;  }
};
class B{
private:
    int b;
public:
    void setB(int x){  b=x;  }
    void outB(){   cout<<b<<endl;   }
};
class C:public A,public B{
    int c;
public:
    void setC(int x,int y,int z){  setA(x);  setB(y);  c=z;  }
    void outC(){  outA();  outB();  cout<<c<<endl;   }
};
void main(){
    C tc;
    tc.setA(3);
    tc.outA();
    tc.setB(7);
    tc.outB();
    tc.setC(4,5,6);
    tc.outC();
}
```

类 C 以公有继承方式继承类 A 和类 B 的成员。此时类 A 的成员和类 B 的成员都包含在类 C 中,在定义类 C 的对象 tc 后,可以直接调用类 A 的成员和类 B 的成员。

9.5.4.2　多继承的应用

多继承中基类的构造函数是以基类在派生类中声明的顺序进行调用的,与构造函数的初始化列表中的次序没有关系。

派生类构造函数的定义格式为:

```
<派生类名>(<总参数表>):<基类名>(<参数表 1>),<基类名 2>(<参数表 2>),…,<子对象名>(<参数表 n+1>),…
{
    <派生类构造函数体>
}
```

派生类构造函数的执行顺序示例代码如下:

```
class A{
private:
    int a;
public:
    A(int i){
        a=i;
        cout<<"调用类 A 的构造函数"<<endl;
```

```
        cout<<"a="<<i<<endl;
    }
    void out(){   cout<<"a="<<a<<endl;   }
};
class B{
private:
    int b;
public:
    B(int i){
        b=i;
        cout<<"调用类 A 的构造函数"<<endl;
        cout<<"i="<<i<<endl;
    }
    void out(){   cout<<"b="<<b<<endl;   }
};
class C{
private:
    int c;
public:
    C(int i){
        c=i;
        cout<<"调用类 C 的构造函数"<<endl;
        cout<<"i="<<i<<endl;
    }
    int getc(){   return c;   }
};
class D:public B,public A{
private:
    int d;
    C tc;
public:
    D(int i,int j,int k,int m):A(i),B(j),tc(k){
        d=m;
        cout<<"调用类 D 的构造函数"<<endl;
        cout<<"m=0"<<m<<endl;
    }
    void out(){
        A::out();
        B::out();
        cout<<d<<","<<tc.getc()<<endl;
    }
};
void main(){
    D td(1,2,3,4);
    td.out();
}
```

由于类 A 与类 B 中都含有成员函数 out( ),而且都是以公有方式继承的。因此如果直接引用会产生二义性,程序无法识别所要执行的函数是类 A 中的 out( )函数,还是类 B 中 out( )函数。解决这一问题,程序中使用作用域运算符“::”来标识函数的来源。

9.5.5 赋值兼容原则

赋值兼容原则是指公有派生类的对象可以在任何位置替换基类中的对象。公有继承除基类的构造函数和析构函数的成员不能被继承外,派生类可继承基类中的所有的成员,而访问权限也不会改变,所以派生类具有基类的所有功能。

赋值兼容原则包含下面几个方面的内容:

(1)派生类的对象可以给基类的对象赋值。

(2)派生类的对象可以对基类的引用进行初始化。

(3)派生类对象的地址可以给基类的指针赋值。

例如:

```
class A{  …  }
class B:public A{  …  }
A ta, *pa;
B tb;
```

则下面的语句都是成立的:

```
ta=tb;          // 类 B 的对象 tb 可以给类 A 的对象 ta 赋值
A &a=tb;        // 类 B 的对象可以给类 A 对象的引用赋值
pa=&tb;         // 类 B 的对象的地址可以给类 A 的指针赋值
```

9.6 多态性与虚函数

多态性是指接口实现不同的功能,不同的对象接受相同的消息产生不同的行为。多态性是面向对象程序设计的一个重要特征,它研究的重点是不同层次的类中同名成员函数之间的关系,而继承研究的重点是类与类之间的层次关系。重载函数可以实现编译时的多态性,而虚函数可以实现运行时的多态性。

9.6.1 多态性概述

面向对象程序设计的 3 个主要特征为封装性、继承性和多态性。封装性是将数据与对数据的操作分离,旨在提高数据的安全性,而继承性与多态性旨在提高源程序代码的重用性。封装是基础,继承是关键,多态是补充,多态性必须以继承为基础,存在于继承环境中。多态性是面向对象程序设计的一个重要特征。

类与类之间、对象与对象之间、函数与函数之间通过数据接口交换数据,实现数据共享。多态性只是用来研究基类与派生类同名成员函数之间的关系。在前面章节中介绍的函数重载就是多态性的具体实现。

多态依据分类标准不同有两种不同的分类方法。

9.6.1.1 依据实现多态的手段

多态性可以通过重载函数和设置虚函数来实现。重载函数可以实现编译时的多态;通过设置虚函数可以实现运行时的多态。

9.6.1.2 依据研究的对象

(1)对象类型的多态。公有继承方式的派生类几乎包含了基类的所有特性,因此派生类的对象类型既可以是派生类的类型,也可以是基类的类型。如果一个派生类有多个基类,则其对象也属于多个类型。

(2)消息的多态。由于派生类中的成员函数可以对基类继承的成员进行操作,因此同一条消息在基类与派生类中的解释有所不同。

(3)对象标识的多态。基类的指针或引用可以指向基类的对象,也可以指向或引用派生类的对象。在对象标识符定义时指定的类型称为静态类型,在运行时标识对象的类型称为动态类型。

例如:

```
class A{
private:
    int x;
public:
    A(int a){  x=a;  }
    fun(){  return x;  }
};
class B:public A{
private:
    int z;
public:
    B(int a,int b):A(b){  z=a;  }
    fun(){  return z;  }
};
void func1(A &a){  cout<<a.fun()<<endl;  cout<<" ******** "<<endl;  }
void func2(A * pa){  cout<<pa->fun()<<endl;  cout<<"--------"<<endl;  }
void main(){
    A a(1);
    func1(a);
    func2(&a);
    a.fun();
    B b(4,5);
    func1(b);
    func2(&b);
}
```

程序中类 A 的成员函数 fun()以公有方式继承到了类 B 中,成为类 B 的公有成员函数,而类 B 自身也定义了一个与之同名的成员函数。因此在调用时,如何判断调用函数的出处是个很关键的问题。判断的方法主要有下面两种:

(1)静态绑定:源程序在编译时,依据 a 和 pa 的静态类型判断。a 和 pa 的类型分别为 A&和 A *,因此函数为类 A 的成员函数。

(2)动态绑定:目标文件在运行时,依据 a 和 pa 实际引用的对象类型判断。函数 func1(a)和 func2(&a)调用的是类 A 的成员函数 fun(),而 func1(b)和 func2(&b)调用的是类 B 的成员函数。

9.6.2　虚函数

虚函数是动态联编的基础,而动态联编是一种运行时的绑定技术,编译程序不能在编译阶段明确知道需要调用的函数,为了解决这一问题,引入了静态联编的概念。静态联编主要是在编译链接阶段确定程序中操作调用的函数。

9.6.2.1　一般虚函数

为了理解虚函数的功能,先来看一个例子:

```
class A{
private:
    double x,y;
public:
    A(double a){   x=a;   y=0;   }
    double fun(){   returnx;   }
};
class B:public A{
private:
    double x,y;
public:
    B(double a,double b);
    double fun(){   return(x+y) * 2;   }
};
B::B(double a,double b):A(a){   x=a;   y=b;   }
double out(A &ta){   return ta.fun();   }
void main(){
    double temp;
    B tb(3,5);
    temp=out(tb);
    cout<<temp<<endl;
}
```

输出结果是3。程序的本意是输出两个数和的2倍,而输出结果却为第一个数。原因在于程序设计时没有使用动态联编方式,限制了函数fun()只是类A的成员函数。如果实现程序的目的,则需使用虚函数。

定义虚函数的关键字为virtual,其定义格式为:

```
<virtual><函数返回值类型><函数名>()
```

由虚函数的定义格式可知,在一般函数的前面加上虚函数标识关键字virtual即可。不是所有的函数都可以声明为虚函数,具体有以下几点限制:

(1)只有类的成员函数才可以定义为虚函数。

(2)静态成员函数不能为虚函数。

(3)构造函数不可以是虚函数。

(4)析构函数可以为虚函数。

利用虚函数改编这个例子能够正确输出。代码如下:

```
class A{
private:
```

```
    double x,y;
public:
    A(double a){    x=a;    y=0;    }
    // 定义类A的成员函数fun()为虚函数
    virtual double fun(){    return x;    }
};
class B:public A{
private:
    double x,y;
public:
    B(double a,double b);
    // 定义类B的成员函数fun()为虚函数
    virtual double fun(){    return(x+y) * 2;    }
};
B::B(double a,double b):A(a){    x=a;    y=b;    }
double out(A &ta){        return ta.fun();    }
void main(){
    double temp;
    B tb(3,5);
    temp=out(tb);
    cout<<temp<<endl;
}
```

输出结果为16。将类A的成员函数fun()和类B的成员函数fun()定义为虚函数,编译时采用动态联编,因此能够实现程序的最终目的。

9.6.2.2 虚函数的继承性

虚函数作为一个类的成员函数被该类的派生类继承时,通过不同类的对象进行调用,需要使用指针或引用首先指向该派生类的对象,其用法雷同于一般函数。例如:

```
class A{
public:
    virtual void out(){    cout<<'A'<<endl;    }
};
class B:public A{
public:
    void out(){        cout<<'B'<<endl;        }
};
class C:public B{
public:
    void out(){        cout<<'C'<<endl;        }
};
void main(){
    A * pa;    A ta;    B tb;    C tc;
    pa=&ta;    pa->out();    pa=&tb;    pa->out();    pa=&tc;    pa->out();
}
```

输出结果为:

```
A
B
C
```

可见,类 A 中的虚函数 out()被类 B 继承后仍然是虚函数;类 C 中的成员函数 out()也是虚函数。注意:虚函数可以被继承,且在其派生类中不需要使用关键字 virtual 重新声明。

9.6.2.3　虚函数与重载函数

对于虚函数的使用还需要注意:如果要在派生类中重新定义虚函数的实现,则该函数与基类中的对应函数必须保持参数个数、参数类型和返回值类型一致。例如:

```
class A{
public:
    A(){   cout<<"调用类 A 的构造函数"<<endl;   }
    virtual void out(char c){   cout<<"A::out(char c)"<<c<<endl;   }
};
class B:public A{
public:
    B(){   cout<<"调用类 B 的构造函数"<<endl;   }
    void out(const char * s){   cout<<"B::out(const char * s)"<<s<<endl;   }
    void out(char c){   cout<<"B::out(char c)"<<c<<endl;   }
};
class C:public B{
public:
    C(){   cout<<"调用类 C 的构造函数"<<endl;   }
    void out(){   cout<<"C::out()"<<endl;   }
    void out(const char * s){   cout<<"C::out(const char * s)"<<s<<endl;   }
};
void test1(A &ta,char c){   ta.out(c);   }
void test2(B &tb,const char * s){   tb.out(s);   }
void main(){
    A ta;   B tb;   C tc;
    ta.out('A');   tb.out("hey");   test1(tb,'B');
    tc.out();   tc.out("hello");   test1(tc,'C');   test2(tc,"hi");
}
```

输出结果为:

```
调用类 A 的构造函数
调用类 A 的构造函数
调用类 B 的构造函数
调用类 A 的构造函数
调用类 B 的构造函数
调用类 C 的构造函数
A::out(char c)A
B::out(const char * s)hey
B::out(char c)B
C::out()
C::out(const char * s)hello
```

```
B::out(char c)C
B::out(const char * s)hi
```

类A定义了一个虚函数out(char c);类B继承类A中的该虚函数并重新定义,同时又定义了一个非虚函数out(const char * s);类C没有重新定义从类B继承的虚函数,而定义了两个非虚函数out()和out(const char * s)。函数test1()采用动态联编调用方式;函数test2()采用静态联编调用方式。

9.6.2.4 虚析构函数

构造函数不能被定义成虚函数,而析构函数可以被定义成虚函数,其用法雷同于一般函数。例如:

```
class A{
public:
    A(){  cout<<"调用类A的构造函数"<<endl;  }
    virtual~A(){  cout<<"调用类A的析构函数"<<endl;  }
};
class B:public A{
public:
    B(){  cout<<"调用类B的构造函数"<<endl;  }
    ~B(){  cout<<"调用类B的析构函数"<<endl;  }
};
void main(){
    A * pa=new B();
    delete pa;
}
```

输出结果为:

```
调用类A的构造函数
调用类B的构造函数
调用类B的析构函数
调用类A的析构函数
```

由输出结果可知,程序执行结束时首先处理派生类,然后是基类。使用关键字new来划分内存空间,使用delete来删除。

9.6.2.5 构造函数调用虚函数

构造函数虽然不能被定义成虚函数,但可以在构造函数中调用虚函数。例如:

```
class A{
public:
    A(){  cout<<"调用类A的构造函数"<<endl;  }
    virtual void out(){  cout<<"A::out()"<<endl;  }
};
class B:public A{
public:
    B(){  cout<<"调用类B的构造函数"<<endl;  out();  }
    void out(){  cout<<"B::out()"<<endl;  }
    void fout(){  out();  }
};
```

```
class C:public B{
public:
    C(){  cout<<"调用类 C 的构造函数"<<endl;  }
    void out(){  cout<<"C::out()"<<endl;  }
};
void main(){
    C tc;
    tc.fout();
}
```

输出结果为:

```
调用类 A 的构造函数
调用类 B 的构造函数
B::out()
调用类 C 的构造函数
C::out()
```

构造函数不允许被声明成虚函数,但构造函数可以调用一个已经存在或在其体内定义的虚函数,类的构造函数调用虚函数,使用静态联编方式。如果派生类中没有重新定义虚函数,则调用基类中的构造函数。函数 fout()在调用时采用动态联编方式。

9.6.3 纯虚函数与抽象类

9.6.3.1 纯虚函数

所谓纯虚函数,是指只定义了函数的声明部分,而没有定义函数的具体实现。其定义格式为:

```
<virtual><函数返回值类型><函数名>()=0;
```

如在类 A 中定义一个纯虚函数 fun():

```
class A{
public:
    virtual char fun()=0;   // 将 fun()定义为纯虚函数
};
```

举一个纯虚函数的应用实例。从键盘输入两个数,求以这两个数为长和宽的矩形面积。代码如下:

```
class A{
public:
    A(){  cout<<"调用类 A 的构造函数"<<endl;  }
    virtual double fun()=0;
private:
    double length;
};
class B:public A{
public:
    B(double a):A(){  cout<<"调用类 B 的构造函数"<<endl;  length=a;  }
    double fun(){  return length;  }
```

```
private:
    double length;
};
class C:public B{
public:
    C(double a,double b):B(a){
        cout<<"调用类 C 的构造函数"<<endl;
        length=a;
        width=b;
    }
    double fun(){   return(length+width) * 2;   }
private:
    double length,width;
};
void out(C &pc){   cout<<"The area is"<<pc.fun()<<endl;   }
void main(){
    double x,y;
    cin>>x>>y;
    C tc(x,y);
    out(tc);
}
```

输入:

```
5 6
```

输出结果为:

```
调用类 A 的构造函数
调用类 B 的构造函数
调用类 C 的构造函数
The area is 22
```

只输出矩形的面积,所以周长没有任何意义,因此定义虚函数,采用动态联编方式,并在类 B 和类 C 中分别定义该虚函数的实现部分。

9.6.3.2 抽象类

包含纯虚函数的类为抽象类。抽象类不同于一般类,不能通过抽象类定义它的对象。抽象类的主要作用是为派生类提供一个基本框架和一个公共的对外接口。

抽象类的派生类中如果对其成员函数(虚函数)没有重新定义,则该类仍然是抽象类。例如:

```
class A{
public:
    A(){   cout<<"调用类 A 的构造函数"<<endl;   }
    virtual double fun1()= 0;
    virtual double fun2()= 0;
};
class B:public A{
public:
    B(double x,double y,double z):A(){
```

```
        cout<<"调用类 B 的构造函数"<<endl;
        a=x;  b=y;  c=z;
    }
    double fun1(){  return a*c*2+a*b*2+b*c*2;  }
    double fun2(){  return a*b*c;  }
private:
    double a,b,c;
};
class C:public A{
public:
    C(double a):A(){  cout<<"调用类 C 的构造函数"<<endl;  r=a;  }
    double fun1(){  return 4*3.14*r*r;  }
    double fun2(){  return 4*3.14*r*r*r/3;  }
private:
    double r;
};
double out1(A &t1){  return t1.fun1();  }
double out2(A &t2){  return t2.fun2();  }
void main(){
    C tc(3);
    B tb(6,9,12);
    cout<<out1(tc)<<endl<<out2(tc)<<endl<<out1(tb)<<endl<<out2(tb)<<endl;
}
```

输出结果为：

```
调用类 A 的构造函数
调用类 C 的构造函数
调用类 A 的构造函数
调用类 B 的构造函数
113.04
113.04
468
648
```

抽象类由于没有包含具体的实现函数,因此不能用来定义对象。抽象类为派生类定义一组操作接口,而具体的实现则由派生类完成。如果在派生类中没有重新定义虚函数,那么该派生类仍然是抽象类。因此,类 A 为抽象类,它仅仅用来定义一个函数接口,在其派生类类 B 和类 C 中重新对其定义,并采用动态联编调用方式。

9.6.4　虚基类

如果一个派生类有多个基类,而这个派生的基类又有多个基类,对该基类中的成员进行访问时,可能产生二义性,为此 C++语言引入了虚基类的概念。

9.6.4.1　虚基类的引入

一个类的部分或者全部直接基类是从另一个共同基类派生而来时,这些直接基类中从上一级基类继承的成员拥有相同的名称,由于它们的基类是同一个类,因此只须使用一个就足够了。C++语言允许程序建立公共基类的一个副本,而将直接基类的共同基类设置为虚基类,这

样就保证该类的内存中只有一个副本,消除了二义性。例如:

```
class A{
public:
    int x;
};
class B1:public A{
private:
    int x1;
};
class B2:public A{
private:
    int x2;
};
class C:public B1,public B2{
public:
    int fun();
private:
    int z;
};
```

定义 tc 为类 C 的对象。此时对数据成员 x 的引用,如:

```
tc.x
```

tc 为类 C 的对象,而类 C 有类 B1 和类 B2 两种途径继承数据成员 x,因此产生了二义性。虚基类定义的格式为:

```
<virtual><继承方式><基类名>
```

例如:

```
class A{
public:
    void fun(){   cout<<"A"<<endl;   }
protected:
    int a;
};
class B1:virtual public A{
protected:
    int b1;
};
class B2:virtual public A{
protected:
    int b2;
};
class C:public B1,public B2{
public:
    int out();
private:
    int c;
};
```

```
void main(){
    C tc;
    tc.fun();
}
```

输出结果为A。

类B1与类B2都是将类A作为虚基类,采用公有继承方式继承类A的公有成员函数fun()。因此当类C将类B1与类B2作为基类继承其成员时采用动态联编方式,不存在二义性,能够正常输出结果(类A的成员函数fun())。

9.6.4.2 虚基类的构造函数

对虚基类来讲,派生类的对象中虚基类的子对象只有一个,为保证虚基类的子对象只初始化一次,虚基类的构造函数必须被调用一次。虚基类的子对象是由直接派生类的构造函数通过调用虚基类的构造函数进行初始化的。例如:

```
class A{
public:
    A(const char * s){
        cout<<"调用类A的构造函数"<<endl;
        cout<<s<<endl;
    }
    ~A(){  cout<<"调用类A的析构函数"<<endl;  }
};
class B1:virtual public A{
public:
    B1(const char * s1,const char * s2):A(s1){
        cout<<"调用类B1的构造函数"<<endl;
        cout<<s2<<endl;
    }
    ~B1(){  cout<<"调用类B1的析构函数"<<endl;  }
};
class B2:virtual public A{
public:
    B2(const char * s1,const char * s2):A(s1){
        cout<<"调用类B2的构造函数"<<endl;
        cout<<s2<<endl;
    }
    ~B2(){  cout<<"调用类B2的析构函数"<<endl;  }
};
class C:public B1,public B2{
public:
    C(const char * s1,const char * s2,const char * s3,const char * s4)
            :B1(s1,s2),B2(s1,s3),A(s1){
        cout<<"调用类C的构造函数"<<endl;
        cout<<s4<<endl;
    }
    ~C(){  cout<<"调用类C的析构函数"<<endl;  }
};
```

```
void main(){
    C * pc=new C("A","B1","B2","C");
    delete pc;
}
```

输出结果为:

```
调用类 A 的构造函数
A
调用类 B1 的构造函数
B1
调用类 B2 的构造函数
B2
调用类 C 的构造函数
C
调用类 C 的析构函数
调用类 B2 的析构函数
调用类 B1 的析构函数
调用类 A 的析构函数
```

类 B1 和类 B2 都是将类 A 作为虚基类公有继承成员。因此,在主函数中为类 C 建立的子对象只有一个虚基类子对象。在类 B1、类 B2 和类 C 构造函数的成员初始化列表中都列举了类 A 的成员,但只有类 C 构造函数的成员初始化列表中列举的成员被调用。

习题九

1. 定义一个日期类(date),该日期类包括年(year)、月(month)和日(day)数据成员,要求从键盘输入年月日格式时自动转换输出月日年格式。

2. 定义一个基类,其成员包含正方形的长和宽以及面积成员函数。再定义该基类的派生类,其成员包括从基类继承的成员和体积成员函数,输出长方形的面积和体积。长方形的长、宽和高由键盘输入。

3. 某学校教师工资为:固定工资+课时费。教授的固定工资为 5000 元,每课时 50 元;副教授固定工资为 3000 元,每课时 30 元;讲师固定工资为 2000 元,每课时 20 元。编写程序要求如下:

(1)定义教师(jiaoshi)为抽象类。

(2)依据不同的职称定义 3 个派生类分别为 jiaoshou 类、fujiaoshou 类和 jiangshi 类。

(3)输入教师相对应的课时数,输出与之相对应的工资数。

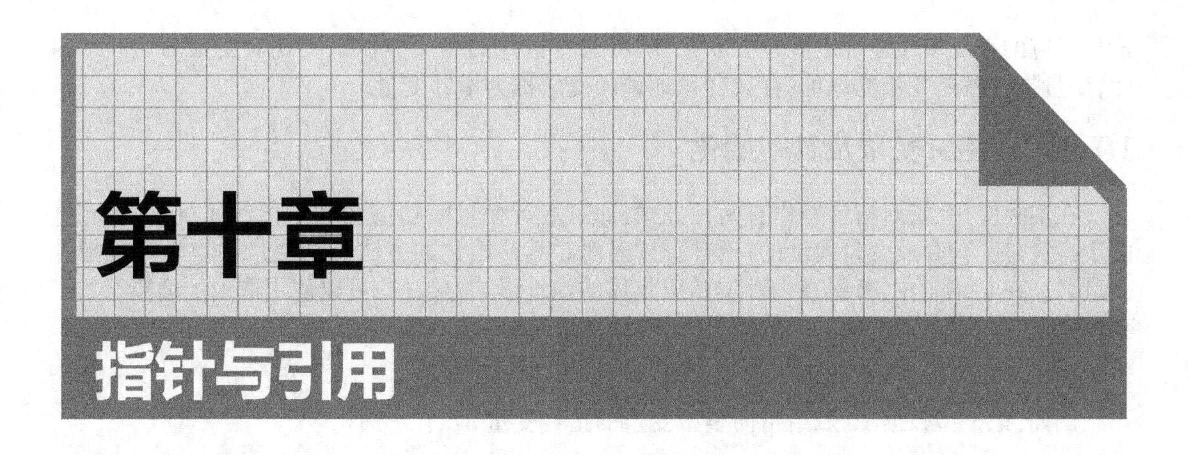

第十章 指针与引用

10.1 指针概述

一般情况下,计算机在执行 C 程序时,60%~70%的时间都用于寻找地址。为了减少寻址时间,引入了指针变量,通过指针变量可以直接对内存中的不同数据进行快速处理。指针是一种数据类型,是 C 语言的一个重要特色,正确灵活地运用指针,可以简化程序、紧凑结构、提高程序的运行效率。指针概念涉及面较宽,如数组指针、函数指针、字符串指针及指向指针的指针等。

10.1.1 指针的概念

从某种角度讲,指针就是地址。在介绍指针之前,先了解以下几个概念。

(1)直接访问:通过变量名访问数据的方式称为数据的直接访问。例如:

```
int n;
scanf("%d",&n);         /* 系统将输入的整型数据送到内存变量 n 的地址中 */
printf("%d\n",n);       /* 通过访问变量 n 输出该整型数据 */
```

(2)间接访问:如果将变量 p 的地址存放到另一个变量 q 中,通过访问变量 q 达到间接访问变量 p 的目的,这种访问方式称为间接访问。例如:

```
int n, *p;              /* 定义整型变量 n 和指针变量 p */
scanf("%d",&n);         /* 系统将输入的整型数据送到内存变量 n 的地址中 */
p=&n;                   /* 将变量 n 的地址赋给指针变量 p */
printf("%d\n", *p);     /* 通过访问指针变量 p 输出整型数据 n */
```

(3)指针:指针是一种数据类型,它是一个变量在内存中所对应的单元地址。在计算机中,系统为每个数据都分配一个存储单元,每个存储单元对应着一个存储地址,用户可以通过地址找到存储单元所在的位置,从而获取该存储单元中的数据,在 C 语言中,此过程称为指针。

(4)指针变量:指针变量是存储另一个变量地址的变量,即存放地址的变量。当定义某个变量后,系统将根据数据类型在内存中为其分配一个相应大小的存储单元,因而使用指针在变量与对应的存储单元地址之间建立联系，即可通过指针的相关操作来实现对变量的访问。因此，变量指针就是变量的地址，存放变量地址的变量称为指针变量。

10.1.2 指针变量及其初始化

在实际应用中，对指针操作有两种方式，即对指针变量赋初值和利用指针间接访问变量。由于指针是一种存放变量地址的特殊变量，因而对其初始化的方法是把变量的地址赋给指针变量名。在C语言中，变量在内存中是以具体的地址形式存放的，可以使用取地址运算符“&”获得变量在内存中的地址。一般情况下，指针变量的赋值格式如下：

```
<指针变量名>=&<所指向的变量名>;
```

例如，把整型数据10赋给指向整型变量的指针变量a：

```
int *a;
int b=10;
a=&b;
```

指针变量在使用前必须先定义，其定义的一般格式如下：

```
指针类型 * 指针变量名
```

其中，指针类型表示指针所指向的变量中存放数据的类型；指针变量名是指针的名称，它的命名遵循标识符命名规则；“ * ”是指针标识符，仅起到一个标识作用，用于说明定义的变量为指针变量，它可以靠近定义中任何一个部分。

例如，定义一个指向整型变量的指针变量a：

```
int * a;
或 int * a;
或 int * a;
```

在使用指针变量前，首先要对其进行初始化，使指针变量指向一个具体的变量。一般情况下，指针变量的初始化分为以下两种形式：

(1)使用赋值语句进行指针初始化。例如：

```
int a, * p;            /* 定义一个整型变量 a 和一个指针变量 p */
p=&a;                  /* 将变量 a 的地址赋给指针变量 p */
```

(2)在定义指针变量时进行初始化。例如：

```
int a * p=&a;          /* 在定义指针变量 p 的同时，把整型变量 a 的地址赋给它 */
```

当指针变量定义和赋值后，引用变量时可以用变量名直接引用，也可以通过指向变量的指针间接引用。例如：

```
main() {
    int num1,num2;
    int * num3, * num4;
    printf("num1=");
    scanf("%d",&num1);
    printf("num2=");
    scanf("%d",&num2);
    num3=&num1;
    num4=&num2;
    printf("num1=%d\t\tnum2=%d\n",num1,num2);
    printf("num3=%d\tnum4=%d\n",num3,num4);
```

```
    printf("num3=%d\t\tnum4=%d\n", *num3, *num4);
}
```

本程序首先获取从键盘输入的两个整型数据 num1 和 num2,然后将它们的地址分别赋给指针变量 num3 和 num4。在输出指向整型数据的指针变量时,应使用指针标识符"*"。

利用指针比较两个数的大小,并按从小到大的顺序输出。代码如下:

```
main(){
    int *num1, *num2,t,a,b;
    printf("Input two numbers:\n");
    printf("a=");
    scanf("%d",&a);
    printf("b=");
    scanf("%d",&b);
    num1=&a;
    num2=&b;
    if(a>b){
        t=*num1;    *num1=*num2;    *num2=t;
    }
    printf("The order from small to big is\n");
    printf("%d\t%d\n",a,b);
    printf("min=%d\tmax=%d\n", *num1, *num2);
}
```

本程序中,首先输入 a=12,b=8,由于 a>b,因此将 num1 与 num2 通过 t 进行交换。如图 10.1 所示。

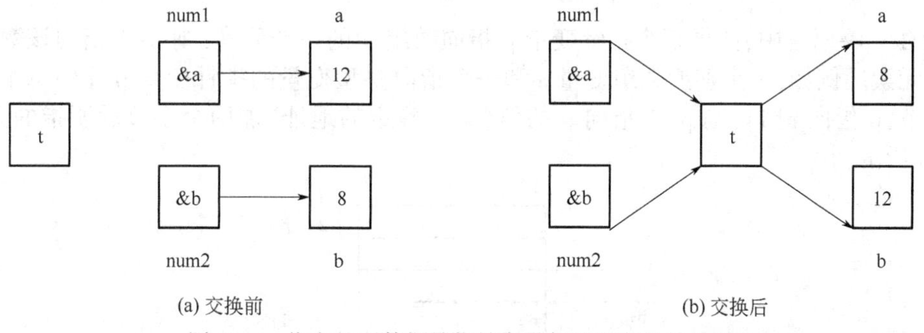

图 10.1 指向整型数据的指针变量与整型变量的关系

实际上,a 和 b 并未进行交换,只是改变了 num1 和 num2 的值。num1 的原值为 &a,交换后变成 &b;num2 的原值为 &b,交换后变成 &a。所以在输出 *num1 和 *num2 时,实际上是输出变量 b 和 a 的值,不是交换整型变量的值,而是交换两个指针变量的值。

10.2 指针与数组

在 C/C++语言中,凡是由数组下标完成的操作都可用指针来实现,因而指针与数组有着紧密的联系。

10.2.1 指向数组元素的指针

指针变量不仅可以指向基本数据类型(整型数据、字符型数据等)变量,也可以指向数组中的元素。定义一个指向数组元素指针变量的方法,与定义指向变量的指针变量相同。例如:

```
int array[10];
int * p;
p=&array[0];
```

等价于

```
int array[10], * p;
p=array;
```

首先定义了一个一维整型数组 array 和一个指向整型变量的指针变量 p,然后把该数组的首地址 array[0]赋给指针变量 p,通过赋值语句"p=&array[0]"或"p=array;"把数组与指针联系起来,如图 10.2 所示。

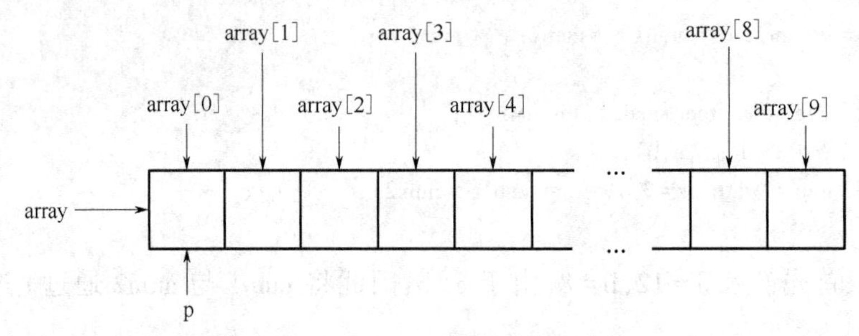

图 10.2 指针变量与数组元素的关系

在 C/C++语言中,如果某个指针变量 p 指向数组中的一个元素,则 p+1 指向该数组中的下一个元素。例如,一个整型数组变量 a 和一个指向整型变量的指针变量 p,a 中每个元素占两个字节,p 指向 a[i],则 p+1 指向 p 的值(某个确定的地址)加两个字节后所指的元素,如图 10.3 所示。

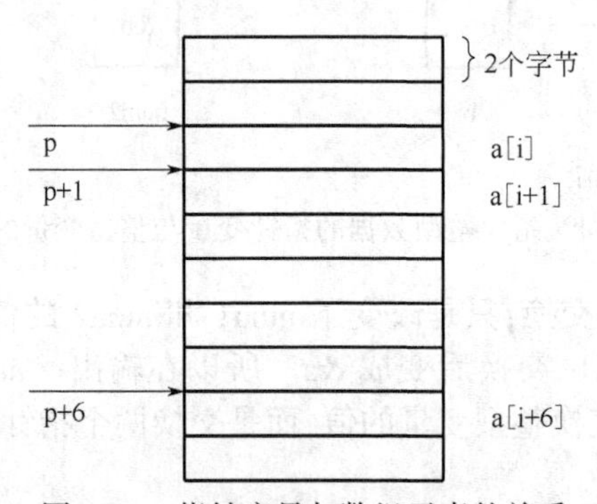

图 10.3 指针变量与数组元素的关系

如果 p 的初始值是 &a[0],那么:

(1)p+i 和 a+i 就是数组 a[i]的地址,即数组 a 中第 i 个元素的地址。例如,p+5 就是数组 a 中的第 5 个元素(即 a[4])的地址。

(2) * (p+i)和 * (a+i)是数组 a[i]所指向元素的值。例如, * (p+5)就是数组中第 5 个元素(即 a[4])的值。

(3)指向数组的指针变量还可以带下标。例如,p[5]与 *(p+5)等价。

综上所述,引用某个数组的元素可以通过以下两种方法实现:

(1)下标法:在数组中可以通过下标确定某个数组元素在数组中的顺序和存储地址。

(2)指针法:由于指针变量可以指向普通变量,而每个数组元素相当于一个变量,因此指针变量同样可以指向数组中的元素。

例如,随机产生一个一维数组,输出该数组的全部元素。用下标法代码如下:

```
#include<time.h>
main(){
    int i,a[10];
    srand(time(NULL));
    for(i=0;i<10;i++)a[i]=rand()%100;
    printf("The array is");
    for(i=0;i<10;i++){
        if(i%5==0)printf("\n");
        printf("%3d",a[i]);
    }
}
```

用数组名实现的指针法代码如下:

```
#include<time.h>
main(){
    int i,a[10];
    srand(time(NULL));
    for(i=0;i<10;i++)a[i]=rand()%100;
    printf("The array is");
    for(i=0;i<10;i++){
        if(i%5==0)printf("\n");
        printf("%3d",*(a+i));
    }
}
```

用指针变量实现的指针法代码如下:

```
#include<time.h>
main(){
    int i,a[10],*p;
    srand(time(NULL));
    for(i=0;i<10;i++)a[i]=rand()%100;
    printf("The array is");
    for(p=a,i=0;p<(a+10);p++,i++){
        if(i%5==0)printf("\n");
        printf("%3d",*p);
    }
}
```

使用指针变量时,应注意以下几点:

(1)指针变量的值可以改变。例如,上述方法(3)中用指针变量 p 来指向元素,用 p++将 p

的值不断更新。

(2)要注意指针变量 p 的当前值。例如,上述方法(3)中指针 p 在第一次循环中指向数组 a 的第一个元素,在第二次循环中指向数组 a 的第二个元素,依次类推,在第十次循环中指向该数组的末尾值。

(3)在使用指针变量指向数组元素时,应确保指向数组中有效的元素。例如"*(p+11)"这种表示法是不合法的。

(4)应注意指针变量的运算。

在 C 语言中,常见的指针运算如下:

(1)指针的加减运算。可以用指针变量进行加减运算,控制指针变量指向数组中的其他元素,有以下两种基本形式:

① p++(p--):使指针从当前位置向后(向前)移动一个元素地址,此时指针的指向已经发生了改变。

② p+i(p-i):实现对当前指针之后(之前)第 i 个元素地址的访问,此时指针的指向并未改变。

(2)指针变量赋值。将一个变量地址赋给一个指针变量。例如:

```
p=&a;            /*把变量 a 的地址赋给 p*/
p=array;         /*把数组 array 首地址赋给 p*/
p=&array[i];     /*把数组 array 第 i 个元素的地址赋给 p*/
p1=p2;           /*把 p2 的值赋给 p1*/
```

不能把一个整数赋给指针变量,例如,"p=10;"是不合法的。

(3)两个指针变量相减。如果两个指针变量都指向同一个数组元素,那么这两个指针变量值之差就是两个指针之间的元素个数。例如,p1 和 p2 是指向整型变量的两个指针变量;a[n]是一个含有 n 个元素的一维数组;p1 指向 a[1],p2 指向 a[5],则 p2-p1=5-1=4,但表达式 p1+p2 没有实际意义。

(4)两个指针变量比较。如果两个指针变量都指向同一个数组元素,那么这两个指针变量可以进行比较。比较规则是指向前面元素的指针变量小于指向后面元素的指针变量。例如,p1 和 p2 是指向整型变量的两个指针变量;a[n]是一个含有 n 个元素的一维数组;p1 指向 a[1],p2 指向 a[5],则 p1<p2。

10.2.2 通过指针引用一维数组中的元素

在 C 语言中,数组名表示数组的首地址,即数组第一个元素的地址。例如,语句"p=&a[0];"表示将数组 a 中第一个元素的地址(即首地址)赋给指针变量 p,该语句等价于"p=a;"。

对于一维数组元素的访问,下标法和指针法是等价的,从系统内部的处理机制考虑,指针法效率较高,但是指针法没有下标法直观,下标法可以直接看出要访问的数据是哪个元素。例如,求一个随机数组中各元素之和,可以通过 srand()函数产生随机数组 a,调用函数 function(),求出并输出该数组中所有元素之和。代码如下:

```
void function(int a[],int n){
    int i,sum,*p;
    sum=0;
    p=a;
    for(i=0;i<n;i++)sum=sum+*(p+i);
    printf("\nSum=%d\n",sum);
```

```
    }
    main(){
        int i,n, * p,a[80];
        printf("N=");
        scanf("%d",&n);
        srand(time(NULL));
        for(i=0;i<n;i++)a[i]=rand()%100;
        printf("The array is");
        for(p=a,i=0;p<(a+n);p++,i++){
            if(i%5==0)printf("\n");
            printf("%3d", * p);
        }
        function(a,n);
    }
```

再如,随机产生 n 个整型数据(111~999),找出其中的最大值和最小值,其中 n 由用户从键盘输入。也可以通过 srand()函数产生随机数,并存储到数组 array 中,通过调用函数 function1()和 function2(),求出最大值 max 和最小值 min。代码如下:

```
    #define PR printf
    void function1(int a[],int x){/ * 求数组中的最大值 * /
        int * max, * p;
        max=a;
        for(p=a+1;p<a+x;p++)
        if( * max< * p) * max= * p;
        PR("Max=%d\n", * max);
    }
    void function2(int a[],int x){/ * 求数组中的最小值 * /
        int * min, * p;
        min=a;
        for(p=a+1;p<a+x;p++)
        if( * min> * p) * min= * p;
        PR("Min=%d\n", * min);
    }
    main(){
        int i,n,array[80];
        PR("Input the total of numbers. \n");
        PR("n=");
        scanf("%d",&n);
        srand(time(NULL));
        PR("The array is");
        for(i=0;i<n;i++){
            if(i%5==0) PR("\n");
            array[i]=rand()%889+111;
            PR("%5d",array[i]);
        }
```

```
    PR("\n");
    function1(array,n);
    function2(array,n);
}
```

本程序首先从键盘输入随机数的个数 n，然后产生 n 个随机数存放于数组 array 中并输出，接着调用子函数 function1( )和 function2( )，它们的功能分别是求数组中的最大值和最小值。在函数 function1( )中定义了 max 和 p 两个指向整型变量的指针，把数组中的第一个元素赋给 max，第二个元素赋给 p，求最大值 max 并输出；在函数 function2( )中求数组中的最小值。

10.2.3 通过指针引用二维数组中的元素

在 C 语言中，二维数组是按行优先的规律转换成一维数组存放在内存中的，因而可以通过指针访问二维数组中的元素。例如：

```
int a[3][3], *p;
p=&a[0][0];
```

或

```
p=a;
```

其中，a 表示二维数组的首地址；a[0]表示二维数组 a 中第 0 行元素的起始地址；a[1]表示二维数组第一行元素的首地址；数组元素 a[i][j]的存储地址是 &a[0][0]+i*3+j。

随机产生一个二维数组，利用指针逐个输出该数组中的元素。代码如下：

```
main(){
    int i,j,m,n;
    int a[80][80], *p;
    printf("Input the array\'s line and row. \n");
    printf("line=");
    scanf("%d",&m);
    printf("row=");
    scanf("%d",&n);
    srand(time(NULL));
    for(i=0;i<m;i++)
        for(j=0;j<n;j++)
        a[i][j]=rand()%100;
    printf("The array is");
    for(p=a[0],i=0;p<(a[0]+m*n);p++,i++){
      if(i%5==0) printf("\n");
      printf("%3d", *p);
    }
}
```

再如，给出某年某月某日，将其转换成该年的第几天并输出。若给定的月份是 i，则将 1，2，3，…，i-1 月的各月天数累加，再加上在指定的天数。但对于闰年，二月是 29 天，因此要判断给定的年份是否为闰年。代码如下：

```
function(int a[][13],int x,int y,int z){
    int *day;
    int i,j;
```

```
        day=a[0];
        i=0;
        if(((x%400)==0)||(((x%4)==0)&&((x%100)!=0)))
            i=1;
        for(j=1;j<y;j++)
            z=z+ * (day+i * 13+j);
        return(z);
    }
    void main(){
        int day[2][13]={
        {0,31,28,31,30,31,30,31,31,30,31,30,31},
        {0,31,29,31,30,31,30,31,31,30,31,30,31}};
      int y,m,d,date;
      printf("Input year-month-day:");
      scanf("%d-%d-%d",&y,&m,&d);
      date=function(day,y,m,d);
      printf("%d-%d-%d is the %dth day in this year.\n",y,m,d,date);
    }
```

在C语言中,系统对二维数组的元素在内存中是按行存放的,所以在函数function()中,要使用公式“day+i * 13+j”累加二维数组day中元素的地址。

10.3 指针与函数

在C语言中,函数之间不仅可以传递一般变量的值,而且可以传递地址(即指针)。本节将介绍函数与指针之间的关系,包括指针作函数的参数、指针作函数的返回值及指向函数的指针。

10.3.1 指针作函数的参数

函数的参数可以是整型数据、实型数据、字符型数据等,也可以是指针类型,其作用是将一个变量的地址传递到另一个函数中。在函数间传递变量地址时,函数间传递的不是变量中的数据,而是变量的地址。

例如,求两数之和,代码如下:

```
    #define PR printf
    int function(int * x,int * y){
        int z;
        z= * x+ * y;
        return(z);
    }
    main(){
        int a,b;
        int * p1, * p2,p;
        PR("Input two numbers:\n");
        PR("a=");
```

```
    scanf("%d",&a);
    PR("b=");
    scanf("%d",&b);
    p1=&a;
    p2=&b;
    p=function(p1,p2);
    printf("Sum=%d\n",p);
}
```

再如，有一个数列为$\frac{2}{1},\frac{3}{2},\frac{5}{3},\frac{8}{5},\cdots$，求其前 n 项和，其中 n 由键盘输入。可在主函数 main()中确定数列第一项的分子和分母，以及数列的项数；然后在子函数中实现数列各项的累加。代码如下：

```
#define PR printf
void function(int * p,int * q,float * m){
    int n;
    * m= * m+(float) * p/( * q);
    n= * q;
    * q= * p;
    * p=n+ * p;
}
main(){
    int a,b,n,i;
    float c;
    c=0.00;
    PR("Input the total of array:");
    scanf("%d",&n);
    a=2;
    b=1;
    for(i=0;i<n;i++)
        function(&a,&b,&c);
    PR("Sum=%.2f\n",c);
}
```

本程序中，变量 a、b 和 c 的地址分别通过参数传递的方式与指针变量 p、q 和 m 建立关系，然后通过 for 循环执行函数调用，把数列每一项加起来并赋给新项。

使用指针作为函数参数时，应注意以下两点：

(1)和基本函数调用相同，先定义后使用。

(2)不能通过改变形参的传递方向来改变实参指针的传递方向。在 C 语言中，实参变量和形参变量之间的传递是单向的，指针变量作为函数参数也要遵循这一原则。

10.3.2 函数返回指针

函数的返回值可以是整型数据、实型数据、字符型数据等，也可以是指针类型，其作用是将一个指针数据返回到另一个函数中。例如，求 3 个数中的最大者，代码如下：

```
#define PR printf
int * function(int * x,int * y){
```

```
    int * z;
    if( * x< * y)z=y;
    else z=x;
    return(z);
}
main(){
    int a,b,c;
    int * p1, * p2, * p3, * p;
    PR("Input three numbers:\n");
    PR("a=");
    scanf("%d",&a);
    PR("b=");
    scanf("%d",&b);
    PR("c=");
    scanf("%d",&c);
    p1=&a;
    p2=&b;
    p3=&c;
    p=function(p3,function(p1,p2));
    printf("max=%d\n", * p);
}
```

function()是用户自定义的函数,其作用是判断指向整型数据的两个指针变量的大小,并输出较大者。函数 function()的两个形参 x 和 y 都是指向整型数据的指针变量。程序在运行时,先执行主函数 main(),从键盘输入 3 个整型数据 a、b、c,然后将它们的地址赋给 3 个指向整型数据的指针变量 p1、p2、p3;接着调用函数 function(),求两个数 p1 和 p2 中的较大者,并把较大者返回给指向整型变量的指针变量 p;最后再调用函数 function(),求 p3 和 p 之间的较大者,结果即为三者中的最大者。程序中由于子函数的嵌套调用,因而子函数的返回值必须是指向整型数据的指针变量。

10.3.3 指向函数的指针

在 C 语言中,可以用指针变量指向整型变量、字符串、数组,也可以用指针变量指向一个函数。当函数定义后,编译系统为该函数确定一个入口地址,这个入口地址称为函数的指针。其一般定义格式如下:

```
类型标识符( * 指针变量名)()
```

其中,类型标识符表示函数返回值的类型。由于在 C 语言中,()的优先级别高于 *,因而“ * 指针变量名”外部必须加圆括号。例如:

```
int function1();
int ( * function2)();
function2=function1;
```

输出两数中的较大者,代码如下:

```
int max(int * x,int * y){
    return( * x> * y? * x: * y);
}
main(){
```

```
    int max(int * ,int * );
    int( * fun)();
    int a,b,c;
    fun=max;
    printf("Input two numbers:\n");
    printf("a=");
    scanf("%d",&a);
    printf("b=");
    scanf("%d",&b);
    c=( * fun)(&a,&b);
    printf("The bigger number is %d\n",c);
}
```

程序中 int(* fun)()定义 fun 是一个指向函数的指针变量,此函数带回整型返回值。* fun 两侧的圆括号不能省略,表示 fun 先与 * 结合,是指针变量,然后再与后面的()结合,表示此指针变量指向函数,这个函数的返回值是整型。

10.3.4 指向函数的指针作函数参数

在前面的介绍中,我们了解到函数的参数可以是变量、指向变量的指针变量、数组名、指向数组的指针变量等。下面将介绍用指向函数的指针变量作函数的参数。

例如,有一个函数 fun(),它有两个形参 x1 和 x2,形参传递函数地址。在函数 fun()中调用函数 fun1()和 fun2()。代码如下:

```
fun(int ( * x1)(int,int),int( * x2)(int,int)){
    int a,b,m,n;
    a=( * x1)(m,n);
    b=( * x2)(m,n);
}
```

其中,m 和 n 是函数 fun1 和 fun2 的两个参数,函数 fun 的形参 x1 和 x2 在该函数未被调用时不占内存空间。当主函数调用 fun 时,把实参函数 fun1 和 fun2 的入口地址传递给形参指针变量 x1 和 x2,使 x1 和 x2 指向函数 fun1 和 fun2,这时在 fun 函数中,* x1 和 * x2 就可以调用函数 fun1 和 fun2。

例如,创建一个函数 fun,输入 a 和 b,第一次调用时,输出其中的较大者;第二次调用时,输出其中的较小者;第三次调用时,输出两数之和。代码如下:

```
int max(int x,int y){
    return(x>y? x:y);
}
int min(int x,int y){
    return(x>y? y:x);
}
int add(int x,int y){
    return(x+y);
}
void fun(int x,int y,int ( * f)(int,int)){
    printf("%d\n",( * f)(x,y));
}
```

```
main(){
    int max(int,int);
    int min(int,int);
    int add(int,int);
    int a,b;
    printf("Input two numbers:\n");
    printf("a=");
    scanf("%d",&a);
    printf("b=");
    scanf("%d",&b);
    printf("max=");
    fun(a,b,max);
    printf("min=");
    fun(a,b,min);
    printf("add=");
    fun(a,b,add);
}
```

max、min 和 add 是已定义的 3 个函数，分别用于求两数中的较大者、较小者和求和。在 main()主函数中调用 fun 函数时，除了将 a 和 b 作为实参传递给 fun 的形参 x 和 y 外，还将函数名 max、min 和 add 作为实参将其入口地址传送给 fun 函数中的形参 f。

对于函数指针，应注意以下 3 点：

(1)一个函数指针可以先后指向不同的函数，与变量相同，将哪个函数的地址赋给它，它就指向哪个函数；当使用该函数指针时，就能调用该函数。

(2)函数可以通过函数名调用，也可以通过函数指针调用。

(3)对函数指针变量，不能做 p+n、p++、p--等运算。

10.4 指针与字符串

在 C 语言中，可以用两种方法访问字符串，即利用字符数组和字符指针。

利用字符数组输出，代码如下：

```
main(){
    char str[80];
    printf("Input a string:");
    gets(str);
    printf("The string is %s\n",str);
}
```

利用字符指针输出，代码如下：

```
main(){
    char * str;
    printf("Input a string:");
    gets(str);
```

```
    printf("The string is %s\n",str);
}
```

本程序中没有定义字符数组,而是定义了一个字符指针变量 str。当定义了该指针变量后,把字符串的首地址(即存放字符串的字符数组的首地址)赋给 str。

再如,编写程序实现 strcpy 函数的功能,代码如下:

```
main(){
    char * str1, * str2;
    int i;
    printf("Input string1:");
    gets(str1);
    for(i=0; *(str1+i)! ='\0';i++)
        *(str2+i)= *(str1+i);
    *(str2+i)='\0';
    printf("String1=");
    puts(str1);
    printf("String2=");
    puts(str2);
}
```

10.4.1 字符指针作函数参数

将一个字符串从一个函数传递到另一个函数,可以用数组传递的方法,也可以用地址传递的方法,即用指向字符串的指针变量作函数的参数。例如,用函数调用实现字符串的互换,代码如下:

```
void function(char * str1,char * str2){
    char * str;  int i;
    for(i=0; *(str1+i)! ='\0';i++)
        *(str+i)= *(str1+i);
    *(str+i)='\0';
    for(i=0; *(str2+i)! ='\0';i++)
        *(str1+i)= *(str2+i);
    *(str1+i)='\0';
    for(i=0; *(str+i)! ='\0';i++)
        *(str2+i)= *(str+i);
    *(str2+i)='\0';
    printf("String1=");
    printf("%s\n",str1);
    printf("String2=");
    printf("%s\n",str2);
}
main(){
    char * str1="I am a student.";
    char * str2="I am a worker.";
    int i;
    function(str1,str2);
```

```
        printf("String1=");
        printf("%s\n",str1);
        printf("String2=");
        printf("%s\n",str2);
    }
```

主函数 main()中首先定义了两个字符指针变量 * str1 和 * str2,并分别赋予初值,然后调用子函数 function();在函数 function()中,首先定义了一个指向字符的指针变量 * str,然后以 * str 为中介,将字符指针 * str1 和 * str2 互换,最后输出交换前与交换后的结果。

在 C 语言中,函数的书写格式灵活,因而程序中子函数 function()还可以换成以下形式:

```
    void function(char * str1,char * str2){
        char * str;
        for(;( * str++= * str1++)! ='\0';);
        * str='\0';
        for(;( * str1++= * str2++)! ='\0';);
        * str1='\0';
        for(;( * str2++= * str++)! ='\0';);
        * str2='\0';
        printf("String1=");
        printf("%s\n",str1);
        printf("String2=");
        printf("%s\n",str2);
    }
```

10.4.2　字符指针和字符数组的区别

在 C 语言中,虽然字符指针和字符数组都能够实现对字符串的操作,但是二者之间存在着区别,具体表现在以下几点:

(1)字符数组由元素组成,每个元素中存放一个字符,而字符指针变量中存放的是地址,即字符串的首地址。

(2)赋值方式不同:对字符数组,只能对各个元素赋值;而对字符指针,可以对整个字符串赋值。例如,下面的赋值方式是合法的:

```
    char str[10]="Warcraft III";
    char * str="Warcraft III";
    char * str;
    str="Warcraft III";
```

当对字符指针变量 * str 赋值时,赋给 str 的不是字符串,而是该字符串的首地址。

下面的赋值方式是不合法的:

```
    char str[15];
    str="Warcraft III";
```

(3)当字符数组定义后,系统编译时在内存中为它分配确定的单元;当字符指针变量定义后,系统给字符指针变量分配了内存单元,其中可以存放一个字符变量的地址,如果未对它赋予一个地址值,则它并未指向一个确定的字符数据。例如,下面两种输入字符串的方法都是正确的:

```
char str[10];
scanf("%s",str);
char * str;
scanf("%s",str);
```

一般不提倡使用第二种方法,因为系统在编译时,虽然给指针变量 str 分配了内存空间,但是 str 的值没有指定,当执行 scanf 函数时,要求将一个字符串的值输入到 str 所指向的内存单元中,然而 str 是不可预料的,可能是内存中的空白区域,也可能是已存放指令的有用区域,这样可能破坏程序,甚至危及系统,造成严重的后果。

(4)字符指针变量的值可以随时改变。若定义了一个指针变量,并使它指向一个字符串,就可以用下标法引用该字符串中的所有字符。

(5)使用字符指针变量指向一个格式字符串,可以用它代替 printf 函数中的格式字符串。例如:

```
char * str;
str="Sum=%d+%d\n";
printf("str,x,y");
```

相当于:

```
printf("Sun=%d+%d\n,x,y");
```

再如,输入一段文字,统计其中英文字母的个数,代码如下:

```
int function(char * s){
    int i,j;
    j=0;
    for(i=0; * (s+i)! ='\0';i++)
    if( * (s+i)>='a'&& * (s+i)<='z'|| * (s+i)>='A'&& * (s+i)<='Z')
        j++;
    return(j);
}
main(){
    char str[20];
    printf("Input a string:");
    gets(str);
    printf("The total of letters is %d. \n",function(str));
}
```

10.5 指针数组与指向指针的指针

数组中每个元素都具有相同的数据类型,数组元素的类型就是数组的基本类型。如果某个数组中各个元素都是指针类型,则这种数组称为指针数组,它是指针的集合。

10.5.1 指针数组的概念

若一个数组中各个元素均为指针类型数据,则该数组称为指针数组。在 C 语言中,一维指针数组的定义格式如下：

```
类型名 * 数组名[数组长度];
```

例如：

```
int * p[5];
```

由于[ ]的优先级高于 * ,因而 p 先与[5]结合,形成数组形式 p[5],然后再与 * 结合,表示它是一个指针类型的数组。

指针数组主要应用于多个字符串的处理上。例如,要对多本书籍进行查询和排序处理,有两种方式可以实现:一是定义一个二维数组,用于存储每本书的名称,但是二维数组在定义时,必须指出该数组的列数,由于每本书的书名长度不一,不能确定,因而此方法不可取;二是首先定义一些字符串用于存放书名,然后用指针数组中的元素分别指向每个字符串,这样各字符串的长度可以不同,而且利于对这些书籍的各种操作。

例如,要求将若干个字符串按英文字母从大到小的顺序输出,求出其中最小的字符串。代码如下:

```
#include<string.h>
void sort(char * name[ ],int n){
    char * p;
    int i,j,k;
    for(i=0;i<n-1;i++){
        k=i;
        for(j=i+1;j<n;j++)
            if(strcmp(name[k],name[j])<0)k=j;
        if(i! =k){  p=name[i];  name[i]=name[k];  name[k]=p;  }
    }
    printf("The string from big to small:\n");
    for(i=0;i<n;i++)
        printf("%s\n",name[i]);
}
void min(char * name[ ],int n){
    char * p;
    int i;
    p=name[0];
    for(i=1;i<n-1;i++){
        if(strcmp(name[i],name[i+1])<0)p=name[i];
        else p=name[i+1];
    }
    printf("The smallest string:");
    printf("%s\n",p);
}
main(){
    char * name[ ]={"Football","Swimming","Basketball","Computer","Running"};
    int n=5;
    sort(name,n);
    min(name,n);
}
```

区分 int * p[n]和(* p)[n]:前者表示一个指针数组,该数组中所有元素均为指针类型的变量;后者表示一个指向一维数组的指针变量。

10.5.2 指针数组作 main()函数的形参

指针数组的一个重要应用就是作为 main()函数的参数,前面介绍的 main()函数圆括号中都是空的,表示 main()函数没有参数,但是实际上 main()函数可以带参数,其一般格式如下:

```
main(int argc,char * argv[])
{
}
```

其中,argc 表示命令行的参数个数; * argv[]表示指向命令行参数的指针数组;argc 和 * argv[]都是 main 函数的形参。

当运行程序时,可以以命令行参数的形式向 main()函数传递参数。命令行参数的一般形式如下:

```
文件名 参数1 参数2 … 参数n
```

其中,文件名是 main()函数所在的文件名;文件名和各参数之间用空格分隔。

例如,将字符串"Computer","Music","Physics"传送到磁盘 E 的 file 文件下的 main 函数中,可以写成以下形式:

```
E:\\file Computer Music Physics
```

带参数的 main()函数示例如下:

```
main(int argc,char * argv[]){
    int i;
    for(i=0;i<argc;i++)
        printf("%s\n", * argv++);
    getchar();
}
```

在 C 语言中,main()函数中的形参可以是任意的名称,不一定是 argc 和 argv,人们习惯命名为 argc 和 argv。

10.5.3 指向指针的指针

在上面的例子中,name 是一个指针数组,它的每个元素是一个指针变量,name 表示该指针数组的首地址,name+i 表示元素 name[i]的地址,即指向指针型数据的指针;如果再设一个指向指针数组 name 元素的指针变量 p,那么 p 就是一个指向指针数据的指针变量。在 C 语言中,指向指针的指针的定义格式如下:

```
类型标识符 * * 指针变量名;
```

其中,类型标识符表示指针型指针变量所指变量的类型。给指针型指针初始化的方式是用指针的地址为其赋值。例如:

```
int x;          /* 定义了一个整型变量 x */
int * p;        /* 定义了一个指向整型数据的指针变量 p */
int ** q;       /* 定义了一个指向整型数据的二重指针变量 q */
```

如果：

```
p=&x;                    /* 指针 p 指向整型变量 x */
q=&p;                    /* 指向指针的指针 q 指向指针 p */
```

那么：

```
*p=x;
*q=p;
**q=*(*q)=*p=x;
```

综上所述，在 C 语言中，对于变量可以通过变量名对其进行直接访问；也可以通过变量指针对其进行间接访问（即通过一级指针对其进行访问）；还可以通过指向指针的指针对其进行多级间接访问。

使用指向指针的指针改写上面的例子，代码如下：

```
main(){
    char *q, **p;
    char *name[]={"Football","Swimming","Basketball","Computer","Running"};
    int i,j,k;
    for(i=0;i<4;i++){
        k=i;
        for(j=i+1;j<5;j++)
            if(strcmp(name[k],name[j])<0)k=j;
        if(i! =k){  q=name[i];  name[i]=name[k];  name[k]=q;  }
    }
    for(i=0;i<5;i++){  p=name+i;  printf("%s\n", *p);  }
}
```

程序中首先定义了一个指向指针的指针 p，然后利用选择法将这 5 个字符串按字母顺序排列，最后利用该指针变量输出排序结果。排序后指向指针的指针 p 和指针数组 name 以及这 5 个字符串的关系图如图 10.4 所示。

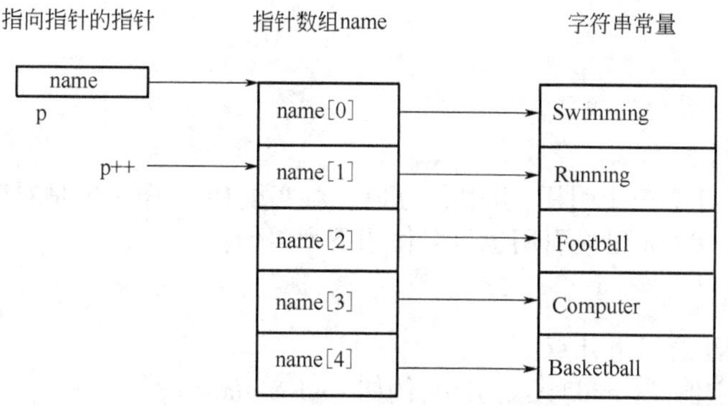

图 10.4　指向指针的指针 p 和指针数组 name 以及各字符串的关系图

指向指针的指针是二级指针，属于间接寻址的范畴。间接寻址的级数不受限制，但实际应用中极少使用二级以上的指针，因为过深的间接寻址不但难以理解，而且容易出错。

到目前为止，已经介绍了多种指针类型的数据，为使读者对指针数据类型有个全面的了解，现将 C 语言中一些常见的指针类型进行归纳定义，见表 10.1。

表 10.1 指针数据类型的定义及含义

定 义	含 义
int i;	定义了一个整型变量 i
int a[n];	定义了一个整型数组变量 a,其中含有 n 个元素
int * p;	定义了一个指向整型数据的指针变量 p
int * p[n];	定义了一个数组指针变量 p,该数组中的 n 个元素都是指向整型数据的指针
int(* p)[n];	定义了一个指向一维数组的指针变量 p,该数组中含有 n 个元素
int function();	定义了一个返回整型数据的函数
int * p();	定义了一个指向返回整型数据的函数
int(* p)();	定义了一个指向函数的指针
int * * p;	定义了一个指向指针的指针变量,其中该指针变量是一个指向整型变量的指针变量

10.6 引用

引用是一种特殊的数据类型,它通常用在两个函数之间,使被调用函数直接访问调用函数的数据。引用调用避免了复制大量的数据,提高了程序的运行效率,但是其安全性差,因为它允许被调用函数直接修改数据。

所谓引用,指的是给变量或对象起一个别名。它允许新变量和原变量共用一个地址,无论修改哪个变量,新变量和原变量的值都会发生变化,因为它们具有相同的值。

定义引用的格式为:

```
<数据类型>&<引用名>=<变量名>;
```

或者:

```
<数据类型>&<引用名>(变量名);
```

例如:

```
float pi=3.14;
float &PI=pi;
PI=3.14-0-0.14;
```

即为浮点型变量 pi 建立一个引用,引用名为 PI。对变量 PI 的操作也是对变量 pi 的操作,此时 pi 的值应该为 3.0。为 pi 建立引用也可以使用下列语句:

```
float &PI(pi);
```

引用使用时应注意以下几点:

(1)不允许对空值型(void)建立引用,例如 void &num=1;

(2)不能为数组建立引用,例如 char &str1[6]=str2;

(3)引用不能为空引用,例如 int &a1=null;

(4)不能用数据类型初始化引用,例如 int &a1=float;

(5)没有引用的引用,也没有引用的指针,例如:

```
int a;
int &a1=a;
```

```
int * p=&a1;// 为指针建立引用
int &a2=a1;// 为引用建立引用
```

引用的使用示例代码如下：

```
void main(){
    int a=0, * p;
    int &a1=a;
    cin>>a;
    a1=a1 * a1;
    cout<<"a="<<a<<endl;
    cout<<"a1="<<a1<<endl;
    p=&a1;
    cout<<" * P="<< * p<<endl;
    p=&a;
    cout<<" * P="<< * p<<endl;
}
```

本程序为整型变量 a 建立一个引用,引用名为 a1。变量 a 和 a1 具有相等的值,当指针 p 指向变量 a 和 a1 的地址时,返回值与指向变量引用时返回值相等。

习题十

1. 使用字符指针,编写程序实现 strcmp 函数和 strlen 函数的功能。

2. 编程实现以下功能:输入一个字符串,分别统计该字符串中大小写字母的个数。

3. 编写程序统计字符串 str 中的数字并组成一个整数形式输出。要求组成整型数据时处在左边的为高位,处在右边的为低位。

4. 编写程序求出整型数据中各位上的数字。

5. 编写程序模拟洗牌和发牌过程。

参考文献

[1] Yale N P. Introduction to Computing Systems[M]. 2 版. 北京:机械工业出版社,2006.

[2] Harold A, Gerald J, Julie S. 计算机程序的构造和解释[M]. 裘宗燕译. 北京:机械工业出版社,2004.

[3] 郑辉. 编程范式与 OOP 思想[M]. 北京:电子工业出版社,2009.

[4] Brian W, Dennis M. C 程序设计语言[M]. 2 版. 徐宝文,等译. 北京:机械工业出版社,2004.

[5] 郑辉. 程序设计范式与 OOP 的思考术[M]. 台北:博硕文化股份有限公司,2010.

[6] Thomas H. Introduction to Algorithms[M]. 3rd. Cambridge:The MIT Press,2009.

[7] 福勒. 重构:改善既有代码的设计[M]. 北京:人民邮电出版社,2010.

[8] Michael L. Programming Language Pragmatics[M]. 4th. San Francisco: Morgan Kaufmann,2015.

[9] Matthias Felleisen. A Little Java, A Few Patterns[M]. Cambridge:The MIT Press,1997.

[10] 布鲁克斯. 人月神话[M]. 北京:清华大学出版社,2002.

[11] Erich Gamma. 可复用面向对象软件的基础[M]. 北京:机械工业出版社,2000.

[12] Donald E. 计算机程序设计艺术[M]. 北京:国防工业出版社,2002.

[13] Alfred V. 编译原理[M]. 北京:机械工业出版社,2009.

[14] 史蒂夫. 代码大全[M]. 北京:电子工业出版社,2006.

[15] Andrew Hunt. 程序员修炼之道[M]. 北京:电子工业出版社,2005.

[16] Bryant R E. 深入理解计算机系统[M]. 北京:机械工业出版社,2016.